# The Soundscape
## Our Sonic Environment and the Tuning of the World

# 声 景 学
## ——我们的声环境与世界的调音

〔加〕R. 穆雷·谢弗 著

邓志勇 刘爱利 译

康 健 审校

首都师范大学出版社
CAPITAL NORMAL UNIVERSITY PRESS

**图书在版编目(CIP)数据**

声景学：我们的声环境与世界的调音/(加)R. 穆雷·谢弗著；邓志勇，刘爱利译. —北京：首都师范大学出版社，2022.8(2024.3 重印)

书名原文：The soundscape：our sonic environment and the tuning of the world

ISBN 978-7-5656-7095-4

Ⅰ.①声… Ⅱ.①R… ②邓… ③刘… Ⅲ.①声学－景观学－研究 Ⅳ.①P901

中国版本图书馆 CIP 数据核字(2022)第 128988 号

SHENGJINGXUE
**声景学**
　　——我们的声环境与世界的调音
[加]R. 穆雷·谢弗 著　邓志勇　刘爱利 译　康　健 审校

责任编辑　李佳艺
首都师范大学出版社出版发行
地　址　北京西三环北路 105 号
邮　编　100048
电　话　68418523(总编室)　68982468(发行部)
网　址　http：//cnupn. cnu. edu. cn
印　刷　北京印刷集团有限责任公司
经　销　全国新华书店
版　次　2022 年 8 月第 1 版
印　次　2024 年 3 月第 2 次印刷
开　本　710mm×1000mm　1/16
印　张　21.25
字　数　351 千
定　价　89.00 元

Our Sonic Environment and

# THE SOUNDSCAPE

the Tuning of the World

## R. MURRAY SCHAFER

原书封面

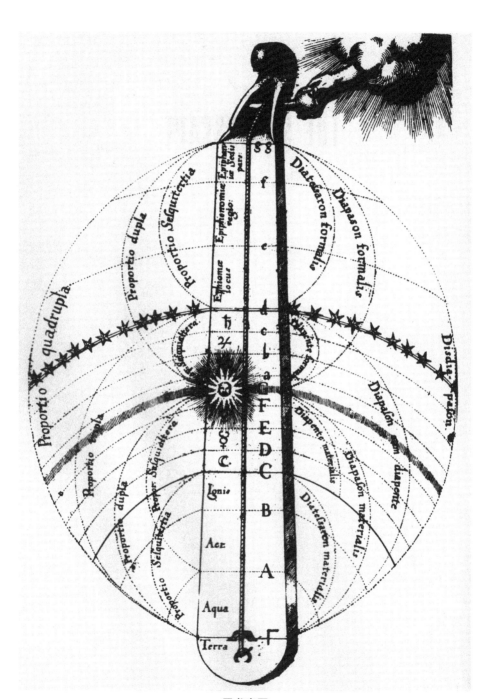

原书扉页

# 译者序

《声景学：我们的声环境与世界的调音》(*The Soundscape：Our Sonic Environment and the Tuning of the World*)的原著者是加拿大著名的生态学家与作曲家 R. 穆雷·谢弗(R. Murray Schafer)，英文原著于 1977 年首次出版，后由于影响巨大，于 1994 年再版。该书首次系统性地从理论构建的高度提出了声景的基本概念、基本思想、基本分析与设计方法，是一本同时涉及声景学、地理学、历史学、文化学、人类学、音乐学和信息科学领域的学术理论著作。虽然离原著首次出版已近 50 年，但该书仍是世界范围内整个声景学科与声音生态学科的奠基性著作，是声学与声景学相关科研和应用领域的必读书目。

全书内容共分为 7 个部分 21 个章节，分别为：

前奏部分。该部分论述了声景的基本概念、基本思想与观点，指出声景是一种强调听者、环境与声音之间互动关系的、一种强调社会与文化信息感知的声生态学意义上的声环境。

第一部分：第一类声景。该部分以"高保真声景"与"低保真声景"理论入手，论述了最基本的第一类声景(包括自然声景、自然界中生物的声景、自然生活环境中的声景)的定义、类型及其对于声音环境的重大意义，并以风声、水声、鸟叫声等为例分析了该类声景的典型声学特征。

第二部分：后工业声景。该部分以"低保真声景"的理论分析了从工业革命至电气革命时期典型城市的声景特征及其与社会文化信息的关联。

间奏部分。该部分以音乐学的视角阐述了由音乐感知过渡到声景感知的重要性与必要性及其理论方法。

第三部分：分析。该部分借用形态学、符号学与音乐学的部分理论集中论述了声景的标识、分类与感知分析等方法，为声景研究提供了方法论支持。

第四部分：走向声学设计。该部分从声音生态学、人耳听觉、地理学等角度讨论了声景声环境设计的可能性与基本设计手法，并创新性地提出了声学社区的概念。

尾声部分。该部分介绍了原著者的"超音乐"和宇宙球体音乐愿景。

本书涉及丰富而具有学术与实用价值的声景个案研究实例，书中提及和收录的珍贵原始资料为相关研究提供了难得的史料，国内同类综合性的跨学科的理论专著或译著尚不多见。丰富的声音、图片和地理方面的文本资料也让本书成为音乐、旅游与摄影爱好者的藏本。

本书的主要译者是邓志勇(声景学与音乐学)与刘爱利(声景学与地理学)，

其中邓志勇负责序言、第三部分、第四部分及尾声部分与附录的翻译工作,刘爱利负责前奏部分、第一部分与第二部分及间奏部分的翻译工作,最后由康健教授负责全书的审校工作。该中文译本是北京市社会科学基金结题优秀项目"北京城市历史街区的声景优化研究"(项目号:16GLC071)、国家自然科学基金面上项目"民族旅游地声音遗产的代际认同差异及机制研究"(项目号:41871130)、北京市青年燕京学者培育对象资助项目"声景设计与声景音乐的基本原理"(批准号:012155674700)的部分成果,后又由首都师范大学教务处教材出版基金资助得以出版。

最后,诚挚地感谢 R. 穆雷·谢弗博士(译者注:在本书行将付印之时,惊闻谢弗博士逝世的噩耗,悲痛不已;在此,仅以此书纪念声景学的先行者,R. 穆雷·谢弗博士。)、伊莲娜尔·詹姆斯女士(Ms. Eleanor James)与阿卡纳出版公司(Arcana Editions)为本书提供中文翻译版权,感谢巴里·托阿克斯(Barry Truax)教授提供"世界声景项目(World Soundscape Project)"的声景样本资料,感谢首都师范大学教务处、首都师范大学音乐学院与首都师范大学出版社为本书提供出版支持,感谢以下参与本书翻译校对工作的老师和同学。他们分别是来自哈尔滨工业大学的巴美慧、李忠哲、王露莹、王若涵、杨笑音、张焱、赵巍;来自天津大学的贾怡红、朱国风;来自首都师范大学的韩雪、楚恩惠、戴旭俊、侯爽、王岱威、袁亦佳、白丹枫、佟铠丞、董珂欣、钟竞乐、巨占杰。感谢首都师范大学的崔津玮同学参与本书的图文编辑及其文字翻译工作。感谢吴硕贤、李国棋、吴粤北、曹本治、蔡梦、赵越喆、邱坚珍和孙海涛老师,以及家人和朋友对本书翻译的支持与帮助,并以此书献给我可爱的刚刚来到这个世界的女儿文詹。

当世界繁华成一种喧嚣,当感知被越来越多的物欲所干扰,当我们浪迹于城市逐渐被浮华所包裹,当我们回到故乡却再也不能被曾经的记忆所拥抱。这时候,回归自然的灵性、世界的通达、生活的简朴、人性的纯真,就成为我们无数人心底深刻而长久的渴望、呐喊与祈祷。我们长于观察,却普遍忽略了倾听的重要;我们习惯于去改变世界、战天斗地,却常常忘记了事物最初的纯粹与美好!透过本书,我们希望在不断变化的世事沧桑里,留存关于声音的过去与现在,从而为明天和将来,储存一些记忆的依托、想念的凭借,以及注定会流失的岁月的单纯与美好!

邓志勇

二○二一年十二月七日大雪

于北京小园

# 原著者序

自从开始研究声学环境以来，一直希望将我的工作集结成书，以作为未来研究的指导。因此，本书广泛地借鉴了我之前的许多出版物，特别是小册子《新声景》(*The New Soundscape*)和《噪声手册》(*The Book of Noise*)，以及"世界声景项目"(World Soundscape Project)的一些文件，特别是文章《环境音乐》(The Music of the Environment)与我们的第一个综合田野调查《温哥华声景》(The Vancouver Soundscape)。而本书尝试更加谨慎地组织这些零散的材料。

而一些证据则来自更远的源头，随着我已经进行的深入反思或在我的研究同事们的提醒下，已经修改或摒弃了许多早期的假设。尽管本书现在可能已经定稿，但既然只有上帝能确信，它仍然是一本实验性的著作。

本书的大部分材料来自于一项由多方机构资助的名为"世界声景项目(World Soundscape Project)"的国际研究。我对这一项目中我的直接合作者，以及那些无数深有启发的会议和讨论表示由衷的感谢。他们的贡献与我一样多，因为他们对本书进行了阅读与批评，并提供实证与鼓励。我要特别感谢希尔德加德·维斯特坎普(Hildegard Westerkamp)、霍华德·布鲁姆菲尔德(Howard Broomfield)、布鲁斯·戴维斯(Bruce Davis)、彼得·休斯(Peter Huse)和巴里·托阿克斯(Barry Truax)。简·里德(Jean Reed)，现在是我的妻子了，在资料来源的查阅、大量手稿的阅读与对作者情绪的容忍上提供了特殊的帮助。

来自不同学科的众多学者都鼓励开展声景研究。许多学者阅读了本书的部分内容并提供了有用的评述，其他学者也提出了新的研究视角，或从国外寄来了本来无法获得的材料。我要特别感谢以下学者：维也纳音乐舞蹈与戏剧研究所(Music，Dance and Theatre，Vienna)的库尔特·布劳科普夫(Kurt Blaukopf)教授和德斯蒙德·马克(Desmond Mark)博士；联合国教科文组织巴黎总部(UNESCO，Paris)的 G. S. 梅托阿克斯(G. S. Metraux)和安妮·玛鲁克斯(Anny Malroux)；犹他大学生物工程系(Department of Bioengineering，University of Utah)的菲利普·迪金森(Philip Dickinson)博士；南安普顿大学声与振动研究所(Institute of Sound and Vibration Research，University of Southampton)的约翰·拉基(John Large)教授；伦敦大学学院地理系(Department of Geography，University College，London)的大卫·洛文塔尔(David Lowenthal)博士；加利福尼亚大学兰利·波特神经精神病学研究所(Langley Porter Neuropsychiatric Institute，University of California)的彼得·奥斯特瓦尔德(Peter Ostwald)博士；多伦多大学文化与技术中心(Centre for Culture and Technology，University of Toronto)的马歇尔·麦克卢汉(Marshall McLuhan)；巴黎国家音像学院(l'ln-stitut National de l'Audiovisuel，Paris)的米歇尔·P.菲利普特(Michel P. Philippot)；阿德莱德大学(University of Adelaide)的凯瑟琳·埃利斯(Catherine Ellis)博士；约克大学(University of York)的约翰·佩顿(John Paynter)教授；蒙特利尔大学(l'Universite de Montreal)的让-雅克·纳蒂兹(Jean-Jacques Nattiez)教授和多伦多大学(University of Toronto)的帕特·尚德(Pat Shand)教授。

我特别感谢一直鼓励我从事声景研究的耶胡迪·梅纽因(Yehudi Menuhin)，以及对我的文本提出宝贵意见的奥托·拉斯克(Otto Laske)博士。

如果没有许多国家大量的报告与证实，世界声景项目就无法实至名归。对于提供特殊信息或翻译帮助的人们，我要感谢：大卫·艾亨(David Ahern)、卡洛斯·阿劳霍(Carlos Araujo)、雷纳塔·布朗(Renata Braun)、顺子·卡罗瑟斯(Junko Carothers)、美惠礼子(Mieko Ikegame)、罗格·莱兹(Roger Lenzi)、贝弗利·马特松(Beverley Matsu)、朱迪斯·马克西埃(Judith Maxie)、阿尔伯特·梅耶尔(Albert Mayr)、马克·梅托阿克斯(Marc Metraux)、沃尔特·奥托亚(Walter Otoya)、约翰·里默(John Rimmer)、索克尔·希加布琼森(Thorkell Sigurbjornsson)、图尔古特·瓦(Turgut Var)和恩格夫·沃德坎德(Yngve Wirkander)。特别感谢尼克·里德(Nick Reed)提供有价值的图书文献研究。

为了输入大量本书手稿，我要感谢帕特·泰特(Pat Tait)、珍妮特·克努森(Janet Knudson)和琳达·克拉克(Linda Clark)。当作者不断改变主意时，打字员的工作最为艰难。

R. 穆雷·谢弗
温哥华，1976 年 8 月

# 目　　录

# 前　奏

> 现在，我将放下任何事情，只关注聆听……
>
> 我听到所有声音汇聚到了一起，融合，混叠，或连绵不断，
>
> 那是，城市的声音与城市以外的声音，白昼与夜晚的声音……
>
> ——华尔特·惠特曼《我自己的歌》(Walt Whitman, *Song of Myself*)

世界的声音景观(Soundscape)正在改变。现代人开始生活在一个与他迄今所知的任何声音环境都截然不同的声音环境中。这些新的声音，不论在总量上还是在强度上都与以往的声音截然不同，它们已经将许多研究者的注意力转向那些将越来越多、越来越大的声音不加选择地、以强制垄断的方式传播给人类生活各个角落的危险上。噪声污染现在是一个世界性问题。在我们这个时代，世界的声景看起来已经达到了粗俗的顶点，许多专家已经预言，除非噪声问题能够得到迅速控制，否则耳聋将是人类最终的恶果。

在世界各地，这项重要的研究已经在许多独立的声音科学领域展开，如：声学(acoustics)、心理声学(psychoacoustics)、耳科学(otology)、国际消减噪声实践与控制过程(international noise abatement practices and procedures)、通信(communications)和录音工程(sound recording engineering)、电声学(electroacoustics)和电子音乐(electronic music)、听觉模式感知(aural pattern perception)和语言及音乐的结构分析(the structural analysis of language and music)等。这些研究相互关联，每一项研究都涉及声景领域的各个方面。在某种程度上，这些不同主题的研究者们都提出了同样的问题：人类与他们所处环境的声音之间的关系是什么，以及当这些声音改变时会发生什么？声景的研究试图将这些不同角度的研究统一起来。

当人们不仔细聆听时，噪声污染就产生了。噪声是我们已经习惯忽略的声音。今天的噪声污染正在被减噪措施所抵消。但这是一种消极的做法。我们

必须寻求一种方法使环境声学成为一项**积极正面的**（*positive*）研究计划。什么样的声音是我们想保留、鼓励和放大的呢？当我们知道这一点时，那些令人厌烦的或者破坏性的声音将会非常明显，以至于我们知道为什么必须消除它们。只有令人赏心悦目的声环境才能给我们提供资源，以改善声景世界编曲配器（orchestration）中的交响性。多年以来，我一直在学校为听觉净化（ear cleaning）而战，在工厂为保护听力而战。透听力（clairaudience）不是耳塞。这是我不希望永久施行的办法。*

声景研究领域将是跨科学、社会与艺术的。从声学和心理声学的角度，我们将了解到声音的物理特性和声音的人脑解析方式。从社会的角度，我们将了解到人类的声音行为，以及声音是如何影响和改变人类行为的。从艺术的角度，特别是音乐的角度，我们将了解到人类是如何为另一种生活而创造理想声景及其生活环境的，即反映想象力与心灵的生活环境。从这些研究中，我们将开始为一个新的交叉学科——声学设计（acoustic design）奠定基础。

## 从工业设计到声学设计

20 世纪最重要的革命是由包豪斯（Bauhaus）完成的那场标志新世纪德国学术胜利的美育革命。在建筑师沃尔特·格罗皮乌斯（Walter Gropius）的领导下，包豪斯汇集了一些当代伟大画家和建筑师[如克里（Klee），康定斯基（Kandinsky），莫霍里-纳吉（Moholy-Nagy）、密斯·凡·德罗（Mies van der Rohe）等]，以及杰出的工匠。起初，似乎令人失望的是这所学校的毕业生并不能与他们的艺术家导师相匹敌。但是这所学校的目的与众不同，它基于教员技能的跨学科协作为学校创造出了一个全新的有关工业设计主题的研究领域。包豪斯还将这一美学带到了机械和大众产品领域。

现在，这一美学转移到了我们称之为声学设计的领域，一个为研究世界声景并提出明智改善建议而将音乐家、声学家、心理学家、社会学家和其他人联合起来的交叉学科。这项研究将包括记录声景的重要特征，标记声景的差异性、平行性和趋向性，收集即将绝迹的声音，在新声音肆意影响环境之前研究它们的作用，研究那些在不同声环境中，对于人与人类行为模式有着

---

\* 听觉净化、透听力与其他特殊术语的定义参见词汇表。

丰富象征意义的声音，以使用这些有鉴别力的声音设计人类未来的环境。在这一过程中，世界各地的跨文化证据必须得到仔细组织和阐释。必须制定针对声环境公众教育的新方法。最后的问题是：世界声景是超越了我们控制的不确定性的构成，还是**我们**(we)作为世界声景的作曲者和表演者，可以赋予它恰当的形式和美感？

## 编曲配器是一个音乐家的责任

贯穿于这本书的一个理念是，我将把世界的声景看作一个宏观的音乐作品。这是一个不寻常的想法，但我将会坚决地推进这一理念。音乐的定义近年来发生了翻天覆地的变化。更现代的定义之一是约翰·凯奇(John Cage)所宣称的："音乐是声音，在我们周围的声音，无论我们在音乐厅之内还是之外：引自梭罗(Thoreau)。"这一定义引用了梭罗的作品《瓦尔登湖》(Walden)，作者在那自然的声音和风景中体验到了无尽的欢愉。

仅仅将音乐定义为**声音**(sounds)在几年前是不可想象的，不过在今天，被证明不可接受的是那些更独特的定义。在 20 世纪的整个进程中，慢慢地，所有传统的音乐定义都被音乐家自身丰富而多元的创作活动所瓦解。首先，管弦乐队中打击乐器的巨大扩张产生了许多非调性(nonpitched)和无节奏(arhythmic)的声音；其次，随机过程(aleatoric procedures)的引入尝试构造了一个理性的符合熵"增"定律(the "high" laws of entropy)的声音；再次，通过时空容器(time-and-space containers)的开放性(opening-out)，我们认为音乐作品与音乐厅应该接纳它们之外的全新的声音世界[在凯奇的作品《4′33″的沉默》(4′33″ Silence)我们只听到了音乐作品本身以外的声音，而这只是一个旷日持久的停顿]；之后在**具象音乐**(musique concrete)的实践中，通过磁带将环境中的任何声音插入到了音乐作品中；最后在开启了整个新的音乐性声音的电子音乐中，许多声音与世界各地的工业和电力技术有关。

今天所有的声音都属于一个具有连续可能性的领域，即**综合音乐领域**(comprehensive dominion)。这属于一个新的交响乐队：声音宇宙！

音乐家将是：任何人与任何可发声的物体！

## 狄奥尼索斯与阿波罗的音乐理念

相较于理解当代音乐家应当以何种确切的方式让自己依附于这个广阔的主题，更容易看出声学工程师或听力学家对于世界声景的责任，所以我要在这一点上如研磨我的斧头一般花更长的篇幅进行论述。

音乐是什么或音乐应该是什么有两个基本的观点。从两个涉及音乐起源的希腊神话中也许可以清楚地了解到这两个基本观点。品达（Pindar，即毕达哥拉斯）的《第十二阿波罗颂歌》（*Twelfth Pythian Ode*）讲述了竖笛（aulos）演奏艺术是如何由雅典娜（Athena）在美杜莎（Medusa）女妖被斩首后发明的，她被美杜莎的姐妹们那令人心碎的哭泣声所感动，并出于对她们的尊重而创造了一种特别的*哀鸣声*（nomos）。在荷马（Homer）给赫尔墨斯（Hermes）的赞美诗中提到了另外一种乐器起源的版本。据说，竖琴（lyre）是赫尔墨斯发明的，当时他推测，如果将海龟的外壳用作共振体则会产生声音。

在第一个神话中，音乐是作为主观情感而产生的；在第二个神话中则是作为宇宙中材料的声学特性的发现而产生的。这个观点是所有后续音乐理论的基石。竖琴是荷马时代典型的史诗乐器，它富于宇宙的宁静和沉思；而竖笛（一种芦苇做的管乐器）则是具有高度悲剧色彩的乐器，是具有酒神赞美诗（dithyramb）特质与戏剧性的乐器。竖琴是阿波罗的乐器，竖笛则是酒神节日的乐器。在酒神神话中，音乐被看作来自于人类胸部的内在声音；而在阿波罗看来，音乐是外在的声音，上帝借此来向我们启示宇宙的谐和性。在阿波罗的视野中，音乐是精确的、安详的、数学的，是与乌托邦（Utopia）的抽象先验愿景及球体的谐和性相联系的。它也是印度理论家的*安那哈塔*（anahata，即"心轮"）。这是毕达哥拉斯与中世纪理论家的学说猜想，以及勋伯格（Schoenberg）的十二音列作曲法的基础［音乐成为一个与四艺（quadrivium）、算术学（arithmetic）、几何学（geometry）和天文学（astronomy）相协调的学科］。它的论述方法是数字理论。它通过声学设计来获得世界的谐和性。在酒神的视野中，音乐是非理性的和主观的。它采用富于表现力的方法，如：节奏的起伏、动态的阴影、音调性的色彩等。它是歌剧舞台上的音乐，是*贝尔卡托*（bel canto，即美声唱法）式的歌唱，从其芦苇管的声音中也可以听到巴赫（Bach）的激情。最重要的是，它是浪漫主义艺术家的音乐表现，是盛行于整个 19 世纪并延伸到了 20 世纪的表现主义，它也直接影响了今天音乐家的训练体系。

因为声音的产生是与现代人相关联的主观事物，当代声景则由于动态性的享乐主义而引人注目。为了寻找世界声音的谐和作用，我将要论述的研究代表了对音乐的再肯定。在罗伯特·弗鲁德（Robert Fludd）的著作《乌楚斯科·科斯米历史》（*Utruisque Cosmi Historia*）有一个题为"世界的调音（The Tuning of the World）"的引证，在这一引证中，地球成为一个被神之手所调整和拉伸的弦乐器。我们必须再一次尝试找到那个为世界调音的秘密。

## 音乐，声景与社会福利

7

在赫尔曼·黑塞（Herman Hesse）的《玻璃珠游戏》（*The Glass Bead Game*）一书中，有一个引人注目的观点。黑塞声称要重复一项来自于古代中国的关于音乐与国家之间关系的理论："即，一个秩序井然的时代的音乐是平静和欢快的，它的政府也是如此。一个躁动不安的时代的音乐是激动和猛烈的，它的政府是扭曲的。一个腐朽国家的音乐是伤感而悲戚的，它的政府是危机重重的。"

这一理论表明，在像玛利亚·特雷萨（Maria Theresa）执政的平均主义和思想开明的时期，莫扎特（Morzart）音乐的优雅和平衡就并非偶然了（正如她在 1768 年颁布的联合刑事法典中所表述的那样）。或者说，理查德·施特劳斯（Richard Strauss）情感的反复无常与奥匈帝国（Austro-Hungarian Empire）的衰落完全契合。在格斯塔夫·马勒（Gustav Mahler）的作品中我们发现，出自穷酸刻薄的犹太人之手的对德国游行和舞蹈的讽刺，带给了我们关于即将到来的政治"死亡舞蹈（*dance macabre*）"的预感。

这一论点也来自于部落社会。在兴盛社区严格控制下的地区，音乐结构紧凑，而在那些部落制解体的地区，个人的歌唱显示出了骇人听闻的感伤。任何一个民族音乐学者都能证明这一点。毫无疑问，音乐是时代的风向标，为那些懂得如何阅读其社会症状的人们揭示了一种解决社会乃至政治问题的方法。

有时，我也相信社会的一般声学环境可以作为产生这些声音的社会环境的风向标，它产生的背景可能会告诉我们许多关于这个社会的趋势和演变的信息。我将在本书着重提出很多这样的关系，尽管这显然出于我的天性，我希望读者可以继续承认这一方法的有效性，即使有些关系似乎令人无法接受。不过，这些观点都是开放且可供进一步检验的。

## 声景的记谱法(声谱)

声景的研究涉及任何声学领域。我们可以说音乐作品就是一种声景，或一个无线电广播节目可以作为一个声景，又或一个声学环境可以作为一种声景。我们可以将声学环境单独作为一个研究领域，正如我们可以研究特定景观的特征一样。然而，相对于大地景观，声景确切表达的公式化更为不易。没有声谱能够像摄影那样对应声景的瞬间印象。有了相机就可以捕捉到视觉全景的突出特征，以捕捉一种即时的显而易见的印象。麦克风的操作却并非如此。它会对细节进行采样。它给出的是与航空摄影不同的特写镜头。

8

与此类似的是，虽然每人都有阅读地图的经验，许多人至少可以从视觉景观的图例中标记出最为重要的信息，如建筑师的图纸或地理学家的等高线图，但很少有人能读懂语音学家、声学家或音乐家所使用的复杂图谱。给出一个完全令人信服的声景图像需要非凡的技能和耐心：需要数以千计的录音样本、成千上万的测量，而且必须设计出一种新的描述方法。

声景由*可听的*(heard)而不是*可见的*(seen)的事物组成。超越听觉感知的是声音的记谱法和影像，它们是无声的，表现出来的相关问题将在本书分析部分中的一个特别章节进行讨论。不幸的是，在无声的页面上表达数据时，我们将被迫使用一些视觉映射以及音乐记谱符号。在讨论这些符号的用法之前需要注意的是，仅在有助于打开耳朵与刺激透听力时，这些符号才是有用的。

我们在记录历史的层面也处于劣势。虽然我们可能拥有大量在不同时间拍摄的照片，在摄影出现之前，绘画和地图给我们展现同一场景的时代变迁，而我们必须据此推断出声景的变化。我们也许可以确切知道，十年内，在某一特定地区有多少幢新建筑物，或者是人口增长的数目，但我们并不知道环境噪声水平同比可能增长了多少分贝。不仅如此，声音可能会改变或消失，而且即便最敏感的历史学家也几乎无法给出有关声音的一条评论。因此，虽然我们可以利用现代录音和分析技术研究当代声景，但是作为历史视角的基础，我们还需向文献和神话，以及人类学与历史记录寻求耳证(earwitness)。

## 耳证

　　本书的第一部分将特别关注这些议题。我一直试图直接寻找耳证的源头。因此，一个作家只有在描写他直接经历和亲密接触过的声音时才值得信赖。而对那些自己未曾经历过的地方及时间的声音的描写往往是伪造的叙述。一个明显的例子是，当乔纳森·斯韦福特(Jonathan Swift)将尼亚加拉大瀑布(Niagara Falls)描写成"可怕的榨汁(a terrible squash)"时，我们就知道他从未到过那个地方；而在 1971 年，当夏多布里昂(Chateaubriand)告诉我们，他在 8 到 10 英里以外就听到了尼亚加拉大瀑布的轰鸣声，他就为我们提供了如今可测量到的有关环境声级的有用信息。当作家假装描写那些亲身经历时，耳朵有时就可能在脑子里玩起了小把戏，就与第一次世界大战期间于战壕中发现的埃里克·玛丽亚·雷马克(Erich Maria Remarque)一样，当他听到炮弹在周围爆炸后，接踵而来的是远处隆隆的枪声。这就是幻听作用，因为弹片以超音的速度飞行，并先于它们原始爆炸位置发出的声音到达，所以雷马克认为自己先听到了炮弹的爆炸声。然而只有受过声学训练的人才能认识到这一点。《西线无战事》(*All Quiet on the Western Front*)一书是可信的，因为作者就在现场。当他描述其他异常的声音事件时，我们就相信他了——例如尸体所发出的声音。"天很热，死者们未被掩埋地躺在那里。我们不能把他们全部拖出来，如果那样，我们不如处理他们。用弹片将他们埋葬。许多尸体的肚子像气球一样肿起来。他们发出嘘声、打嗝声，并一张一弛地动起来。肚子里的气体发出噪声。"威廉·福克纳(William Faulkner)也知道这里尸体内部胀气的噪声，他形容为"窃窃私语和咕咕冒泡"。

　　这样的叙述确立了耳证的真实性。这是一个托尔斯泰(Tolstoy)、托马斯·哈代(Thomas Hardy)或托马斯·曼恩(Thomas Mann)式的小说家的特殊天赋，它已经捕捉到了自己所经历过的地方和时代的声景，并且这些描述构成了重建过往声景的最佳线索。

## 声景的特征

声景分析者首先必须做的是发现声景的重要特征，这些声音因他们的个性、数量或主导地位而变得重要。最终，必须设计出相应的系统或泛型分类系统，这将是本书第三部分的议题。本书的前两个部分则通过我们称之为**基调声**（*keynote sounds*）、**信号声**（*signals*）和**声标**（*soundmarks*）的特征，将足以对声景的主要类型进行分类。在此基础上，我们可以加入**原型声音**（*archetypal sounds*），即那些神秘而古老的声音，它们往往拥有相应的我们从遥远的上古或史前继承而来的象征主义倾向。

**基调声**（*keynote*）是一个音乐术语，它用于标识特定音乐作品的调或调性。它是主音或基音，而其他音高材料虽然可以在它周围变化，有时往往掩盖了其重要性，但在它作为参考音这一点上，其他任何音高都必须承认它这一特殊意义。基调声并不需要刻意地去聆听，它们是无意中被听到的，却不能被忽视，因为不论基调声本身是什么样的声音，基调性的声音已经成为聆听的习惯。

研究视觉感知的心理学家在谈到"图像（figure）"和"背景（ground）"时认为，图像是可看见的，而背景的存在只是为了烘托图像的轮廓和体量。然而图像不可能脱离其背景而存在，去掉背景，图像则变得无形而不存在了。尽管基调声未必总能被有意识地听到，但它们无所不在的事实有可能对我们的行为和情绪有着深刻而普遍的影响。特定地方的基调声非常重要，因为它有助于勾勒出生活在那里的人的性格。

10　　大地景观的基调声是由其地理与气候所创造的，即：水、风、森林、平原、鸟类、昆虫和动物。许多这些声音可能具有原型意义。也就是说，这些声音的听觉印象可能已经深深地烙印在了当地人的心中。据他们说，如果没有这些声音，他们的生活将变得截然不同而且乏味。这些声音甚至可能会影响一个社会的行为或生活方式，稍后我们将会在读者更加明确这一问题之后，更为深入地进行讨论。

**信号声**（*signals*）是前景声，是能被有意识地聆听到的。从心理学家的角度看，它们是图像而不是背景。任何声音都可以被有意识地倾听，因此任何声音都可以成为一种图像或信号，但为了面向社区（community-oriented）的研究，我们的讨论将局限于那些**必须**(*must*)听到的信号声，因为它们构成了警报装置的声学环境，如钟声、哨声、号角声和警笛声。信号声通常会被组织成相当精密的代码，用于将可识别的复杂信息传递给那些能够解释它们的接收者。例如，我们可在**追步信号**(*cordechasse*)或火车和船舶的汽笛信号声中发现这一现象。

　　**声标**(*soundmark*)这一术语来源于地标(*landmark*)一词，是指社区中那些独特或具有能被社区居民注意到的特别的声音。一旦声标被识别出来，它就应该得到保护，因为这些声标使社区的声学生活变得独一无二。这是本书讨论声学设计的第四部分中的一个重要议题。

　　我将在提及时尝试解释所有其他声景的术语。本书的结尾有一个简短的或新或异的术语表，以防在文本中的任何一点上存在疑问，我试着不使用太多复杂的声学术语，尽管估计本书的读者会具备声学基本知识，并对音乐理论和历史知识有所了解。

## 耳朵和透听力

　　我们不会为耳朵的优先权争辩。在西方，文艺复兴时期，随着印刷出版与透视绘画的发展，作为采集信息最重要的器官，耳朵让位于眼睛。这一变化最明显的证据之一是我们想象上帝的方式。直到文艺复兴时期，上帝才成为肖像画，而之前他被认为是声音或振动。在琐罗亚斯德人(Zoroastrian)的宗教中，祭司斯罗西(the priest Srosh，听觉天才)站在人与万神殿的众神之间，聆听传递给人类的神圣讯息。**萨满**(*Samā*)是意为听觉聆听的苏菲语(Sufi)词汇。贾拉鲁德丁·鲁米(Jalal-ud-din Rumi)的追随者们在缓慢的回旋中进行着吟唱和旋转，使自己进入了一种神秘的恍惚状态。他们的舞蹈被一些学者认为是代表太阳系，同时唤起了宇宙音乐中根深蒂固的神秘信仰，一种球状的音乐(a Music of the Spheres)，有时会听到熟悉的灵魂。但对于这些非凡的听觉能力，我称之为透听力(clairaudience)，这种能力不通过努力是无法得到的。诗人萨阿迪(Saadi)在他的一首抒情诗中说：

　　　　我不会说，我的弟兄们，**萨满**(*Samā*)是什么
　　　　在我知道聆听者是谁之前。

11

在写作出现之前，在先知和史诗的时代，听觉比视觉更为重要。神的话语、部落的历史和所有其他重要的信息都是被听到的，而不是被看见的。在世界的某些角落，听觉仍然居于主导地位。

> ……非洲农民主要生活在声音的世界中——一个对听者具有直接个人意义的世界——而西欧人则更像是生活在一个从整体上说与他漠不相关的视觉世界中。……在人们时常向前发展并且必须发展的西欧，声音失去了它的重要意义，他们自然而然就忽视了周围的声音。对欧洲人来说，总的来说，"眼见为实（seeing is believing）"，而对于非洲农民，事实似乎更多的是被听到的和说出来的。……事实上，人们不得不相信，许多非洲人认为作为心灵的工具而不仅仅是接收器官，眼睛不如耳朵。

马歇尔·麦克卢汉（Marshall McLuhan）曾指出，自从电子文化出现以来，我们可能会再次回到上述这个状态，而我认为他的观点是对的。作为公众关注的话题，噪声污染的出现证明了现代人终于期望将他们的耳朵从污泥中拯救出来，以重新获得透听力——清晰听觉的能力。

## 特殊知觉

触觉是知觉中最富于个人色彩的感觉。较低频率的可听声进入了触觉振动的范围（大约 20 赫兹），听觉和触觉在此相遇了。每当人们聚在一起聆听特殊的东西时，听觉在一定程度上就成为第一感官亲密接触的方式。对于这个观点，民族音乐学者指出："我所了解的所有族群都有共同的肉体亲近和不可思议的韵律感。这两种特征似乎是并存的。"

听觉无法随意志而关闭，也不存在耳盖（earlids）。睡眠时，关闭的最后一扇门是声音感知，而醒来时，听感也是最先开启的。这些事实促使麦克卢汉写道："恐惧是任何口述社会的常态，因为在这样的社会中，任何事物总是会影响任何其他事物。"

耳朵唯一的保护措施是以一种复杂的心理机制过滤掉不需要的声音，以集中精力关注那些需要的声音。眼睛是外向的；耳朵则是内向的。它浸润于各种信息之中。瓦格纳说："眼睛是人的外在诉求，耳朵则是内心的诉求。"耳

朵也是一种情欲的孔洞。聆听优美的声音，如音乐，就像情人的舌头舔入你
的耳内一样。出于耳朵自身的本性，耳朵会强制停止那些令人漫不经心和分
散注意力的声音，以便可以关注那些真正重要的声音。

本书最终就是关注这些真正重要的声音。为了找到这些重要的声音，有
必要严肃地剔除那些不需要的声音。本书的第一和第二部分，我将引领读者
进入一个有关声景历史的漫长旅程，尽管我将尝试把世界其他地方的可用案
例纳入其中，但叙述的重点仍将放在西方世界的声景史中。为了给总结声学
设计原理的第四部分作铺垫，第三部分将从批判分析的角度论述声景——至
少是那些目前就可以确定的原则。

所有对声音的研究必须以沉默结束——本书的最后一节（译者注：指第
19 节"沉默"）将给出一个有待进一步发展的想法。不过读者会明显感觉到这
一想法贯穿了本书的第一部分至最后一个部分，从而是总领全书文本的承诺。

最后一个提醒是，虽然我有时会把听感与声学看作是抽象的基本原理，
但我不希望忘记的是，耳朵只是众多感官受体中的一个。现在到了走出实验
室进入实际生活环境的时候了。即使还没有融入更广泛的全部可能有关于整
个环境的研究领域中，但声景研究正是已经这样做了。

# 第一部分　第一类声景

当时，人们耳朵听到的声音
是任何科学或魔法都无法变幻出的
天使般的纯净声音。

——赫尔曼·黑塞，《玻璃球游戏》(Herman Hesse，*The Glass Bead Game*)

**1　自然声景**

### 海洋的声音

　　最先被听到的声音是什么？是水的爱抚声。普鲁斯特（Proust）将海称作"地球上尚未有生物存在的时代，地球哀怨的女性追逐着祖先那疯狂的远古激情"。希腊神话介绍了人类是如何从海洋中产生的："有人说所有的神和存在的生物都是从包围世界的海洋之神的河流中诞生的，而特提斯海（Tethys）是所有孩子的母亲。"

　　我们祖先的海洋，在化学上繁殖于我们母亲水润的子宫。海洋就是母亲，在海洋黑暗的液体里，大量不间断的海水传递给了耳朵这第一类声音。随着胎儿的耳朵在羊水中转动，它也逐渐适应了水的拍打和汩汩声。起初是海洋水底的共振，还不是波浪的飞溅。但接着……

　　　　……海水开始一点点地移动，在海水的运动中，大鱼和有鳞的生物被惊扰，波浪开始卷起多重的碎浪花，生活于海水中的生物被惧怕所俘获，而且随着浪花交织冲袭在一起，大海的咆哮逐渐增大，浪花愤怒地抨击，泡沫涌起花环，大海向深处打开，海水随处冲荡，波浪愤怒的顶峰时时碰触。

　　海浪拍打着海岸，冲击第一块岩石，而两栖动物也从海上浮现。尽管它可以偶尔将它的背面向海浪，但它永远不会摆脱其返祖的魅力。"智者乐水"，老子说，人类的道路都是通向水的。它是原始声景和以无数变幻带给我们最大快乐的声音的基础。

　　在奥斯坦德（Ostende），河岸很宽阔，它以一种不易被察觉的倾斜度通向对岸的酒店，所以站在那里，会有这样一种印象：远处的大海比海滩还高，而且所有的一切迟早都将被巨大而柔软的浪潮所湮没。与之完全不同的是的里雅斯特的亚里亚德海（the Adriatic at Trieste）。在那里，山脉以一种尖锐的力量跃入海洋，海浪愤怒的拳头击打岩石，发出刺耳的声响，就像印度的橡皮球。在奥斯坦德，土地与海的联系不论在视野还是在音调上都是柔和的。

在奥斯坦德，河岸没有岩石可以坐，因此，当你走上几英里，向南走，右耳是海浪；向北走，左耳是海浪，伴随着海水全频悸动的返祖意识。所有的道路都通向海洋。若有机会，可能所有人都会生活在这海洋的边缘，听力所及的日日夜夜都是海水的情绪。我们离开了它，但离开是暂时的。

日复一日，一个人沿着海岸线走着，听着微浪慵懒地飞溅，感受着声音逐渐转向更大、更厚重的步伐，进而变成细碎而有组织的破浪。思绪必须放慢，以捕捉海水打在沙滩上、岩石上、浮木上，以及海堤上的百万种变化。每一滴海水都以不同的音调叮当作响；每一次海浪都为无休止的白噪声进行了不同的滤波。有些声音是离散的，有些是连续的。在大海中，两种声音以一种原始的统一融合在一起。海的节奏多种多样：生物逻辑的（infrabio-logical）——海水音高和音色的变化速度高于耳朵捕捉声音变化的解析能力；生物学的——波浪节奏与心肺模式和昼夜潮汐模式相协调；以及超生物逻辑的（suprabio-logical）——永远无法遏制水的存在。"观察测量（Observe measures）"，赫西俄德（Hesiod）在《工作与时日》（*Works and Days*）中写道："我将向你们展示雷鸣般大海的尺度。"

*para thina polyphloisboio thalassēs*

荷马（Homer）[《伊利亚特》（*Iliad*），1：34]用拟声的方法描述了一层层海浪大军冲击沙滩并撤退的壮丽场景。埃兹拉·庞德（Ezra Pound）《以斯拉记第二章》（*Canton Ⅱ*）开始写道：

> 可怜的老荷马瞎了，瞎了，像一只蝙蝠，
> 耳朵听着海潮的声音……

对海洋的热爱拥有深邃的渊源，它们被记录在东西方浩如烟海的海洋文献中。当海水注视着部落的历史时，海洋的手抓住了史诗。《奥德赛》（*Odyssey*）依托的最主要素材就是海洋。生活在波奥蒂亚（Boeotia）的土生土长的赫西俄德，"远离大海和她汹涌的海水"，却无法避免海洋的诱惑。

夏至到来的五十天后

> 当令人厌烦的炎热季节结束时
> 适宜人类航海的季节到来了

　　古诺尔斯人(The Norseman)知晓海洋的凶猛。当他们航行时，"海洋咆哮着拍打船身两侧，听起来就像巨石在一起碰撞"。《艾达斯》(*Eddas*)的首韵诗是写给桨手们的诗。每半行重复的辅音将诗歌的重音引向桨板的每次划击和收回。

> 飞溅的桨竞相发出铁一样的嘎嘎声，
> 维京人划船时盾牌相撞发出声来。
> 在国王的命令下劈波斩浪，
> 舰队开拔到越来越远的地方。
> 当库尔加号姐妹掀起的海浪撞击在船的龙骨之上，
> 随之而来的声音是撞击在岩石上破碎的浪花的轰鸣。

　　从全世界来看，在澳大利亚北部热带地区，海浪更加柔和。

> 海浪来了：巨浪冲向岩石，
> 破碎，嘶，嘶
> 当月光高高地照耀在水面上
> 涨潮，潮汐涌向草地，
> 破碎，嘶，嘶
> 在波涛汹涌的海水中，年轻的女孩在沐浴
> 弹奏的时候，能够听到她们用双手发出的声音

　　任何到海边的游客都会发现海浪的独奏是非凡的，但只有从出生到死亡耳朵都浸淫在海洋声音中的诗人，才能准确地量度海浪和潮汐的收缩和舒张。埃兹拉·庞德(Ezra Pound)一生的大部分时间都在从意大利半岛的一个海岸搬到另一海岸——从拉帕洛(Rapallo)到威尼斯(Venice)。他的《以斯拉记》(*Cantos*)开端于海上，在搬过来与搬回去之间，在海的边缘展开他们的辩证法。在斯科特·菲茨杰拉德(Scott Fitzgerald)作为一名地中海的游客，仅仅听到"海浪中疲倦的微小浪花的哇哇声"的地方，庞德向我们展示了水的波动

本能的权威。

水的轻盈回转，
是波塞冬的支柱，
黑色、蔚蓝而透明，
像玻璃在泰罗上空舞动，
封闭掩盖了不平静，
波纹的亮丽起伏，
然后是平静的水，
在淡黄色的沙滩上安静下来，
海鸟伸展翅膀，
在岩洞和砂洞里飞溅
在半沙丘的波浪中；
在阳光照射下，潮水中闪烁着玻璃般的波浪，
是赫斯普鲁斯般的苍白，
波峰灰暗，
波浪，像葡萄果肉的颜色，
附近，是橄榄的灰色，
远处，是烟灰色的岩石滑坡，
鱼鹰的粉翅
在水中投下灰色的阴影，
这座塔就像一只独眼的大雁
从橄榄林里吊起来，
我们也听到了农牧神责备普洛斯特的声音
在橄榄树下的干草气味中，
青蛙对着农牧神歌唱
在昏暗的灯光下。
还有……

18

海洋是所有海洋文明的基调声，它也是一种丰富的声音原型。所有道路都倒回向水。我们终将归于大海。

## 水的变形

流水不腐。它永远像雨水，像冒泡的小溪，像瀑布和喷泉，像漩涡沉沉的河流一样轮回生存。

山洞的溪流是由许多音符组成的立体和弦，围绕着沿途细心的听众。来自瑞士山洞源源不断的流水声，可以在隔着几英里外的寂静山谷中听到。当落基山脉的一条小溪跳下一百米的瀑布时，先是像恐惧一样紧张的寂静，接着是撞击下面岩石的喧闹与兴奋。英国沼泽地的水不具备这种技艺，它的安排更加微妙。

在这个方向上的流浪者应该在一个安静的夜晚静静地站一会儿，可能会听到这些水里的奇异交响，就像一个无灯的管弦乐队，所有的人在沼地附近和远处演奏。在一个腐烂的堰口，他们进行了一次吟诵；在那里，一条支流的小溪流过一块石制墙头时，他们兴高采烈地颤抖；在拱门下，他们演奏着金属钹；在杜诺弗洞，他们发出嘶嘶声。

世界上的河流都有自己的语言。梅里马克河（Merrimack River）的轻柔低语，"旋转，吸吮，向下流淌，亲吻它流经的海岸"，是梭罗的安眠药。对詹姆斯·费尼莫·库珀（James Fenimore Cooper）来说，纽约州北部的河流经常缓慢地流入岩石洞穴，"发出一种空洞的声音，就像远处的枪声一样"。

在阿特巴拉（Atbara）和柏柏尔（Berber）交汇处愤怒的尼罗河（the Nile）大瀑布则完全不同！

当河流在千千万万的岛屿和岩石中冲出一条一英里长的急流时，战争的喧嚣就产生了。一位罗马作家断言，居民移居国外是因为他们失去了听力，但是柏柏尔人强大的发声能力今天依然证明了强化器官的必要性，因为他们的呼唤能够从河流的此岸传到彼岸，而白人却在十步远的地方也很难听到彼此的声音。*

---

\* 罗马作家提到的是普林尼［《自然历史》（Natural History），V. x. 54］，他指出洪流非常嘈杂，但没有声称它们引起了耳聋。一个传说似乎证明了这一效果，在伯纳迪诺·拉马齐尼（Bernardino Ramazzini）1713 年的著作《工人疾病》（de Morbis ArHficium）中，第一次提到引起工业性耳聋的工作。

相形之下，在暹罗（Siam）静谧的河流上，萨默塞特·毛姆（Somerset Maughham）发现了一种"精致的平静感"，这种平静感只是偶尔被"静默回家的人们轻轻滑动的桨声"所打破。"当我在夜里醒来时，我感觉到一种微弱的运动，因为船屋稍微摇晃了一下，听到了一点水的汨汨声，就像东方音乐的幽灵在穿越时空。"在托马斯·曼（Thomas Mann）的《魂断威尼斯》（*Death in Venice*）中，运河荒废而悲伤的水体形成了一个悲剧主题："水拍打木石发出汨汨的声音。船夫的喊叫，带着半分警告，半分敬意，得到了来自远方迷宫般寂静的一致回答。"

流水不腐，智者乐水。只要专注地用耳倾听就会发现，没有两颗雨滴的声音听起来是相同的。那么波斯的雨声是否与亚速尔的雨声相似？在斐济，夏季暴雨以巨大漩涡的形式在 60 秒内掠过，而在伦敦雨下起来却像商人的故事一样冗长和无聊。在澳大利亚的部分地区，两年甚至更长时间都不下雨。而当真正下雨的时候，小孩子们有时会被下雨的声音吓到。在北美的太平洋海岸，每年的降雨温柔且持续，平均长达 148 天。加拿大画家艾米丽·卡尔（Emily Carr）将其描绘得很好：

> 雨滴打在屋顶上，轻轻地敲打着，不均匀，令人伤心。穿过打开的窗户，树叶上的雨声不是那样的。它更像是一种持续的叹息，一种一直在呼出却没有新鲜空气摄入的呼吸。屋顶上的雨敲击着我们房间的空腔，嘎嘎作响地敲击，并最终偃旗息鼓。

宁静的西海岸的雨是毫无野心的，这与俄罗斯和北美中部平原地区的猛烈雷暴完全不同。在南非，雨水是倾盆的："……雷声隆隆地从头顶传来，你能听到雨水从田野上呼啸而过的声音。瞬间，它们在铁屋顶上打鼓式地敲打，发出震耳欲聋的声音。"

地理和气候为声景提供了本土的主要基调声。在广袤的大地北部地区，冬天的声音是冰冻水的声音——冰和雪的声音。在冬天，30%～50%的地表在一段时间内被积雪所覆盖，更有 20%～30%的陆地表面被雪覆盖的时间年均超过 6 个月。冰雪构成了北部内陆地区的基调声，就像大海是海洋生命的基调声一样。

冰和雪是由温度调节的。弗吉尼亚·伍尔夫在黑修士听到的雪是"滑倒在地上"。但是在斯堪的纳维亚，当埃达年迈的大长老希米尔（the giant Hymir of The Elder Edda）打猎归来时：

> 冰柱嘎吱作响
>
> 从他冰冷的胡须上滑落。

在其诗作《孤儿》（Orfano）中，乔瓦尼·帕斯科利（Giovanni Pascoli）描述了意大利缓慢的飞雪：

> 簌簌的白雪，白雪，白雪。
>
> （Lenta Ca neva fiocca，fiocca，fiocoa.）

几乎没有冰冻的意大利，雪花的声音完全不同于在马尼托巴（Manitoba）或西伯利亚（Siberia）零下 30 摄氏度的地区。当你搬到辽阔的北方大陆内部时，垫子般柔软的步伐开始嘎吱作响，然后发出吱吱声——甚至是痛苦的呻吟。鲍里斯·帕斯特纳克（Boris Pasternak）在《日瓦戈医生》（Doctor Zhivago）中讲述了皮靴在俄罗斯冬季的每一步都使"雪"发出了尖锐的愤怒声。

虽然海景丰富了海洋民族的语言，但寒冷气候的文明也发明了不同的表达方式，爱斯基摩语（Eskimo）中无数表达雪的词汇是其中最著名却绝非唯一的例子。《冰雪图解词汇表》（The Illustrated Glossary of Snow）包含了154 个英文的冰雪术语，并将其与丹麦语、芬兰语、德语、冰岛语、挪威语、俄语、法裔-加拿大人的语言和阿根廷西班牙语相匹配。许多表达方式，例如永久冻土、浮冰，是其他语言的词汇中所没有的。

雪能吸收声音，北方文学中充满了对冬天寂静的描述。

> 在冬天，寂静、生命或声音的缺失是怪诞且压抑的。而当雪出现在地上，你可以看到动物，鸟、鹿，甚至有时是熊的脚印，但你听不到任何声音、任何喊叫、任何耳语，甚至任何一片树叶的沙沙声。坐在一棵

倒下的树上，寂静几乎变得压抑，几近痛苦。即使最后只听到雪像黑色马羽一样从横亘头顶的松树、柏树或红豆杉等树枝上掉落的簌簌声，这也是一种解脱。

雪在新鲜和柔软的时候，即使是雪橇滑行时传统的嘎吱声也变得缄默。"……我们在经过一夜松软踏实的初雪上面滑行，柔软光滑而无声，就像我们在无翼飞翔……"连城市都那么安静。 21

但也不像北方城市在冬天清晨那样的沉静。间或，从窗口传来一阵耳语声或轻轻擦在窗户上的声音，我知道下雪了，但总体上还只是令人悸动的沉静，直到街道上的汽车开始在蒙特利尔（Côte des Neiges）街区跑起来，我听到了它们的声音，好像是风吹过旧的排水沟。

宁静的北方冬天被雪犁和雪地摩托所破坏，这是二十世纪声景中最重大的转变之一，因为这些工具正在摧毁着塑造了所有北方人脾性，以及形成世界重要神话的"北方观念（idea of North）"。北方观念，连同其带有的简朴、宽广、孤独，很容易将恐惧埋进心底（但丁是否已将他心中的地狱冷藏起来？），却会唤起强烈的敬畏，因为它是纯洁的、没有诱惑的、沉默的。进步的技术专家没有意识到，他们正在用机器斩断他们自身观念的完整性，用加油站破坏令人敬畏的神话，并将他们的传说变成了塑料玩具。沉默被世界追逐，强大的神话逐渐远离。也就是说，越来越难以欣赏埃德达斯（Eddas）和萨加斯（Sagas），而这都是俄罗斯、斯堪的纳维亚和爱斯基摩文学和艺术的核心。

北方传统的冬天以其宁静而引人注目，但春天却是猛烈的。一开始是坚不可摧的冰，然后突然一整条河的中心会随炮声般解冻的响声而炸裂开来，春水会把冰冲向下游。在被问及最喜欢俄罗斯什么时，斯特拉文斯基说："俄罗斯猛烈的春天似乎在一个小时内要开始，而整个地球像是要裂开了。"

### 风的言语

在古代，风如大海一样，被神化了。在《神谱》（*Theogony*）中，赫西俄德讲述了堤福俄斯（Typhoeus，一种百头巨怪），即风神，是如何与宙斯作战、失败，并被放逐到大地深处的塔洛斯的。堤福俄斯是一位奸诈的神，他有一百个蛇头。

> 在每个恐怖的脑袋里
> 都有声音
> 发出各种可怕的声音
> 有时
> 这是神能理解的言语
> 但在其他时间
> 是一只咆哮的公牛的声音
> 骄傲的眼睛和难以控制的愤怒
> 或像狮子一样无耻的残忍
> 又或是像狗的叫声
> 一个值得倾听的奇迹
> 或者他又会吹口哨
> 于是高耸的群山再次回荡

　　这个故事之所以引人注目，是因为它触及了最有趣的听觉幻象之一。大风，就像大海一样，有着无穷的声音变化。两者都是频谱很宽的声音，并且在它们的频率范围内其他声音似乎可被听到。风的欺骗性也是维克多·雨果（Victor Hugo）对暴风雨描述的主题。你必须大声朗读原文，才能感受到语言的压力。

> 　　巨大的孤独杂乱无章。谷物翻飞，阵风、暴风、羽流、波浪、骤雨，风暴与旋风慢慢变强：宛如七弦琴奏出的七个音符。……风在奔跑、飞翔、跌落、破碎，再次开始，盘旋，嘶嘶声、咆哮声、狂笑声；躁动不羁，热烈疯狂。但这些狂啸却很谐和。它们如云中敲响的铜锣一般，在天空盘旋，余音不止，所有的响声逐渐融合，这是一种夸张的回响。是谁正在聆听。

　　风是一种能有力地抓住耳朵的元素。这种感觉既是触觉的，也是听觉的。在远处听风而不感受风是多么奇妙、多么神奇啊！就像在瑞士阿尔卑斯山平静的一天，在那里微弱的、轻柔的风声掠过几英里外的冰川，也可以在穿过山谷的寂静中听到。在干燥的萨斯喀彻温省（Saskatchewan）草原上，风热烈而稳定。

　　现在风可以以一种更为持续的歌曲的形式被听到，就像温柔的笛声沿着将城镇与大草原分开的道路前行，直到走下高速公路……夜风有两种声音，一种是沿着脉冲电线发出的哭泣声，另一种是仿佛又深又长的喉咙发出的声音。

由于没有树木而又开阔，大草原就像一座巨大的风琴，"密集电话线的嗡嗡声"不停震动着。在更隐蔽的英国乡村，风声使树叶在不同的色调中闪烁。

　　对森林中的居民而言，几乎每一种树木都有属于它的声音和特征。冷杉树在微风吹拂下的呜咽声和呻吟声丝毫不比它们摇晃时逊色；冬青在与自己斗争时发出沙沙声；白蜡树在战栗中发出嘶嘶声；山毛榉随其平枝起伏而发出瑟瑟声。冬天，当这些树木落尽了树叶，改变了这些声音的音调，却并没有摧毁它们的个性。

有时我让学生识别声景中移动的声音。有人说"风"，有人说"树"。但如果路径上没有物体，风就失去了明显的迹象。它在耳朵里盘旋，精力充沛却没有方向。在所有的物体中，树木给出了最好的提示：当风吹过时，会将树叶一会儿吹向这边，一会儿吹向那边。

每一类型的森林都有自己的基调声。常绿森林在它的成熟阶段会形成黑暗的拱廊，通过这一廊道声音的回响异常清晰——据奥斯瓦德·斯宾格勒（Oswald Spengler），正是这种情况使得北欧人在哥特式大教堂的建设中试图复制这种混响。当风吹过不列颠省哥伦比亚森林时，树木发出的声音与常见的落叶林的"咔嗒"声和"沙沙"声完全不同；那是一种低沉的、带着呼吸的口哨声。在强烈的劲风中，常绿森林沸腾着、咆哮着，因为树木的针叶相互扭转，并进入涡轮式运动中。而不列颠哥伦比亚森林缺少灌木丛和直达空地的开口，很少有动物、鸟类和昆虫，从而使第一批白人定居者产生了一种令其敬畏甚至危险的印象。艾米丽·卡尔再次写道：

我们西部森林的寂静是如此深邃，以至于我们的耳朵几乎不能领会。当你说话时，你的声音会反射向你，就像你在镜子中看到自己一样。森林被寂静所充盈，以至于没有空间来储存声音。生活在那里的鸟类是鹰、隼、猫头鹰等鸟类捕食者。一旦一只鸟开始放开喉咙歌唱，就立即会有其他鸟扑过来。色彩朴素而又沉默的小鸟是跟随定居者进入西部的第一批追随者。海鸥一直都在；它们开始于大海，并且经常在海上呼叫。上面是渴望噪声的宽广的天空，慢慢淹没了它们的喊叫声。但森林是不同的，她在沉寂和秘密中沉思。

早期森林定居者的不安，以及他们对空间和阳光的渴望，很快产生了另一种基调声：伐木声。起初，是伐木工的斧头在不断扩大的林中空地上被听到。后来是横断锯的声音，而到今天，在北美社区不断消失的森林部落里，不断回荡的是链锯的咆哮声。

曾经，世界上大部分地方都被森林所覆盖。大森林是陌生的、骇人听闻的，对闯入的定居者是有敌意的。早期史诗中为数不多的关于自然的文献，萨迦（Sagas）和盎格鲁-撒克逊（Anglo-Saxon）的诗歌证实了这一点。这些记述要么很简要，要么详述其中的恐怖。即便晚到卡尔·玛丽亚·冯·韦伯（Carl Maria von Weber，1786—1826），森林仍然是一个黑暗和邪恶的地方，而他的歌剧《佛雷斯丘茨》（*Der Freischutz*）是对善良征服邪恶力量的庆祝，而邪恶力量的来源是森林。韦伯在他的乐谱中如此出色地使用猎号声，成为刺穿黑暗森林的声音符号。

当人类害怕未知环境的危险时，整个身体就是一只耳朵。在北美的原始森林里，视觉仅限于几英尺，听觉则成了最重要的感官。《芬摩·库珀的皮袜子》（*The Leatherstocking Tales of Fenimore Cooper*）即是充满了美丽和可怕的惊喜。

……因为尽管孤独的寂静深邃笼罩着广袤无垠的大森林，但大自然一直在荒野的深夜里用她雄辩的千言万语在说话。空气在成千上万的树上叹息，河水泛起涟漪，甚至在沿河的有些地方发出咆哮声；它与和自己相似的一些物体相摩擦，优美平衡的身体轻轻摆动，不时能听到树枝或树干嘎嘎作响的声音。然而，当他以刚刚提到的方式，想要他的同伴停止说话，他警惕的耳朵会捕捉到树木枯枝分裂的特殊声音，而且如果他的感官没有欺骗他，他会知道这是来自西海岸的声音。所有习惯这一特殊声音的人，会知道耳朵是如何随时准备接收这些声音，以及如何轻易地分辨折断树枝的践踏声与森林的其他噪声……"没有船只的可恶的易洛魁族人(Iroquois)是否已经用他们的武器过河了?"

### 神奇之地

"一棵树在无人聆听的树林中倒下会是什么声音?"一名学习哲学的学生问道。如果回答说听起来就像是一棵树在树林中倒下，或者没有任何声音，也许太缺乏想象力了。事实上，当一棵树在森林中发出巨响而倒下，并且知道它是孤独的，它可以听起来像它希望的任何东西——像飓风、布谷鸟、狼、伊曼纽尔·康德(Immanuel Kant)或查尔斯·金斯利(Charles Kingsley)的说话声、《致唐·乔瓦尼序曲》(*Don Givanni*)或毛利人(Maori)鼻笛(nose-flute)上吹出的精致的曲调。它想要的任何东西，来自过去或遥远的将来。甚至可以发出人类永远不会听到的那些神秘的声音，因为它们属于另一个世界……

许多现代科学对因素的去神秘化做了贡献，如今这些因素大多转而出现在了散文的诗句中。在早期科学诞生以前，人类居住于诗意的世界中。在三世纪也许由普卢塔赫(Plutarch)所作的文章《论河流与山岳》(*Treatise on Rivers and Mountains*)中，我们了解到吕迪亚(Lydia)的一种看起来像银子的叫作阿格鲁菲莱克斯(argrophylax)的石头:

> 它难以辨认，因为它与从河沙中发现的细小金片紧密混杂在一起。它有着一种非常奇怪的属性。富有的吕迪亚人将其放在宝库的门槛下，以此保护他们储存的黄金。不管盗贼什么时候靠近这个地方，这种石头都会发出一种类似小号的声音;而盗贼们认为他们会被追捕，因此逃跑，并且滚落悬崖，死于非命。

在较早的年代，所有自然事件都被解释为奇迹。地震或暴风雨是诸神之间的戏剧。当西格德(Sigurd)杀死了巨龙法弗纳(Fafner)，"大地的震颤如此剧烈，所有周围的土地都开始震撼"。当巨人偷走了唐纳(Donner)的雷锤：

> 他的头发直立，胡须愤怒地颤抖
> 为他那被神所紧握的武器而疯狂

注定会有一场巨大的暴风雨。当宙斯(Zeus)带领希腊诸神对抗泰坦巨神(Titans)时：

> 无垠的大海
> 剧烈的呻吟
> 大地剧烈的撞击
> 广阔的天空回响着……
> 宙斯再也无法控制自己的力量
> 但此刻他的心充满着
> 深切的愤怒，现在他展示出
> 他全部的暴力
> 不分青红皂白地
> 在天空之外
> 在奥林匹斯山之外
> 他不间断地转换着他的火焰
> 及雷霆
> 他们的撞击及火焰
> 一起飞来
> 一个接一个
> 从他笨重的手上
> 非人道火焰的涡旋飞转
> 给予万物生命的大地
> 在燃烧中大声呼喊
> 大火中的广袤森林尖叫着……

唐纳和宙斯至今仍是可被理解的神。雷电是自然界最可怕的力量之一。其声音具有高强度和极端的频率范围，远远超出人类发声的范围。人与神的鸿沟是巨大的，因此似乎需要一种强大的噪声来跨越这一鸿沟。这一噪声就是公元 79 年维苏威火山（Vesuvius）的爆发。根据戴恩·卡修斯（Dion Cassius）的记载，"受惊吓的人们以为是吉恩特（Gyants）在向天开战，幻想他们看到了烟雾中吉恩特的形状和形象，并且听到了他们吹喇叭的声音"。这一事件是罗马历史的声标（soundmarks）之一。

> 接着，地球开始颤抖和震动；震动如此之大，以至于地面在某些地方开始上升和沸腾，而在另一些地方，山岳的顶部沉降或陷落。与此同时，巨大的噪声和声响被听到，有些是隐匿地下的，就像地底的雷声；另一些则在地面上，像在呻吟或咆哮。大海在怒吼，天空发出可怕的响声，然后突然传来一阵巨大的断裂，就像自然之火爆发了，或地球上的所有山岳顷刻间倒塌了下来……

26

**独特的音调**

每一处自然声景都有其独特的音调，而且这些音调是原生的，因此构成了声标。我所听过的最引人注目的地理声标是在新西兰。在蒂基蒂尔（Tikitere）与罗托鲁阿（Rotorua），大片的地上硫黄沸腾，散落到了几英亩以外的土地，并且伴随着奇怪的地下隆隆声和汩汩声。这个地方是地球伤口的裂痕，气口沸腾不已，伴随着的是地狱般的声音效果。

冰岛的火山产生了某种同样的效果，但从这些火山回来之后，人们会惊异于声音效果的不同。

> 在火山口，有雷鸣般爆炸的声音，甚至在你接近火山口时，你会感到大地在颤抖。致命的火山岩浆（2～3 米高）将其路径周边的东西全部杀死。它们几乎是无声的，但也不完全是，因为如果你仔细聆听，你可以听到表皮咔哒发出的细微、尖锐的声音，就像玻璃破碎的声音，并延伸数英里远。当它与潮湿的陆地相遇时，岩浆会发出令人窒息的嘶嘶声。除此之外，一切都近乎沉寂。

即便没有生命，也存在声音。例如，北方的冰原就远不是一片寂静，而是与壮观的声音混响于一处。

在离冰川 3 到 4 英里以内的地方，你可以听到巨大冰块破裂的声音。听起来像远处的雷声，而且每隔 5 到 6 分钟就响一次。走近时，你可以分辨出初始的破裂声，就像巨大的玻璃窗被打破了，接着是跌落冰块的隆隆声，然后整个过程在远处山岳里回响。

冰川河水形成了冰下通道。通道里面的落冰、流水、泥浆和岩石移动产生的噪声，被通道空洞的结构放大了很多倍，并以强大的力量击中了地表的观察者。

1824 年，海因里希·海涅（Hernrich Heine）探访哈尔茨山（the Harz Mountains）矿坑时就发现，地表以下也不是寂静的。

我没有到达最深的地方……我到达的地点看起来足够深了——持续的隆隆声和咆哮声，机器不祥的呻吟声，地下泉水的冒泡声，水滴落的声音，到处都是厚重的呼出声，矿工的灯在寂寞夜晚的闪烁更为微弱。

## 27 默示的声音

也许宇宙是被默默创造出来的。我们不知道。这一形成我们星球的奇迹的动力是无法让人类的耳朵去倾听的。但预言家发挥了他们对这一事件的想象力。"一开始是语言。"约翰（John）说。上帝的存在最先被看作是宇宙声的巨大震动。先知对结局的预见也制造了巨大的噪声。在犹太和穆斯林的预言里有着特别丰富的参考文献。

你们哀号吧！因为上帝的日子来临，我将震动上天，而大地将取代她的位置，以上帝之军的愤怒，在他疯狂的愤怒之日。

28　在复活鼓的喧闹声里，他们在惊恐中捂紧了他们的耳朵。
他们将手指放进了耳朵以抵抗雷声及死亡的可怖。

　　在先知们的想象里，世界末日的信号是一种巨大的响声，一种比他们想象的最大声音还要凶猛的响声，一种比任何已知暴风雨更强烈、比任何雷声更骇人听闻的响声。

　　在生灵的记忆中，地球上已听到的最响的噪声是印度尼西亚喀拉喀托火山（the caldera Krakatoa in Indonesia）于 1883 年 8 月 26 日、27 日爆发的声音。实际的声音在 4500 公里之外的罗德里格斯岛（the island of Rodriguez）上都可以听到，警察局长报道说："晚上有好几次……从东边传来爆炸声，就像重机枪遥远的轰鸣声。这些声音以 3 到 4 个小时的间隔不时传来，直到 27 号下午 3 点……"在其他场合，从未在如此遥远的地方听到过这种声音，而在 8 月 27 日，听到这一声音的地区仅略低于整个地球表面的十三分之一。

　　据报道，当喀拉喀托火山（Krakatoa）在 8 月 26 日的夜晚爆炸时，在阴影区域可以听到爆炸声

对人类而言，想象世界末日的噪声跟想象其临终的沉默一样困难。这两种经验对于生者都只具有理论上的意义，因为这是对他们生命本身的限制，尽管他们可能会变成不同团体追求的无意识的目标。人类总是试图通过可怕的噪声来消灭敌人。在战争的历史上，我们会遭遇蓄意制造的灾难性的噪声，从古代盾牌的碰撞和鼓的敲击，一直到第二次世界大战时广岛和长崎原子弹的爆炸，皆是如此。从那时起，全世界范围的破坏可能减少了，但声音的破坏却没有。人们不安地认识到现代文明生活产生的恶劣的声音环境，来源于同样的末世恐慌。

# 2 生命之声

## 鸟歌

在所有的文学和神话作品中，最美丽的奇迹之一发生在《佛尔颂族传奇》(*Saga of the Volsungs*)一书里的残酷之中，当西格德(Sigurd)屠杀了名叫法弗纳(Fafner)的龙并品尝了它的血液之后，突然听懂了鸟儿的语言——这一片段被瓦格纳充分地运用在了他的歌剧《齐格弗里德》(*Siegfried*)中。

鸟类的语言和歌声一直是许多研究的主题，尽管在传统意义上，这些鸟是"唱歌"还是"交谈"，至今仍是一个很有争议的话题。然而，自然界中没有任何声音像鸟儿的叫声那样密切地存在于人类的想象里。在许多国家的测试中，我们要求听众识别他们周围环境中最悦耳的声音，鸟鸣声反复出现在结果列表的第一项或是前几项中。在音乐中，有效模仿鸟类的历史可以从克莱门特·雅内坎(Clement Janequin，卒于约 1560 年)追溯至奥利维尔·梅西安(Olivier Messiaen，生于 1908 年)。

鸟鸣声和鸟类自身一样，有各种各样的类型。有些鸟鸣声响亮得刺耳。澳大利亚棕薮鸟(*Atrichornis rufescens*)的叫声"非常强烈，让人耳目一新"。其他鸟类有时会因为它们的数量而成为主导声景。铃铛鸟(*Manorina melanophrys*)的声音在墨尔本周围可以听到，它持续的铃声般的叫声总是以大致相同的音高(E♭-F♭-F♯)发出，产生了与蝉鸣一样密集的声景，但不同之处在于它保持了一定的空间视角；因为鸟的声音是从可辨认的位置发出的，而不像蝉鸣是一个连续状态，似乎没有前景与背景之分。

在世界大多数地方，鸟歌丰富多彩，而非帝国式的单调统一。因此，圣弗朗西斯(St. Francis)采用与他同时代的穆斯林贾拉勒丁·鲁米(Jalal-uddin Rumi)一样的方式，把鸟类作为温柔的象征，为他的神秘教派采用芦笛(reed flute)作为谦卑和朴素的象征，以反对他所处时代的庸俗和富裕。鸟鸣声对音乐和声景的象征意义是一个有待以后再讨论的主题。

对于鸟鸣声，经常从音乐术语的角度进行研究。在早期，鸟类学家用非人语言创造了迷人的单词来描述它们的声音。

蜡嘴雀　*Deak … waree-ree-ree Tehee … tehee … tur-wee-wee*

金翅雀　*wah-wah-wah-wah-chow-chow-chow-chow-tu-we-we*

交喙鸟　*jibb … chip-chip-chip-gee-gee-gee-gee*

大山雀鸟　*ze-too，ze-too，p'tsee-ée，tsoo-ée，tsoo-ée ching-see，ching-see，deeder-deeder-deeder，biple-be-wit-se-diddle*

斑姬鹟　*Tchéetle，tchéetle，tchéetle diddle-diddle-dee；tzit-tzit-tzit，trui，trui，trui*

槲鸫　*tre-wir-ri-o-ee；tre-wir-ri-o-ee-o；tre-we-o-wee-o-wee-o-wit*

秧鸡　*crex-crex，krek-krek，rerp-rerp*

冬沙锥　*tik-tik-tik-tuk-tik-tuk-tik-tuk-chip-it；chick-chuck；yuk-yuk*

音乐记谱法也被奥利维尔·梅西安使用，现在也是如此，他已经把转录变成了一种复杂的艺术形式。但是，尽管这些作品独具匠心，鸟鸣声，除了少数例外，均不能用乐谱来表达。许多声音的发出不是单音，而是复合音，而且许多鸟鸣之歌的高频范围和快速节奏使它们无法在专为人类音乐的低频范围和较慢的节奏而设计的音响系统中转录。一种更精确的记谱方法是声谱法，鸟类学家现在经常使用这种方法。

鸟歌的结构往往经过精心设计，因为许多鸟都是技艺精湛的演奏家，有些也是模仿者。澳大利亚的琴鸟是一个极好的模仿者，它的鸣叫声经常不仅包括模仿多达十五种其他鸟类的鸣叫声，还包括马的嘶鸣声、锯子横切的声音、汽车喇叭声和工厂哨声！许多鸟类的鸣叫声都含有重复的主题，虽然重复的功能往往是模糊的，但这些旋律的主调、变奏和展开与音乐中的旋律装置有一定的相似之处，例如游吟诗人雇佣的乐手或海顿和瓦格纳使用的旋律。在一些细节上，某些鸟类的情感表达出了人类声音的形状与音乐相似性。例如，雏鸟的求救音符仅由下降频率组成，而上升频率则是以愉悦呼叫为主。同样的声音轮廓也存在于人的悲伤和快乐的表达中。

尽管有这些相似之处，但显而易见的是，鸟类无论在何种程度上进行有意的交流，鸣叫声都是为使它们自己而不是我们得益进行设计的。有些人可能会为它们的编码大伤脑筋，但大多数人只会满足于聆听其所发出的奢华而令人惊讶的交响。鸟鸣，就像诗歌一样，不仅表示音乐，而且本身就是音乐。

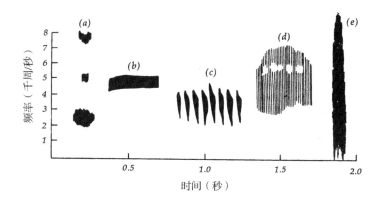

不同音调品质的鸟类音符在声谱图的呈现上有明显的区别：（a）夜莺（nightinggale）的声谱，非常单纯，带有和声；（b）白喉带鹀（white-throated sparrow），清晰的啭鸣声；（c）沼泽莺（marsh warbler），悦耳的啭声；（d）褐雀鹀（clay-colored sparrow），单调的嗡嗡声；（e）虎皮鹦鹉（buderigar），嘈杂的尖声高叫

## 世界鸟类交响乐

作为标志本土语言特征的一种基调声，地球上每个区域都有属于自己的鸟类交响乐。五月，维克多·雨果在巴黎的卢森堡花园里听到了鸟鸣声，那也是交配的月份。

排成梅花形的树木和花坛在阳光下发出芬芳的气息和夺目的色彩，枝条在中午的光辉中肆意生长，似乎试图拥抱彼此。在梧桐树上有朱顶雀叽叽喳喳的叫声，麻雀凯旋而归，啄木鸟沿着栗树缓缓地爬着，轻轻地敲着树皮上的洞……这种壮丽的景色都是纯洁无瑕的，生性愉快的沉寂充斥着这个花园——一片和谐的寂静，伴随着一千种音乐，鸟巢里的爱抚的音调，蜂群的嗡嗡声，以及阵阵风声。

*32*

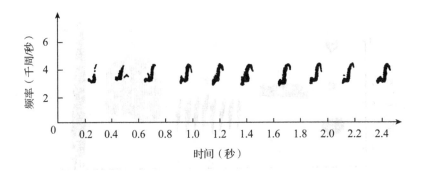

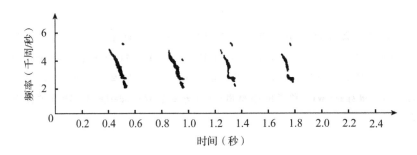

**一只出生三天的小鸡愉快叫声的声谱图(上图)及其求救信号的声谱图(下图)**

这样丰富的复调音乐在北美的草原上是不存在的。一个世纪前，在匹兹堡附近的一片平原上，一位德国作家发现"什么都没有。……到处都没有鸟，没有蝴蝶，没有动物的叫声，也没有昆虫的嗡嗡声"。在草原上，声音消失了，仿佛从来没有出现过一样。在俄罗斯大草原地带，鸟鸣声也常常与世隔绝："好像一切都死亡了；只有在天堂深处，云雀正在啼啭，银色的音符从高空中落在这炙热的大地上，不时传来海鸥的叫声或草原里鹌鹑的声音。"偶尔只有单一物种被听到："这是一个多么迷人的地方啊！黄鹂不停地发出清晰的三音节鸣声，每次都停很长时间，让乡间在湿润的笛声中吮吸到最后一次颤动。"冬天，鸟儿鸣叫声和雪橇钟声混在一起："有什么比独自坐在雪橇旁，在晶莹静谧的冬日里倾听着鸟儿啁啾声更令人愉快的呢？而远处的某个地方，响起了一辆路过的马车的铃铛声——那是俄罗斯冬日里忧郁的云雀。"

*33*    但是在缅甸的丛林里，这样清晰的声音是不可能找到的，就像萨默塞特·毛姆在前往缅甸时发现的那样。"蟋蟀和青蛙的噪声，以及鸟鸣声"发出巨大的喧嚣声，"所以，直到习惯为止，你才会发现听着这些声音很难入眠"。"东

方没有沉默。"毛姆总结道。

鸟类学家还没有详细测量世界各地鸟鸣声的统计密度，以便我们进行客观的比较——将有助于绘制自然声景复杂的周期性。但是鸟类学家们通过对鸟鸣声的类型和功能进行分类，在声景学研究者感兴趣的另一个课题上做了大量的工作。这些鸟鸣声可分为以下几类：

　　愉快的信号
　　悲伤的信号
　　防御的信号
　　警告的信号
　　飞行的信号
　　聚集的信号
　　筑巢的信号
　　喂食的信号

其中很多等效物声音可以从人类制造的声音中找到。举几个明显的例子：汽车鸣笛声再现了鸟的防御声，警笛再现了它们的警告声，海滩旁的收音机则再现了它们愉快的叫声。在鸟类的防御声中，我们会遇到声学空间（acoustic space）概念的起源，我们稍后会对此非常关注。用声学的方法来定义空间比设立地界线和围栏要早很多，在当下，私有财产所受到的威胁不断增加，通过观察鸟类和动物在声学空间中具有重叠性和互通性的复杂网络制定调控的原则，可能对人类社会也具有更大的意义。

鸟类可以通过不同的飞行声音来区分。雄鹰翅膀巨大而缓慢的拍打声与麻雀在空中扇动翅膀发出的声音截然不同。"事实上，我没有看到鸟儿，但我听到了它们翅膀呼呼地飞。"弗雷德里克·菲利普·格罗夫（Frederick Philip Grove）在夜间穿越加拿大牧场后写道。一群鹅在加拿大北部的湖面上惊慌失措地逃离——令人印象深刻的是翅膀在水面上拍打——这种声音会在听到它的人的头脑中留下深刻的印象，就像听贝多芬乐曲时一样。

有些鸟的翅膀比较特殊："猫头鹰的飞行太安静了，它的翅膀上有许多的绒毛。即使在黄昏里它正围着你头顶旋转，你可能会听到它美丽的叫声，但你不会听到它飞行的声音。"只有那些住在农村附近的人才能用翅膀发出的声音来区分鸟类。城市中的人听翅膀发出的声音只能区分昆虫和飞机。

*34*　　人们悲伤地发现，现代人甚至连鸟的名字都不清楚了。"我听到一只鸟在叫"是我在散步的时候总能听到的答案。

"什么鸟？"

"我不知道。"语言的准确性不仅仅是词典编纂的问题。我们只感知到我们所能叫出名字的东西。在一个以人类为主导的世界里，当一件事物的名字消亡时，它就会从这个社会上消失，它的存在本身就会受到威胁。

## 昆虫

现代人类最容易识别那些令人不快的虫鸣声。很容易区分蚊子、苍蝇和黄蜂。细心的倾听者甚至可以通过鸣叫声区分雄性和雌性蚊子，雄性蚊子通常以较高的音调发出声音。但只有专业人员，如养蜂人，才知道如何区分所有种类蜜蜂的鸣叫声。列夫·托尔斯泰（Leo Tolstoy）在他的庄园里养着蜜蜂，它们的声音在《安娜·卡列尼娜》（*Anna Karenina*）及《战争与和平》（*War and Peace*）中都有描述。"他的耳朵里充斥着各种各样且持续不断的嗡嗡声，现在工蜂们迅速地飞行发出忙碌的嗡嗡声，然后是雄蜂发出懒惰的嗡嗡声，还有蜜蜂们兴奋的嗡嗡声，以保护它们的财产免受敌人的伤害，并随时准备进攻。"当蜂箱中的蜂后即将去世的时候，养蜂人也可以从声音中知道这一点。

> 蜜蜂已不像在活的蜂巢中那样飞舞了，那种香气，那种声音已不再使养蜂人为之动容。养蜂人敲敲患病的蜂巢的外壁，回应他的不再是先前那种立即齐声的回应：数千只蜜蜂发出嗡嗡声，它们威武地收紧腹部，快速地鼓动双翼发出充满生命力的气浪声；而此刻回应他的则是支离破碎的、从空巢的一些地方发出的沉闷的嘶嘶声……在出入孔周围，再也没有随时准备高翘尾椎发出警号拼死自卫的兵蜂。再也感觉不到均匀而平静的劳作的颤动——听不到那沸水冒气泡般的声音，唯一听到的是无规律的散乱无序的嘈杂声。

在他的《农事诗》（*Georgics*）中，维吉尔（Virgil）描述了罗马养蜂人如何用钹"发出叮当的声音"以吸引蜜蜂到蜂巢中去。他还生动地描述了两个蜂巢有时会"一声令下，就像突然吹响号角"相互交战。

　　昆虫发声方式的数量惊人。有些昆虫，如蚊子和雄蜂，仅仅依靠翅膀振动来发声。昆虫翅膀振动的频率范围一般在每秒 4 次至高达 1100 次之间，我们听到的虫鸣声很大程度上是由这些振动产生的。但是当蝴蝶以每秒 5～10 次的速度振动翅膀时，所产生的声音就太微弱了，以至于都无法听到。在蜜蜂中，翅膀拍打频率为每秒 200～250 次，蚊子［安第斯山脉（Andes Cantans）］被测到的翅膀振动频率高达每秒 587 个周期（c. p. s.）。因此，这些频率将是产生声音的基础，但由于丰富的谐波频谱也经常出现，结果可能是模糊的噪声，几乎没有明显的音高感觉。

　　另一种发声方式是由昆虫通过敲击地面所产生的。有几种白蚁就是这样发声的。大量白蚁可能会以每秒 10 次的速率一起敲击地面产生微弱的敲击声，以示警告。朱利安·赫胥黎（Julian Huxley）写道："我记得晚上在比属刚果（Belgian Congo）的爱德华湖（Lake Edward）附近的营地里醒来的时候，听到一种奇怪的咔嗒声或滴答声。拿手电筒寻找声源发现，这是一队白蚁在黑暗的掩护下穿过帐篷时发出的声音。"

　　还有一些昆虫，如蟋蟀和某种蚂蚁，通过摩擦发声，就好像解剖学中所谓的刮刀横穿过锉刀时的效果。这种锉削活动会产生一种富含谐波的复合音。这些摩擦发声机理的变化是多种多样的，到目前为止，昆虫通过这种方式发出了多种多样的声音。

　　叫声最为响亮的昆虫之一是蝉。它们通过脊部靠近胸部和腹部交界处的薄膜或是羊皮纸质地的鼓膜发声，由附着在内表面的强大肌肉进行运动。这种发声方式产生一系列的咔嗒声，就像用手指按压盖子的声音一样。这一敲击声的运动（总计频率约为 4500 c. p. s）是由腹部大部分气室放大了叫声，因此在半英里之外的地方都能听到这种声音。在澳大利亚和新西兰这样的国家，它们在特定季节（12 月至次年 3 月）时会发出一种几乎令人压抑的声音，尽管在夜晚，它们会让位于更为温和的蟋蟀鸣叫声。

　　当人们不知道蝉的时候，很难用语言来描述它们。当年轻的亚历山大·蒲柏（Alexander Pope）翻译维吉尔的诗句：sole sub ardenti resonant arbusta cicadis（果园里回荡着刺耳蝉鸣声和我的声音），他偶然发现了一种权宜之计，让他的英语读者可以用一个更容易辨认的声音来传达同样的观点："我在抱怨中发出的哀鸣与咩咩叫的绵羊一致。"

　　古典文学和东方文学一样，都有对蝉的引用。它们出现在《伊利亚特》(*Iliad*)(希腊单词 tettix，T€TTL£，常常被错误地翻译为"蚱蜢")和赫西俄德的作品中。狄奥克里塔(Theocritus)说，希腊人把它们关在笼子里是因为它们的鸣叫声，这种做法常见于南方地区的孩童。在《斐德罗篇》(*Phaedrus*)，柏拉图(Plato)让苏格拉底(Socrates)讲述了最初为人类的蝉是怎样被缪斯们感动，因而把自己的一生都献给了歌唱，忘记了吃饭，死后重生为了昆虫。道教中，将蝉与仙联系在一起，蝉的形象用以形容葬礼上尸体的灵魂，以帮助灵魂在死后脱离身体。自欧洲和北美文明盛行以来，蝉在南美声景中的重要性以及它所引发的象征意义一直被忽略。

*36*

当昆虫成为农场主日程表中的一部分时，昆虫就像鸟儿一样，从周围的声景中出现，成为行动的信号："愿农民在播种期农耕时，蝉飞过头顶，注视着阳光下的牧羊人，在树枝上奏响乐曲。"

虫鸣声因此形成了自身的节律，包括昼夜节律和季节性节律，但昆虫学家迄今还没有对这些声音进行充分的详细测量，以使声景研究者能够从这些声音中获得清晰的节律模式。他们在分析虫鸣声的精确强度和频率方面也遇到了困难。这是因为单个样本难以分离记录，也因为虫鸣声通常具有复杂的频率结构或是宽频带噪声，谐波往往上升到超声范围。当麦克风距离沙漠蝗(*Schistocera gregaria*)非常近时，录制到的声音大约为 25 分贝，但在沙漠蝗飞行中翅膀拍打的噪声会上升到 50 分贝。在距离麦克风 10 厘米的地方，沙漠蝗的飞行噪声高达 67 分贝。在距离昆虫很近的地方录制，许多蛾的音量可能只有 20 分贝；而翅膀和身体坚硬的昆虫，如苍蝇、蜜蜂和甲虫，发出的声音高达 50 或 60 分贝。由于人类的耳朵对中、高频段的声音更为敏感，所以在较高频段范围内的虫鸣声(平均可能在 400～1000C. P. S)对耳朵来说更响。但是人耳听不到更高频率的蝗虫鸣叫声，而这种叫声的频率为90000c. p. s. 也就是说，大约比人类耳朵所能感知到的频率高出两个八度。

就我们的目的而言，通常情况下，它们给人的印象也许比自然界中的任何一种声音更加稳定和平坦。在某种程度上，这可能是一种错觉，因为许多虫鸣声都是经过调制的脉冲，或者以其他微妙的方式发生变化，尽管这种调制产生了"粒状"效应，但人们对许多虫鸣声的印象依旧是连续的、不变的单音调。就像空间中的直线一样，平直的声际线在自然界中很少出现，直到工业革命引入现代引擎时，我们才会再次遇到。

#### 水生物的声音

生物的声音只在地球表面周围的薄壳中发出——远远小于其半径的 1%。它们局限于陆地表面，表面以下有几十英寻的海洋，以及表面上临近的空气。但是在这个相对较小的区域内，令人困惑的是生物可以发出多种多样的声音。我们在这里的目的不是去调查大自然的所有声音，而是去触及一些更不寻常的声音。

虽然许多鱼没有发声器官，也没有发达的听觉器官，但许多鱼确实能够发出独特的声音，其中有些声音非常响亮。有些鱼，如太阳鱼或某些种类的鲭鱼，通过磨牙或咬牙发出声音。其他鱼类则通过排出气体或振动鱼鳔发出声音。泥鳅这种鱼类，通过吞咽气泡，并强行将它们从肛门排出，从而发出了响亮的声音。至少有 34 种鱼类通过鱼鳔振动进行发声。

鲸鱼的叫声成为最近大量研究的主题，一些座头鲸的音频资料在 1970 年被商业化生产，就立即引起了巨大关注，其中部分原因可归于这些歌者是濒危物种的遗憾，但更重要的是，这些歌声美得令人难以忘怀。它们将那些忘记了这些鱼是人类祖先的人们带到海洋深处的回声穹顶，并将电子流行乐和吉他音乐的反馈效果与海底声学的多重回声结合起来——我们稍后将回到这个主题。座头鲸的歌声可以用音乐术语来分析。每首歌都是由一系列不断变化的旋律或主题所组成，并且重复不同的次数。研究人员开始怀疑不同种群或家族的座头鲸是否使用不同的语言。

一些甲壳类动物也会发出声音。虾蛄（*mantis shrimp*，*chloridella*）通过摩擦尾巴的某个部分发出巨大的噪声，而佛罗里达的多刺龙虾则是通过摩擦其触角上一个特殊的襟翼发出吱吱的响声。其他甲壳类动物会产生啪嗒声、嗡嗡声、嘶嘶声，甚至咆哮声，这些声音在海边经常可以听到。

在早春时节，世界上许多地方的沼泽地都充斥着青蛙和蟾蜍的鸣叫声。北美有一整支乐队的表演者：狭口蟾蜍叫声，蛙鸣，小雨蛙啁啾声，沼泽雨蛙和美国蟾蜍尖锐的短促声，最小的沼泽雨蛙发出的像虫鸣一样的叮叮声，草甸青蛙的嘎嘎声，穴蛙的鼾声，池蛙弹奏的班卓琴声，南方牛蛙的打嗝声。

当朱利安·赫胥黎（Julian Haxley）第一次访问美国并听到牛蛙的叫声时，他"拒绝相信仅凭一只小小的青蛙就能发出如此声音：使人联想到这是一种巨大而危险的哺乳动物，它的声音是如此响亮，如此低沉"。青蛙之于北美，就像蝉之于日本人或澳大利亚人一样。某些物种，如南方蟾蜍（*Bufo terrestris*）的高谐振鸣声确实类似于蝉，据记载，西方蟾蜍（*Bufo cognatus*）可持续的颤音长达 33 秒。但随着夜幕逝去，沼泽中的热情逐渐减弱。牛蛙的声音在音高上有所下降，其他演奏者的声音也逐渐消失。

*38*

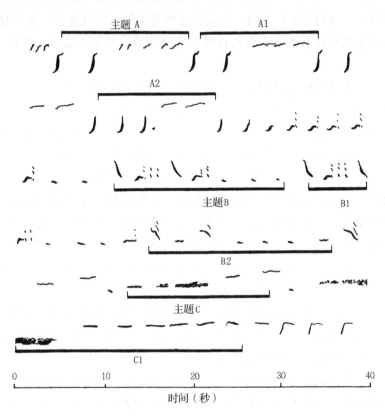

座头鲸的叫声，由不同的主题和变奏组成

## 动物的声音

要调查动物发出的所有声音是不可能的。在人类世界中我只会提到几个。在动物中，食肉动物能够发出最大振幅的个体声音，其中许多声音，如狮吼声、狼的吼叫或鬣狗的笑声，都具有如此惊人的特性，以至于它们瞬间就在人类的想象中留下了深刻的印象。它们能够呈现出强烈的声音图像。只要听到一次，将终生难忘。它们是创造历史的最为响亮的声音之一。那些只从吟游诗人的嘴里听说过它们的人，一想到它们就会感到不寒而栗。

路德维希·科赫(Ludwig Koch)记录了狮子至少六种不同的发声方式。幼崽通过喊叫获得它们父母的注意，而且显然主要是依据它们对父母的请求以不同的方式进行叫喊。母亲用一种低沉而持续的声音进行回应，并带有一定的哼声。在圈养的狮子中，有一种"欢呼(pleaeure call)"，这是当饲养员出现时才会发出的。当野兽独处而不受打扰时，进食声是一种深沉而温和的吼叫。正当猎物被抓住时，狮子发出了一种凶猛的咆哮，这种声音短小而令人感到恐怖。最后是真正的咆哮，通常在晚上听到，白天很少听到。当狮子咆哮时，有时会把嘴靠近地面，以帮助它们的声音产生共鸣和回响。

狮子不会发出呼噜声。但金钱豹会，猎豹也会。除了大部分猫科动物生气时会发出的嘶嘶声和呼噜呼噜的声音，每种猫科动物都有独特的声音。例如，美洲狮会发出一种哀号声，朱利安·赫胥黎说这种声音可能会"被误认为是孩子发出的叫声"，幼崽会发出口哨声。相对于狮子而言，老虎很少发出噪声，但它们会发出疯狂的爱的呼唤声，像普通的猫一样，但音量被极度地放大了。

狼的嚎叫是孤立并使人难忘的。通常狼群里的领导者最先开始嚎叫，然后其他狼也会加入一起嚎叫，刚开始是嚎叫，之后将降低为刺耳的狼吠声。在狼的嚎叫声中，我们发现了作为一种声音的仪式感，用声音的空间性明确群狼领地的范围——就好像猎人用号角声明确森林范围或是教堂的钟声明确教区范围一样。

灵长类动物发出的声音总是令人感到兴奋和有趣。它们声音的种类非常多样，从口哨声、尖叫声、喋喋不休到发出哼声和咆哮声等。有些声音很响亮。南美洲的吼猴是哺乳动物中声音最猛烈的，据说它的声音可以在空旷的野外传播将近 5 千米，在茂密的森林中传播 3 千米。这种动物的喉部有一个特殊的波纹管状结构，以帮助它发出这样的声音。到目前为止，没有精确的测量表明这些动物是如何发出这样的声音的。在温哥华动物园，我们站在笼子外面测量了长臂猿的声音，达到了 110dBA* 的峰值水平。朱利安·赫胥黎讲述了他的一位朋友在伦敦动物园听到了来自牛津马戏团的长臂猿的声音，

39

---

\* 精确的分贝单位会在其缩写 dB 后加入后缀 A、B 或 C。dBA 以测量仪器的加权网络修正声音低频，大致相当于人耳对低频率声音的分辨力。dBB 这种低频修正程度较小，而 dBC 对被测声的频率响应几乎是平直的。

这是在一个安静的清晨。这可是将近 2 千米的距离。

　　大猩猩是唯一发现的一种能够运用非发声器官进行发声的灵长类动物：它用拳头敲击胸部，发出响亮而空洞的声音。它在这样做的同时，也会用嗓子发出声音。大猩猩发现了有别于喉咙自然结构的共振特性。它似乎永远处于发现乐器的边缘，而不可能从个体声音转变为人造声音。据我们所知，只有人类做过这件事。

40　**人类语言和音乐中的声景回响**

　　书中提到的所有动物声音可以划分为几种类型。它们可能是警告的声音、交配的声音、母亲和子女之间交流的声音、食物的声音，或者社交的声音。所有这些声音在人类的语言中也可以被识别出来，那么本书余下部分的主要目的是解释这些声音是如何在人类社区发展史中被辨识出来的。

　　首先，我们需要注意的是，动物之间传递的许多信号——狩猎、警告、恐惧、愤怒或交配——在持续时间、强度和音调方面与人类感叹语十分相似。人也可以咆哮、怒号、抽泣、嘟哝、吼叫、呐喊。因此，这不仅表明人与动物共同生活在同一地区，显然也说明了它们在民间传说和仪式中频繁出现的原因。在这些仪式中，如巴厘岛上的猴子舞，人们惊人地模仿了猴子的声音。马吕斯·施耐德（Marius Schneider）写道：

> 　　人们一定是听过他们的声音，才知道原住民能够如此真实地模仿动物的声音和大自然的声音的。他们甚至举办"自然音乐会"，每个歌手模仿一个特定的声音（海浪、风、摇晃的树木、受惊吓动物的哭声），"音乐会"十分盛大恢宏。

　　想象我们正处在史前那个遥远的时代，语言和音乐的产生是双重奇迹。这些活动是怎么形成的呢？一些人坚持认为语言完全源于对自然声景的模仿，这一观点是草率的。但是，毫无疑问的是舌头在不断地发展，同时也随着声景在不断发展。诗人和音乐家保持着记忆的鲜活，即使现代人已经默许了伪装的浅吟低语。谈及人类声音风格的扁平化，语言学家奥托·叶斯柏森（Otto Jespersen）写道：

　　现在，这是文明进步的结果，或者，至少，激情的表达适度，因此我们必须推断，不文明时代以及原住民的言语比我们的更富有激情，更像音乐或歌曲……虽然我们现在把思想交流看作言语的主要对象……有一种相当大的可能性是言语已经从某种成熟的事物中发展出来了，除了锻炼嘴部和喉咙的肌肉，通过发出愉快或可能只有奇怪的声音来取悦自己和别人之外，没有别的目的了。

　　拟声词是从声景中借鉴的。即使我们今天已经提高了演讲水平，我们仍在继续以描述性的词汇将声学环境中听到的声音表述出来，甚至可能人类先进的声学扩展——工具和信号装置——也在某种程度上继续延续着同样的原型模式。我们一直在讨论动物。在人类的语言中，有许多词语描述其身边动物的声音。这些都是动词，行为动词，其中大部分仍然是拟声词：

| | |
|---|---|
| 一只成年犬 | barks |
| 一只幼犬 | yelps |
| 一只猫 | meows and purrs |
| 一头奶牛 | moos |
| 一头狮子 | roars |
| 一只山羊 | bleats |
| 一只老虎 | snarls |
| 一只狼 | howls |
| 一只老鼠 | squeaks |
| 一头驴 | brays |
| 一头猪 | grunts or squeals |
| 一匹马 | whinnies or neighs |

　　英国人在许多次迁徙途中发现与自己关系密切的动物，并通过英语再现了那些动物。但是英语对那些远离英国人的动物没有什么特别的词汇：眼镜猴(*galago*)、白眉猴(*mangabey*)、羊驼(*llama*)或貘(*tapir*)。

　　将来语言学家应该去调查那些存在于民间传说或是童谣中的更原始的人类所模仿的东西，在那里我们将有可能去尝试复制动物和鸟类的真实声音。

语言之间的差异很有趣。

狗：bow-wow（E），arf-arf（A），gnaf-gnaf（F），how-how（Ar），
gaû-gaû(V)，won-won(J)，kwee-kwee（L）

猫：purr-purr（E），ron-ron（F），schnurr-schnurr（G）

羊：baa-baa（E），méé-méé（Gr，J，M），maa'-maa'（Ar）

蜜蜂：buzz（E），zǔz-zǔz（Ar），bun-bun（J），vū-vū（V）

公鸡：cock-a-doodle-doo（E），cock-a-diddle-dow（Shakespeare），
kikeriki（G），kokkekokkō(J)，kiokio（L）*

在上文中，可以添加许多其他有趣的单词。比如，打喷嚏：kerchoo(A)，
atishoo(E)，achum(Ar)，cheenk(U)，kakchun(J)，ach-shi(V)。

当然，这种模仿仅限于任何特定语言复制的音素。但是，这样一项研究
42 如果是坚持不懈的追求，可能会使我们更接近于了解不同民族如何感知自然
声音的重要特征。

在拟声词中，人类将自己与周围的声景结合起来，映现着它的样子。在
进行充分的感知之后，通过语言表现出来。但是声景太复杂了，以至于人类
无法用语言将其呈现出来，因此，只有在音乐中，人类才能找到内心世界和
外部世界的真正和谐，也将在音乐中创造出他所想象中的最完美的声景模型。

---

\* 语言的简称：E表示英语，A表示美式英语，F表示法语，Ar表示阿拉伯语，V表示越南语，
J表示日语，G表示德语，Gr表示希腊语，M表示马来语，U表示乌尔都语，L表示刚果的洛克勒部
落语。

# 3 乡村声景

## 高保真声景

在探讨乡村声景向城市声景转变时，我将使用两个术语：高保真(hi-fi)和低保真(lo-fi)，并需要对这两个术语做一解释。高保真系统是一个具有良好信噪比的系统，而高保真声景则是一种由于周围的低噪声水平而能够清晰地听到各种离散声音的声景。一般来说，乡村声景比城市声景、夜晚声景比白天声景、古代声景比现代声景更具高保真性。在高保真声景中，各类声音重叠的概率较小，而且存在前景声与背景声的空间透视关系："……井口上的水桶声，以及远处鞭子的噼啪声"——这是阿兰-浮尼叶(Alain-Fournier)描述的法国乡村经济声学环境的图景。

高保真声景中安静的背景环境使得聆听者可以听到远距离的声音，就像乡村可以让人看到远处的风景。城市降低了人们远距离聆听(和观看)的能力，这是其导致的人类感知历史上的重要变化之一。

在低保真声景中，个体声学信号被高密度的人声所掩蔽。一些清澈的声音——像雪中的脚步声、穿越山谷的教堂钟声或动物在灌木丛中疾走的声音——都被宽带噪声所掩蔽。声音的透视感消失了。在现代城市中心的街角没有距离，只有存在。所有的声音通道都相互干扰，而且为了听到最为日常的声音，扩声不得不越来越大。从高保真到低保真声景的变迁在几个世纪里逐渐发生，这也是后面几个章节的目的：探讨变迁是如何发生的。

在高保真声景安静的环境里，即便最轻微的干扰也能传递重要或有趣的信息："他的冥思被来自马车房的刺耳噪声所打断。那是屋顶风向标转动的声音，而风向的这一变化是灾难性降雨的征兆。"人类的耳朵像动物一样敏锐。屠格涅夫(Turgenev)故事中瘫痪的老妇人在夜晚的寂静里可听到鼹鼠在地下打洞的声音。"那是自然的，"她想，"无须思考。"但诗人们的确会思考这样的声音。歌德(Goethe)将他的耳朵紧贴小草："当我听到草茎小世界里的嗡嗡声，以及靠近无数外形难以名状的蠕虫和昆虫时，我就感到了上帝的存在，他用自己想象的方式创造了我们……"

从最切近的细节到最遥远的地平线，耳朵像地震仪一样敏锐精确。当人类还主要生活在与世隔绝或小的社区时,声音是不拥挤的,被池塘的宁静包围。作为环境变化的线索,牧羊人、樵夫和农民知道如何阅读这些声音。

## 牧场声音

牧场一般要比农场安静。维吉尔(Virgil)描述得好:

> ……蜜蜂用温柔的嗡嗡声哄你入睡……你会听到修剪葡萄树的人在对微风歌唱,你喜爱的叫声洪亮的鸽子声,以及站在高高的榆树上的斑鸠永远不会休止的咕咕声。

正如卢克莱修(Lucretius)指出的,牧羊人也许会从风声中,或鸟声中,听到歌声和口哨声的含义。维吉尔说潘(Pan)教会牧羊人"如何将一组芦苇用蜡结合起来做成笛子",作为与景观对话的方式。

> 甜美是远方低语的音乐
> 是溪畔挺立的青松
> 是牧羊人,以及你甜美的笛声
> 牧羊人,属于你的歌声
> 比远方溪流碰溅岩石的声音
> 更甜美

牧羊人互相给对方吹奏和歌唱以打发孤独的时间,就像狄奥克里托斯(Theocritus)的《田园诗》(*Idylls*)与维吉尔的《牧歌》(*Eclogues*)用对话形式展示给我们的一样,他们的歌曲代表的精致音乐形成了可能是第一个而且一定是最持久的人造声类型。几个世纪的吹奏已经产生了一种参考声,这种声音仍然能在很多传统文学意象及手法开始消逝后,使人清晰地想起牧场景观的安详与宁静。独奏木管乐器总是能刻画田园牧歌场景,这一特性如此深入人心,以至于像柏辽兹(Berlioz)这种浮夸的管弦乐演奏家,都将其管弦乐队缩减成独奏英国管和双簧管之间的二重奏,以温柔地带我们进入乡村[《幻想交响曲》(*Symphonie Fantastique*),第三乐章]。

　　在乡村的安静景观里,牧笛那清澈动听的声音展现出神奇的魔力。自然聆听了，然后悲悯地回应道："音乐击中了山谷，山谷把它抛向星星——直到韦斯珀（Vesper）的黄昏让小伙子们驱车回家、数羊，而他自己不受欢迎地走进了聆听的天空。"狄奥克里托斯是第一个用景观回应牧笛情感的诗人，此后的田园诗人们一直在模仿他。

> 在牧羊人轻柔的管乐器声中练习乡村歌曲……
> 教导树林回应牧羊女的魅力

维吉尔写道。为了重现音乐的这种神奇魔力，我们还需要等待直到十九世纪浪漫主义者出现。

诗人们对牧场声景的描述一直持续到十九世纪。阿兰·浮尼叶在法国这样描述道："冰冻午后巨大的宁静中，不时传来牧羊女或男孩从一个冷杉丛呼唤另一个冷杉丛中同伴的声音。"城镇与牧场交界处的迷人声景也被托马斯·哈代捕捉到了：

> 东山上的牧羊人可以向西山上的牧羊人呼喊传递生产羊羔的信息，穿过两山之间的城镇烟囱，并没有给他的声音带来很大的不便，陡峭的牧场也几乎没有给市民的后院带来侵犯。夜里，可以站在城镇的正中央，聆听来自当地低洼草地围栏中母牛的哞哞声，以及这些生物沉溺于其中的深沉、温暖的呼吸声。

### 狩猎之声

来自狩猎的声音是一种非常不同的声音类型，因为狩猎声中英雄性和战斗性的音调能够穿透森林荒野的晦暗。几乎所有的文化都将某些类型的号角声运用到战争和狩猎中。罗马人用一种箍筋角锥形管作为他们军队的信号工具，而这在戴恩（Dion）、奥维德（Ovid）和尤维纳利斯（Juvenal）的诗句中也多有提及。但当罗马衰落后，他们冶炼黄铜的技艺好像消失了，随之消失的是这种冶炼黄铜的特殊声音。当"西格蒙德（Sigmund）吹响曾是他父辈的号角，并且催促他的手下"，他吹响的是动物的号角。相同的类型出现在《罗兰之歌》（*Chanson de Roland*）的记载中。但直到十四世纪，黄铜冶炼的技术才被恢复，明亮的金属音开始在整个欧洲回荡。

到十六世纪，猎号（狩猎追步号，cor de chasse）呈现出一种权威性特征（definitive character），而且正是这一乐器在欧洲声景中获取了延续到当今时代的特殊意义。在狩猎流行的年代，乡村几乎从没断绝过号角的声音，声音信号的精巧编码也一定得到了广泛的认知和理解。

由于猎号是一种只有几个自然泛音的开放号角，因此其拥有的各类多种信号更具鲜明的节奏特征而非旋律特征。保存下来的各类编码具有相当的复杂性，当然不同国家之间的差别很大。可将其分类如下：

（1）用于鼓励猎犬、发出警告、寻求救援或告示狩猎情况的简短呼叫。

（2）每种动物的专属号角声（比如几种牡鹿的号角声，取决于鹿的大小和鹿角）。

（3）用于开始或结束狩猎，或听起来像是表示喜悦的特殊符号。

托尔斯泰（Tolstoy）给我们很好地描述了俄国狩猎的节日特质。

达尼洛的号角发出猎狼的信号声，紧跟的是猎狗的低吼。成群的猎狗加入到最初吼叫的三条猎狗声中，从猎狗声中可以听出他们在追逐一头狼的特殊信息。最后的猎狗不再嚎叫，而是催促前面的猎狗，发出"噜！噜！噜！（Loo! Loo! Loo!）"的叫声，在所有声音之上的是达尼洛的声音，音调从低沉转向尖锐刺耳。达尼洛的声音好像充塞了整个森林，并且穿过森林，在远方开阔的乡村回响。

一位年轻妇女的当代回忆录展示了狩猎遗产在德国北部地区依然如此强烈。

当一位猎人在他的号角上吹出狩猎仪式开始时，天色还相当昏暗。除非狩猎的那片土地是一片开阔的田野，猎人们与驱猎者们之间唯一的通信方法是号角信号。在这一过程中，猎人们从三面包围，驱猎者们从一面包围，每个人都很安静以免惊扰动物。沉默被号角信号打破，这由其中一名驱猎者吹奏的单音高喇叭（看起来像玩具喇叭）发出的可怕的、尖锐的喇叭声。我们开始用各种形制、能发出各种声响的摇铃、陶罐、平底锅、各种响器（noisemakers）以及各种变形的叫喊声攻击我们面前的土地。被噪声惊吓，所有生物都被激起，被从其庇护所里赶出来，背朝猎人们的方向逃离。作为孩子，我们只是喜欢制造出最大的噪声……

在一天的最后，大家聚集在一起，聆听号角吹奏者为死去的动物吹奏的乐曲。每一种动物都有一种信号声，我记得狐狸的最动听，而兔子的很短很简单。最后在夜晚的黑暗里，狩猎结束在欢快、几乎是胜利的号角声中。

47

猎号给我们带来了富于语义学意义的声音。在一个层面上，狩猎的信号提供了所有参与者都理解的一种编码。在另一个层面上，它展现出的象征意义表征了乡村的自由空间和自然生活。我还将狩猎的号角看作一种原型声（archetypal sound）。只有被时代传承的音乐信号才符合这一特质，因为它为我们编织了远古祖先的遗产，从而在最深层次的意识中提供了延续性。

## 邮号

另一种在欧洲场景中普遍存在的、具有相似特质的声音是邮号。这一声音也持续了几个世纪之久，因为它开始于图尔恩（Thurn）与塔西斯（Taxis）家族十六世纪对邮政行政权的接管，并且随着邮线从挪威拓展到西班牙，邮号也随之传播［塞万提斯（Cervantes）曾提及］。在德国，能够听到的最后的邮号声是在 1925 年。在英格兰，邮号声在 1914 年还在使用之中，当时伦敦到牛津的邮报在周日通过陆路传送。在奥地利，邮号声在第一次世界大战之后还能听到，并且到今天都不允许任何人携带或吹响一支邮号，这也增强了这一器物的情感象征意义［《奥地利邮政宪章》（*the Austrian Postal Regulations*）第 24 条，1957］。

邮号也采用了精准的信号声编码来指代不同类型的邮报（快递、平信、本地、包裹）、到达、离开和危险警报，以及车厢和马匹数量——以便换乘站能够获得提前预警。在奥地利，新雇员会被给予六个月的时间来学习信号声，如果他掌握不了，那就会被解雇。

透过狭窄的街道、穿过乡村的风景，都可以听到邮号声，在村庄和城市的小巷里，在山谷上面城堡的大门口和山谷下面的修道院里——在每一处其回荡的地方，邮号声都会受到愉快的欢迎。它触动着人类心底的每一条思绪：希望、害怕、想念和思乡——它用它的魔力唤醒了所有的感情。

因此，邮号声的象征主义完全不同于猎号声。它不会使聆听者脱离景观环境，相反，它给家乡带来的是远方的信息。在性质上它是向心的而不是离心的，而且它的音调在临近城镇，并将信件和邮包送达期待者的手中时是最令人舒服和美妙的。

## *48* 农场之声

与牧场安静的生活和狩猎尖锐的庆祝相比，农场的声景提供了鸡飞狗跳的活动场景。每一种动物都有其发声和静默、唤醒和休息的节奏。公鸡是农场永恒的闹钟，而狗叫是原始的电报——因为人们可以从狗叫声中获得农场被陌生人侵犯的信息，并且从一个农场传递到另一个农场。

农场的很多声音都是厚重的，像牛和驮马缓慢、践踏的蹄声。农民的双脚行动也很缓慢。维吉尔告诉我们打谷机"笨重运动的车厢"和"犁耙过分的重量"。他也给我们描绘了薄暮后意大利农舍有趣的声音图景。

> 一个农民保持着清醒，用他的刀子劈着用作火把的木头，
> 与此同时，他的妻子用歌声舒缓了她冗长的劳作，
> 操作着吱吱作响的织布机上的梭子，
> 或在火焰上蒸馏香甜的葡萄汁，
> 并用树叶撇去大锅里的浮沫。

农场的有些声音随着世纪变迁并未发生太大改变，尤其是那些昭示繁重劳作骚动的声音，而且动物之声也给农场声景提供了一贯的声调。从我的青年时期，可以回忆起一些这样的乡音。第一个映入我脑海的是黄油制作的声音。因为黄油要在桶里搅拌半个小时以上，因此，随着桶里溢出来的乳脂变成黄油，一种在声调和质地上几乎不易被察觉的变化发生了。手动泵也在衰

落中，现在进入我的记忆，成为我青春的声标，尽管在当时我的聆听是无意识的。也存在其他声标，比如无处不在的咯咯叫的鹅，或开关纱门的沙沙声与撞击声。冬天，在前厅有雪地靴沉重的走路声，或雪橇驾驶者在拥挤的乡村道路上的尖叫声。在冬天寂静的夜里，会有钉子在严寒中从木板中弹出而突然爆裂的声音。夜风在烟囱里徘徊而产生的深远的踏板声。然后是将我们吸引到晚餐桌上的有规律的锣声，或风车的呼呼作响声，这是妇女在四点开动风车为回家的牛抽水。

我将基调声定义为有规律的、能够支持更难以捉摸或新颖的声音事件的声音。农场的基调声不计其数，因为农作是一种少有变化的生活。基调声可以影响人们的行为或建立节奏，这些节奏会延续到生活的其他方面。有个例子可以充分说明。在托尔斯泰描绘的俄罗斯，农民会将磨石放置在绑于他们腰间的小锡盒里，磨石与盒子咔嗒咔嗒的节奏声，形成农民割草月份里乡土的基调声。 *49*

> 草被割时发出饱满多汁的声音，并被立即放置成高高的、芬芳的行列。四面八方的收割者将集结成紧密的短行，催促着彼此，发出锡盒和铿锵的镰刀声、磨石锐化镰刀的嘶嘶声和快乐的呼喊声。

从田野里归来，一天劳作的节奏延展成歌。

> 农村妇女们走在卡车后面，肩上扛着耙子，拿着鲜艳的花朵，用银铃般的欢乐声音交谈着。一个未经训练的女性声音开始唱起歌，等她独自唱完一节，这一节转而由其他五十个嗓音各式的人重复地唱了起来，粗犷的、精细的，最终一起齐声合唱……整个草地和远处的田地仿佛在摇晃、在歌唱，附和这一混杂着呼喊、口哨、拍手的狂野、欢乐的歌曲。

俄国当然不是唯一一个将劳作节奏雕刻成民歌的地方，但劳作引发的民歌总是带有沉重的负荷。对比一下农场工人的音乐与牧羊人轻松诙谐的管乐，这一点就很清楚了。因此，认为人们只有在将自身从身体劳累中释放出来时才会发现轻松抒情的音乐，我认为并不过分。

### 乡村声景的噪声

乡村声景是安静的，但它也经历过两类意义深远的声音的干扰：战争的噪声和宗教的"噪声"。

维吉尔的生活经常被罗马人的战争所干扰，他将这些侵扰写成了田园生活的哀歌。

> 这是金色萨图恩（农神）在地球上的生活：
> 人类至今尚未听到为战争吹响的号角，
> 也未听到在坚硬铁砧上宝剑的铮铮作响。

对维吉尔而言，战争的声音是黄铜声和钢铁声，这一声学形象完好无损地流传至今，当然还必须加上自十四世纪以来火药的爆炸声。

世界文学充满了战争。诗人们和历史编纂家们似乎总是惊异于战争的噪声。波斯史诗诗人菲尔多西（Ferdowsi）是典型代表。

> 在迪夫斯人（Divs）的咆哮和黑色尘埃引发的噪声中，鼓声如雷，战马嘶鸣，山崩地裂。没人见过如此激烈的战斗。声音最大的是战斧的碰撞声和刀剑箭矢的鸣响声。战士的鲜血将平原变成了沼泽，大地就像由刀剑、战斧和弓箭组成的声之海洋。

为战斗而盛装的军队呈现出的是视觉上的奇观，但战争本身却具有声学特征。除了金属碰撞的实际噪声外，每支军队都增加了企图威吓敌人的呐喊助威声和战鼓声。噪声是蓄意的军事策略，古希腊将军这样提倡："应该让军队投入战胜的喊叫中，甚至有时边跑边喊，因为他们的外表、喊叫和武器的碰撞声可以迷惑敌人的心智。"塔西图斯（Tacitus）曾这样描述了一种被称作"巴瑞图斯（Baritus）"的德国战争圣歌：

> 这种圣歌不仅可以激发他们的勇气，而且仅凭听到的声音，他们就可以预测即将到来的交战的信息。根据他们在战场上制造的噪声的特点，他们就可以威吓他们的敌人，或被他们的敌人所吓到；此外，他们不仅

将其看作很多声音在一起的吟诵，更是将其看作一种勇气的同仇敌忾。他们更在意的是一种断断续续而尖利的咆哮；他们把盾牌放在嘴边，由此声音通过回响而呈现一种更大更强的声响。

当摩尔人(Moors)在1085年袭击卡斯蒂利亚人(Castilians)时，他们使用了非洲鼓，据《波马·德尔西德报》(*Poema del Cid*)称，这种鼓声在欧洲从未被听到过。鼓的噪声吓坏了基督教徒，但"善良的西德·坎佩多尔(Cid Campeador)"却安抚了他的军队，并承诺将鼓抢夺过来，并将它们送给教堂。战争与宗教噪声的邂逅并非偶然，在本书中我们将经常发现将它们联合在一起的理由。这两种活动都是末世论的，而且对此的认知无疑存在于这样的事实：早在被印在基督教的乐器上作为其声音信号之前，拉丁语的**战争**(*helium*)一词，就无疑被认为是低地德语(the Low German)和古英语(the Old English)中**铃声**[*belli(e)*，发出较大噪声的意思]一词的变体。

另一个更进一步的例子，将强化宗教、战争与噪声之间的关系，因为这是关于仅用声音作战的宗教战争的描述：

> 1431年8月14日凌晨3点，驻扎于多马兹利斯(Domazlice)和霍苏夫廷(Horsuv Tyn)之间的平原上，十字军收到了胡思德人(Hussites)在普罗科普大帝(Prokop the Great)领导下正在接近的消息。尽管波希米亚人(Bohemian)还远在4英里之外，他们的战车声和歌唱声"上帝的所有战士"，所有人都在吟诵，已经可以被听到。十字军的激情因惊骇而迅速消失……德国营地陷入了彻底的混乱中。骑兵四散奔走，空战车驶离的声音几乎盖过了可怕的歌声……十字军的波西米亚东征就这样终结了。

*51*

我试图用这许多页的不同描述想说明的是，尽管初始的声景一般是安静的，但这种安静经常被战争异常的噪声所打断。噪声较大的(*other*)场合是宗教庆典。正是在那些时刻，响铃、鼓、神圣的骨头都被拿出来主动地发出声音，并产生对初等公民而言，无疑是他们公民生活中最大的声音事件。毫无疑问，这些活动是对已经被研究的自然恐吓之声的直接模仿，因为它们也具有神圣的起源。雷霆是由雷神或宙斯创造的，暴风雨是神圣的战斗，突然降临的大灾难是神明的惩罚。我们记得上帝的话最初是由耳朵传达给人的，而不是通过眼睛。通过将人类的乐器集合起来，并且制造出令人印象深刻的噪声，人们希望轮到自己获得上帝的倾听。

## 神圣噪声与世俗寂静

　　人类学家列维-斯特劳斯（Lévi-Strauss）在他几百页的《神话学Ⅱ》（*Mythologiques* Ⅱ）中，认为在与世俗（亵渎）的关系上，噪声与神圣和寂静处于同样的位置。* 列维-斯特劳斯的论点，从现代噪声充斥的世界的有利角度来看，可能显得晦涩难懂，但声景研究有助于澄清这一点。世俗世界，即便不是寂静的，至少也是安静的。而且如果我们不从那么贬义的角度看待大音量的声音，噪声与神圣的耦合将更容易理解。

　　在整本书中，我们将发现某种类型的噪声，我们现在可以称之为"神圣噪声（Sacred Noise）"，它不仅不在社会不时制定的被禁止声音名单之内，而且事实上是被故意制造出来用以打破宁静沉闷的。塞缪尔·罗森（Samuel Rosen）在苏丹（Sudan）研究宁静部落村庄的声音气候时确认了这一点。

　　　　一般来说，村庄的声级低于声级计 C 计权下的 40dB，除了偶尔在日出前后像公鸡、羊羔、牛、鸽子等家养禽畜发出声音时。在一年的六个月中，大雨大约每周三次，并伴随着一到两声的雷声。一些人从事于一些生产性活动，像用木头球棒敲打棕榈叶。但由于附近缺乏像墙体、天花板、地板、硬家具等坚硬的反射表面，就解释了声级计上测量出的附近低强度声级水平的原因：工人耳边的声音是 73～74dB。

　　最大的噪声（超过 100 分贝）出现在村民唱歌跳舞时，就出现在"庆祝春天丰收的两个月"（一种宗教节日）的大部分时间里。

　　在整个基督教世界，教堂的钟声是神圣的信号。这是较晚些时候发展出来的，和之前表达过的吟唱和吟诵一样是对喧闹的强烈需要。教堂的内部也回荡着最壮观的声音事件，因为在这个地方，人们不仅带来了他们展现在歌声中的声音，而且带来了他们制造的声音中最响的乐器——管风琴。这一切

---

　　* 我必须提醒读者，列维-施特劳斯告诉我，本书提出的神圣噪声理论，与他所写的内容几乎没有关系。不过，我感谢他点燃了我的想象力。

都是为了让神能够听到而设计的。

　　除了壮观的战争和宗教庆典外，乡村乃至城镇生活都是安静的。世界上还有很多的城镇，生活平安无事地进行，几近死寂。贫穷的城镇比繁华的城镇要安静得多。我曾经探访过布尔根兰（Burgenland，奥地利）镇，在那里正午唯一的声音是鹳在它们烟囱上的窝里拍打翅膀的声音，而在伊朗尘土飞扬的城镇，唯一的活动是提水的妇女偶尔摇摆着走过，而孩子们安静地坐在街道上。全世界的农民和部落成员都参与到巨大的沉寂分享中。

# 4 从乡镇到城市

人类历史上两次重大的转折点，一是从游牧生活向农业生活的转变，发生在一万到一万两千年以前；二是从乡村生活向城市生活的转变，而这几乎占据了最近好几个世纪的时间。随着后一进程的发生，城镇开始发展为城市，而城市则吞并了曾经是乡村的大片土地。

就声景而言，城市化发展的实际划分也像其他问题一样，是由工业革命划分的。在本节中，我会只考虑前工业化时期，而将后续时期的内容放到本书的第二部分。对前工业时期乡镇与城市生活的正确考量，应该给予它目前能被给予的更全面且彻底的重视。乡镇与城市的生活在工业化之前存在着巨大差异，而电力革命开始平衡这种差距，但我只想提示其中的一些变化，尤其是涉及欧洲的情形。这一局限的实际理由是：文献的可获得性。

回顾中世纪欧洲城市的轮廓，我们会立即发现，城堡、城墙和教堂尖塔主导着城市场景。在现代城市中，最高的结构是高层公寓、银行塔楼和工厂烟囱。这告诉我们很多关于这两类社会突出的社会结构信息。在声景方面也存在侵入声音地平线的声音：包括基调声、信号声和声标，而且这些类型的声音也必须相应地形成我们观察的主要对象。

## 让上帝聆听

基督教社区最突出的信号声是教堂钟声，是它在真正意义上定义了基督教社区，因为堂区是一个声学空间，受制于教堂钟声的扩散范围。教堂钟声
是一种向心的声音，它在社会意义上吸引并集合了社区，就像它将人与神集合在一起。在过去的时代，当它被用来吓跑魑魅魍魉时，它也曾呈现离心力。

教堂钟声到八世纪时已经得到了广泛传播。在英格兰，它们曾被尊者比德（The Venerable Bede）在七世纪末所提及。约翰·赫伊津哈（Johan Huizinga）在《中世纪的没落》（*The Waning of the Middle Age*）中描绘了钟声的庞大存在：

> 一种声音从忙碌生活的噪声中不断地升起，并将所有的事情引入一种秩序和平静的领域：钟声。钟声在日常生活中像善良的精灵，用地

们熟悉的声音，呼吁市民去默哀、去欢庆，警示危险的存在、告诫人们虔诚。它们因自己的名字而被人熟知：大杰奎琳钟，或罗兰钟。人人都知道钟声以不同方式敲响的意义。虽然钟声会持续地响起，但人们似乎并没有因之减弱钟声的效果作用。

在 1455 年瓦朗谢纳斯（Valenciennes）两个公民之间著名的司法决斗中，大钟从来没有停止响过，尽管城堡主曾说："钟声挺令人讨厌的。"当和平到来或在教皇被选定的日子时，法国所有的修道院、教堂钟声都那么令人陶醉，从早到晚，甚至深夜。

有着固定音高的钟声或钟琴的聚集，在荷兰尤其流行，也正因为如此，它们激怒了在欧洲旅行的查尔斯·伯尼（Charles Burney）。伯尼写道："这类音乐的巨大便利之处在于，它能够娱乐整个城镇的居民，而不需要居民特意去到任何指定的场所。"然而，在一个合适的距离范围内，教堂的钟声可以具有较强的唤起功能，因为拍击板尖锐的噪声消失了，并且提供了连续的节奏，与风或水的流动声动态交融，以至于即便一些非常简单且不是很好听的钟声，也能提供几个小时令人愉悦的聆听。也许没有其他声音能够在远距离的空气传播中获益。教堂钟声形成了远处山川之声的补充，包裹在了蓝灰色的迷雾中。重走与查尔斯·伯尼相似的线路，但尽量避开城市而靠近河流与运河，罗伯特·路易斯·史蒂文森（Robert Louis Stevenson）经历了教堂钟声的此种转变。

在山谷的另一边，一组红色屋顶和钟楼从树叶之间显现出来。接着，一些有灵感的敲钟人用悦耳的钟声使下午充满音乐感，空气中弥漫着非常甜美的气息。我们从未听过钟声讲话如此清晰，唱歌如此悦耳动听……在钟声中通常会有一种威严的声调，一种喧嚣的金属的声音，由此我相信我们听到的更多是痛苦而不是快乐；但这些四散开来的声音，或高或低，带着哀怨的节奏，能像流行歌曲的负荷一样，抓住耳朵，总是温和且可调的，似乎与宁静而质朴的乡村精神融为了一体，像瀑布的噪声或春天白嘴鸦的咿呀叫声。

不管传教士在什么地方传播基督教，教堂钟声很快就会传来，从声学上将堂区的文明从听力可及的荒野中划分出来。* 钟声是声音的日历，宣布着节日、出生、死亡、结婚、火警和起义。在萨尔茨堡(Salzburg)，在一个小型的古老酒店房间里，我听到无数钟声缓慢地响起，比预想的还要慢一点，当预期与现实差了几分之一秒，大脑中产生的紧张感就会减少。而在墨西哥的圣·米格尔·阿连德(San Miguel de Allende)，我记得看到过钟楼里的犯人用他们沉重笨拙的动作拉动轮辋，使巨大的钟运动起来。

## 时间之声

十四世纪时，教堂钟声与一项对于欧洲文明具有重大意义的技术发明结合在了一起：机械钟。它们一起变成了声景中最避免不了的信号，因为机械钟就像教堂的钟声一样，用更为无情的守时，以可听的声音来量度着时间的流逝。这样，它就有别于以往所有的计时方式——水钟、沙钟和日晷——它们都是无声的。

> 教堂的钟声敲响了十一点钟。空气很宁静，时钟敲响之前，指针摆动的声音呼呼作响，敲响结束时，摆动的声音也是如此。这些音符像平常的盲目与沉闷一样，在墙上拍打和反弹，在散落的云层上起伏，在空隙中扩散到数英里外的未知空间中。

时钟与表盘相比有很大的优势，因为要看到表盘就必须面对它，然而时钟所表征的时间，却可以通过声音向四面八方传递。因此，每个欧洲城市都有很多时钟。

> 其他钟不时地敲八下——一个是从监狱里发出的，另一个是从一座救济院的山墙里传来的，伴随着一种机械的准备性吱吱声，这个声音比钟声的音符更容易被人听到。一家钟表制造商内部一排高高的、上好油漆的钟接连敲响，就在百叶窗刚刚关上的时候，就像一排演员在谢幕前做最后的演讲。这时，钟声断断续续奏出西西里水手的颂歌。因此，在

---

* 通常，穆斯林与基督教信仰都有重要的信号设备，犹太教信仰则不以传教为目的，因此没有这些设备。

旧学校的全部事务圆满结束之前，高级学校的编年学家们已经明显地赶赴在下一个小时的路上了。

时针以好战的专横态度控制着该镇的运动。偶尔，它们会上升到声标的地位。(我记得很清楚，克里姆林宫墙上传来不稳定的下行五声音阶——这是这个地方唯一的奇思妙想。)这里的居民们甚至深情地认为，一些旧钟甚至被特别豁免，不受噪声法规的限制，就像在安大略省布兰特福德邮局里的时钟一样。

历史学家奥斯瓦尔德·斯宾格勒(Oswald Spengler)认为，正是机械钟赋予了欧洲(尤其是德国)历史的宿命感。

> 在西方国家中，德国人发现了机械时钟，它是时间流动的可怕象征，无数钟楼的钟声日夜回荡于西欧，也许是历史世界所能表达的最美妙的体现。

时钟和教堂大钟的结合绝非偶然，因为基督教提供了时间的直线概念，即进步，尽管是带有一个起点(创世纪)、一个指示(基督)和一个决定性结论(默示录)的精神进步。早在七世纪，教皇塞宾尼亚努斯(Pope Sabinianus)就颁布法令，规定修道院的钟声每天要响七次，而这些钟点被称为标准时刻。在基督教的体系中，时间总是在流逝，而时钟的钟声强调了这一事实。它的钟声是信号声，但即使在潜意识水平上，它不断滴答的节奏也形成了西方人生活中不可避免的重要基调。时钟进入夜晚的深处，让人想起了死亡。

**其他聚焦点**

钟是向心声，它们统一并调节着社区的活动，但它们不是唯一的向心声。在早期的农业领域，磨坊曾是一种重要的机构，在城市生活的中心，它的声音像居民自己的声音一样令人熟悉。在《传道书》(12：3—5)中，作者描绘了一种不祥的声景，当"磨餐的女人停止工作……当磨坊的喧闹声很低时，当麻雀的叫声变得微弱，鸣禽的声音变得沉默时"。用于碾磨的水轮早在公元前1世纪就在罗马被记录下来，尽管许多其他罗马艺术消失了，在中世纪晚期才被重新发现，但水磨机幸存了下来，因为中世纪早期的文献中经常提到它。

研磨谷物并不是水磨机唯一的工作，因为到十四世纪初，出现了造纸厂和锯木厂。那时，水磨机转而为装甲兵工厂制造了磨床，后来还转变为铁厂的捶打机和切割机。这就是为什么这么多的城镇建立在河岸或溪流上，因为那里有水力。

湖变成小溪的地方，有两三家磨坊。它们的轮子似乎在追逐着对方，溅着水，就像傻女孩一样。我过去在那里待了很长时间，看着它们，把鹅卵石扔到瀑布里，看着它们跳起来，然后掉下来，又一次消失在车轮的旋转下。从磨坊里可以听到磨石的声音，磨坊工人的歌唱，孩子们的尖叫，当搅动玉米粥时，炉子上的铁链吱吱作响。我之所以知道，是因为烟囱冒出来的烟，总是先于这些出现在宇宙和谐中的新的刺耳的音符。在磨坊前，袋子和面粉覆盖着的人影不断地流动着。附近村庄的妇女来了，在谷物被磨的时候，她们就和磨坊的妇女们聊天。与此同时，小驴从货物中解脱出来，作为这次磨坊旅程的犒劳，贪婪地享受着为它们准备的麸皮泥。吃完后，它们开始叫喊，高兴地伸展耳朵和腿。磨坊主的狗吠叫着，调皮地以攻击或防御的姿态在他们周围跑来跑去。我告诉你，这真是一个非常热闹的场面，想不出还有什么比这更好的了。

对于那些生活在磨坊里的人来说，生活总是离不开大轮子的"啪嗒"[托马斯·哈代（Thomas Hardy）的话]，小轮子对此喃喃自语，发出一种类似"管风琴里遥远的止声音栓的声音"。后来，即现在，这家工厂装备了刺耳的哨子，开始更具主导性。我们暂时跳回至 1900 年，用马克西姆·高尔基（Maxim Gorky）的话来描述俄罗斯的德鲁莫夫（Dryomov）。"在秋日黎明的幽暗中，阿尔塔莫诺夫（Artamonov）醒来时，总能听到磨坊哨声的召唤声。"半小时后，就会因人们开始不停地低语而沙沙作响，这是一种习惯性的、枯燥的但有力的劳动喧闹声。另一种早期城镇的大多数居民都能听到的，持续一整天的声音是铁匠的声音。"……如果这些声音是从深井里掉下来的话，那就再清楚不过了。从铁匠店……跟随着一声**铛铛响**（*tang-tang*）。蜜蜂懒洋洋地垂着身子。安妮在厨房里歌唱……系着缰绳的小腿发出了不耐烦的声音，发出了轻微的叮当声。阿伯的锤子砸在铁毡上发出了**铛——铛——叮——铛——铛**（*Tang-tang-ting-tang-tang*）的响声。"

如果不来到一个活跃的锻造场，就无法意识到铁匠声音的多样化。博物 58
馆的铁砧无法发出类似的声音，因为每一种类型的工作都有自己的节拍和音
色。在欧洲的一次录音探险中，我们有幸说服了一位斯瓦比亚（Swabian）老铁
匠和他的助手点燃他们废弃的锻造炉，并演示了这些技术。整形镰锤由一系
列快速的敲击声组成，然后稍作停顿以供检查。相比之下，马蹄铁的成形要
求助手用大锤敲击金属，而铁匠则用小锤子敲击金属形成节拍，是三拍子，
因此：

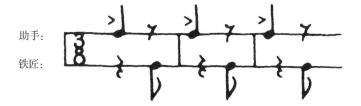

当铁匠想要更平坦的时候，他会两次快速敲打砧的侧面。

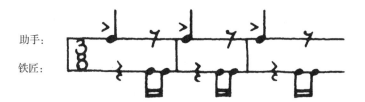

一个人必须经历这一点，才能理解铁匠如何巧妙地进出，并在助手有力
的、稳定的打击之间使金属成型。我们在村庄的郊区检测到超过100分贝的
声音，村庄郊区的居民证明他们能够在黎明之初听到锤击声，而在丰收的季
节（那时镰刀必须被定期压平）则一直持续到深夜。

直到工业革命之前，铁匠的锤声可能是人类单手发出的最响亮的声
音——一种灿烂的叮叮声。

在中东，最响亮的基调声是锡匠的锤声。在那里，人们可能还能听到他
们欢快的叮叮声，他们蹲在集市上，背笔直得像字母阿利夫（alif）一样，用断
断续续的锤击声招呼着来访者，这与人们在高低不平的石块上缓慢的脚步形
成了一种奇怪的对比。今天，他们为游客制作时髦的茶壶；在过去，他们为
皇家军队生产了巨大的锣。在东方，锣代替了鼓和钟。"在破晓时，我们由朝
圣团的**朝圣者**（*chaoûshes*）引领着从伊斯帕罕（Ispahan）北郊出发，他们大声喊

叫，敲响铜鼓，宣布着我们的离开。"

## 基调声

59    许多最为独特的基调声是由不同地理位置的材料产生的：竹、石头、金属或木材，以及水和煤等能源。在欧洲的老城市里来自国外的游客被石头的数量所吸引。物体撞击石头，削刮或切割石头，形成了欧洲基调声的第一条线索。斯科特·菲茨杰拉德（Scott Fitzgerald）就"苏黎世（Zürich）的大量的鹅卵石和它们晚上在拥挤的街道上发出回音的方式"做出评论。

在北美，木材是更重要的一个基调声，因为许多乡镇与城市都是从原始森林中砍伐出来的。（当然，木材也是欧洲最初的基调声，但当金属的冶炼和锻造需要木材时，森林就枯竭了。）不列颠哥伦比亚省（British Columbia）特别的基调声仍然是木头。在温哥华的早期，木板被用来建造人行道、街道和建筑物。

> 第一条街道被铺上木板，必要时，就像旧水街一样，用桩支撑着。当时的照片无法传达出马车在木材上加速时令脉搏加速的隆隆声和轰鸣声，这会加快脉搏，因为马车在木材上加速。温哥华几乎没有鹅卵石来代表它早期的铺路，因此原来的道路早就被堆肥了。人行道也是木板的，间隔很窄，对女性穿高跟鞋很不利。

在那些日子（1870—1900 年），靠近海边的温哥华街道也铺满了贝壳。木料，尤其是木桩，是一种音乐表面，因为每一块木板在靴跟或车轮下都有自己的音高和共振。鹅卵石也具有这种性质，但沥青和水泥的声音是单调而均匀的。

当木桶在鹅卵石上滚动时，木头与石头在组合基调中相遇，这种声音在过去一定会产生相当大的干扰。开普敦市明令禁止（《警察犯罪法》，第 27 号，1882 年，第 27 段）。在澳大利亚的阿德莱德市（Adelaide）也是禁止的（《法规》，第 IX 号，1934 年，第 25a 段）。

光的声音提供了微妙的基调声。在蜡烛的柔软嗅探和静止的电力嗡嗡声之间，人类社会历史的整个篇章都可以写出来，因为人们照亮自己生活的方式与他们讲述时间或记录语言的方式同样有影响力。［在把动态的社会变化归因于印刷机的出现和衰落时，马歇尔·麦克卢汉（Marshall McLuhan）只发展了几个丰富主题中的一个。]机械钟的强大发明对我们的研究来说是非常直接的，但是照明的影响是不容忽视的。

在北方冬天的特殊黑暗中，生命以烛光为中心，在阴影笼罩和神秘闪烁之处，心灵探索着大自然的阴暗面。北方神话中的地狱生物总是在夜间活动。在烛光下，视线的力量急剧下降；耳朵变得超灵敏，空气准备随着奇异故事或虚幻音乐的微妙振动而跳动……

浪漫主义从黄昏开始——因电而结束。到了电力时代，浪漫主义者也不得不收起了翅膀。音乐摒弃了夜曲和纳奇卡，并且从 1870 年的印象派的沙龙开始，绘画进入了 24 小时的白昼中。

我们不会期望在古人中发现有关烛火或火把声音的惊人独白，就像我们在现代不会从 50 或 60 周的哼鸣声中找到详细的描述一样。因为虽然这两种声音都不可避免，但它们都是基调声，而且正如我反复费心解释的那样，生活在它们中间的人很少有意识地听到基调声，因为它们使信号声的形象变得明显。然而，基调声的改变会引起注意，当它们完全消失时，甚至会被人们所记住。于是，我想起了 1956 年第一次去维也纳（Vienna）时，在郊区街道上听到煤气灯的窃窃私语；或者在另一个场合，科尔曼灯（Coleman lamps）在中东未通电的集贸市场发出巨大的嘶嘶声——在深夜，它完全掩蔽了水管的冒泡声。同样地，当《日瓦戈医生》（*Doctor Zhivago*）的女主角在乌拉尔斯（Urals）度过童年后第一次来到莫斯科时，她"被华丽的窗户展示和耀眼的灯光震耳欲聋，仿佛它们也发出了自己的声音，比如钟声和车轮"。在乡村，夜晚伴随着"蜡烛微弱的噼啪声"[屠格涅夫（Turgenev）的话]，她立刻被这一变化所打动。另一个例子是：在 1919 年的日记里，在一个画家的思考中，保罗·克里（Paul Klee）在他的施瓦宾公寓（Schwabing apartment）里停下来聆听，"气喘吁吁的瓦斯灯被一盏闪闪发光、嘶嘶作响、四处喷溅的电石灯取代了"。

**夜与昼的声音**

当城镇在夜间黑暗时，宵禁的声音和守夜人的声音是重要的声学信号。在伦敦，宵禁的钟声由征服者威廉下令在八点敲响。当圣马丁大教堂（St. Martin's-le-Grand）的钟声一响，所有其他教会开始鸣钟，此时城市的大门关闭。宵禁的钟声直到十九世纪仍在英国城镇响起，托马斯·哈代（Thomas

Hardy)曾记录过。

在卡斯特尔桥(Caster Bridge),宵禁仍在进行,居民们利用宵禁作为关闭商店的信号。当深沉的钟声在房屋的正门之间响起来的时候,整条大街上都响起了关闭百叶窗的咔嗒声。几分钟之后,卡斯特尔桥的生意就结束了。

在波斯(Persian)的乡镇也宣布了宵禁,但声音不同。

我持续地看着国王乐队从远处传来喧闹的鼓声和隆隆的号角声,宣布着日落。

61　　我听到了宣礼师的各种声音,宣召着晚上的祈祷者;我还听到了警察的小军鼓,命令人们关闭商店,回家去。远处传来了国王宫殿的瞭望台上哨兵的喊叫声……

当镇子在夜晚安静下来之后,即使是巴黎这样的大城市,声景也变成了高保真。

那天夜里的晚些时候——昨晚——当孩子们和女人们在后院安静下来让我睡觉的时候,我开始听到出租马车在街上滚滚驶过的声音。它们只是不时地经过,但在每一辆车过去之后,我都不由自主地等待下一辆,等着聆听叮当响的铃声,以及马蹄在人行道上的咔嗒声。

整夜,在世界各地的城镇里,守夜人用守时的声音安慰着居民。

12点了。
好好看看你的锁,
你的火和你的灯,
晚安。

这就是1599年理查德·戴林(Richard Dering)所记录的伦敦之声。密尔

顿(Milton)在他的一天进行记录，守夜人拿着一个铃铛，高呼祝福[《深思者
II》(*Penseroso II*)，第 82f 行]。李·亨特(Leigh Hunt)在 1820 年保存了几位
伦敦守夜人的描述。

其中一个是花哨的守夜人(Dandy Watchman)，他过去常在公园旁边
的牛津街巡逻。因为他的说话内容，我们称他为花花公子。他用一种很
小声的方式，把"过去"一词中的 a 念成帽子(hat)里的 a 的读音，在讲话
前做一点准备，然后用一种绅士的冷漠的方式说出了他的那句"Păst-
ten"，他总体上似乎就是这样的感觉。

另一个是金属守夜人，他踱步走向同一条街上的汉诺威广场
(Hanover Square)，口号像喇叭一样掷地有声。他就这一种声音，但任
何不同都是守夜人的特点。

第三个是在贝德福德广场(Bedford Square)报时的人，他的叫喊显得
突兀而响亮。他们这群人有一种时尚，就是在那个时候，省去了词语
"Past"和"o'clock"，只喊出时间的数字。

但时至今日，守夜人的叫喊声和城镇时钟的钟声显然重复了，守夜人的
功能也在衰弱。弗吉尼亚·伍尔夫(Virginia Woolf)很好地抓住了这种情况，
感情用事地把守夜人放在了远处。这句话来自奥兰多(Orlando)，大约是在同
一时期开始的。"一辆马车在鹅卵石上发出微弱的响声。她听到远处守夜人的
叫喊声——正好是有雾的凌晨 12 点。"这些话刚说完，他就听到了午夜的钟
声。高尔基(Gorky)在《阿尔塔莫诺夫一家》(*The Artamonovs*)一书中曾描述
过，有时守夜人会敲铃，有时会摇铃，有时他们会吹口哨，如今，我在墨西
哥的城镇里每隔十五分钟就听到他们互相吹响一次口哨。

这种夜间活动的干扰并非总是令人愉快的，他们在 18 世纪激怒了托拜厄
斯·斯摩莱特(Tobias Smollett)。

……午夜过后我上床睡觉，白天的劳累使我疲倦不安——我每小时
都从梦中醒来，听到守夜人们在每条街道上大声报时，在每一扇门上轰
鸣；一群无用的家伙，除了扰乱居民的安宁之外，没有别的目的。

*62*

随着第一缕阳光的到来，守夜人沉默了，在隐入街灯后，他们完全消失了……

天亮后，又开始了另一场骚动。斯摩莱特继续说："……到了五点，我起床了，这是因为乡下马车发出的更可怕的警报，还有吵闹的乡下人在我窗户下咆哮地剥着绿色的豌豆。"

## 马与四轮货车的基调声

斯摩莱特绝不是唯一一个对鹅卵石上镶了黄铜的车轮经过时连续发出非对称的咔嗒声感到恼火的评论员，不仅是欧洲人，世界各地的人们都会抱怨它。"车轮吱吱作响是无法形容的。它就像你一生中从未听到过的声音，使你的血液变得冰冷。听到千千万万这样的车轮同时发出吱吱的呻吟声，这是一种永远无法遗忘的声音——简直是地狱般的声音。"伴随着马车声的是鞭子的噼啪声，哲学家亚瑟·叔本华（Arthur Schopenhauer）认为这是精神生活最大的干扰。

> 我谴责它使平静的生活变得不可能；它结束了所有安静的思想，没有人能在头脑中有任何思考时，在这个突然的、尖锐的裂缝中避免一种真正的痛苦，它使大脑瘫痪，使思路断裂，扼杀思想。

叔本华并不是唯一一个抵制鞭子噪声的人，这一点从欧洲和国外的许多立法中都可以清楚地看出，这些立法禁止了"不必要的马车鞭拍打声"。在早期的城市声景中，最具影响力的基调声之一肯定是马蹄声，不同于开阔地上的空洞的马蹄声，马蹄声在鹅卵石街道上随处可闻。利·亨特（Leigh Hunt）写道，乘坐长途马车夜间旅行时，旅行者知道自己经过一个城镇的唯一途径便是加快马蹄的脚步声。回到乡间的路上，"车轮潮湿地旋转，马匹踏着节拍"最终使最清醒的乘客也被催眠了。

当然，我并不是唯一一个得出这一结论的人，旅行者的脑海一定是被马蹄的节奏感染了吗？马蹄对诗歌节奏的影响会产生 1 到 3 篇博士论文，当然理查德·布莱克莫尔爵士（Sir Richard Blackmore）曾说过，把诗句转成"马车轮的隆隆声"。一些研究马术的韵律学家应该能从那里开始研究这个问题。对音乐的影响也是显而易见的。还有什么更好的理由去解释像阿尔伯蒂低音提琴(Alberti bass)这样的音响效果(astinato effects)呢？阿尔伯蒂低音提琴于1700 年后问世，当时欧洲各地的长途马车旅行也已变得实用、安全、流行起来，同样的影响也可以在乡村广场舞的摇摆节奏中感受到(1700 年后)，美国南部的人称这种舞蹈为"踢踏乐(kicker music)"。也许这些想法只是一些特例，但当我考虑到铁路对爵士乐和汽车对当代音乐的影响时，我会把它们联系在一起。

### 工作的节奏开始变化

工业革命之前，劳动往往与歌曲结合在一起，因为劳动的节奏与人类的呼吸周期是同步的，或者是从手足的习惯中产生的。稍后，我们将讨论当人和机器的节奏不同步时，歌唱如何停止，但是现在指出这场悲剧还为时尚早。在这之前，水手的棚屋、田野和作坊的歌声，决定了这一节奏，街头小贩和花姑娘们在一首庞大的合唱交响曲中模仿或对唱。起初，正如高尔基的小说《阿尔塔莫诺夫一家》(*The Artamonovs*)所证明的那样，工人们很乐意把他们的歌声带到城市里去。

> 皮奥特·阿尔塔莫洛夫(Pyotr Artamonov)在建筑工地上踱来踱去，心不在焉地拉着他的耳朵，观察着工作。锯子狼吞虎咽般地锯进木头里；刨子来回拖拽，气喘吁吁；斧头敲得响亮而清晰；泥浆溅落在砖石上，一块磨石在钝斧的边缘上抽泣着。木匠们举起一根横梁，敲响了*杜宾什卡之乐*(*Dubinushka*)，不知在什么地方，精力充沛地唱出来的声音：
> "朋友扎卡里拜访了玛丽，
> 按住她的杯子，她已经醉了。"

接着，工人们会恶作剧地停下来，在工厂里互相取笑。然后他们只会

> 一起聚集在沃塔拉卡莎河(Vataraksha)的岸边，嗑着南瓜和葵花籽的牢骚声，刨子的拖行声，锋利的斧头的打击声。他们要用嘲弄的声音评价巴别塔(Babel)这个毫无意义的建筑。

工业厂房扼杀了歌唱。正如刘易斯·芒福德(Lewis Mumford)在《技术与

64

文明》(*Technics and Civilization*)中所说："劳动是按每分钟的转数，而不是歌曲、圣歌或文身的节奏来编排的。"

**街头的传令员**

但这是后来发生的。工业革命之前，街道和车间人声鼎沸，一个人在欧洲越往南走，他们似乎显得越喧闹。

> 把你的眼睛往上看，无数的窗户和阳台，窗帘在阳光下摇曳，树叶和鲜花，还有其他人，只是为了证实你的幻觉。哭泣、尖叫，鞭打震耳欲聋，光线使你盲目，你的大脑开始感到头晕，你大口呼吸着空气。你成了热情示威的一部分，鼓掌，呼喊"活着(evvive)"——但是为了什么？在你眼前一切并没有什么特别之处。一切都是完全平静的，这些人中没有任何深刻的政治热情在激荡。他们都管好自己的事，谈论正常的事情，就像其他任何一天一样。那是那不勒斯的生活，完全正常，仅此而已。

为什么南欧人的声音总是比他们的北方邻居更响亮呢？是因为他们花更多的时间在室外环境噪声水平较高的地方吗？我们记得柏柏尔人(Berbers)学会了喊叫，因为他们不得不在尼罗河的瀑布上呼喊。

但在那个时代欧洲所有主要城镇的街道都少有安静，因为小贩、街头乐师和乞丐们的声音源源不断。这些乞丐尤其困扰着作曲家约翰·弗里德里希·赖克哈特(Johann Friedrich Reichardt)，他在 1802—1803 年访问了巴黎。"通常，他们不会暴力地袭击他人，但是他们会妨碍他人，更多地用他们不断的哀求和悲惨的行为来触动他人的心。"无处不在的街头叫喊是无法避免的。"街道上的喧嚣听起来很激烈，很不和谐"，弗吉尼亚·伍尔夫(Virginia Woolf)在奥兰多报道，但这太笼统。实际上，每个小贩都有一种特殊的叫喊声。不仅仅是歌词，音乐的主题和声音的抑扬顿挫，在行业中从父亲传给儿子，在街区之外，给职业歌手提供了线索。在商店是靠轮子移动的时代，广告都是有声的展示。街头的叫卖声引起了作曲家的注意，并被收录进了无数的歌唱作品中，在十六世纪法国的简纳琴(Janequin)和莎士比亚时代的英国的维尔吉斯(Weelkes)、吉本斯(Gibbons)和德林(Dering)的作品中都有。最后三个作曲家的幻想中包含了大约 150 种不同的叫喊声和巡回小贩的曲调。通

过其中一些商品目录能够很好地了解伊丽莎白时代英国城镇的各种商品和
服务：

65

> 13 个不同种类的鱼
>
> 18 个不同种类的水果
>
> 6 种白酒和草药
>
> 11 种蔬菜
>
> 14 种食物
>
> 14 种家庭用品
>
> 13 种衣物
>
> 9 种商人的叫喊
>
> 19 种商人的曲调
>
> 4 种囚犯乞讨的曲调
>
> 5 种守夜人的曲调
>
> 1 种城镇传令员的曲调

德林(Dering)保留的城镇传令员显然是清教徒(Puritan)改革之前的人。
他以"肃静(Oyez)"这个传统的咒语召唤词开始，这源于诺曼法语(Norman
French)的动词 ouïr。

> 肃静(Oyez)，肃静(Oyez)。如果有男人或女人、在都市或乡村，能
> 告诉任何消息，关于一匹黑色尾巴的灰色母马，有三条腿，两只眼睛都
> 出来，屁股上有一个大洞，里面是你的鼻子，如果他有任何关于这匹母
> 马的消息的话，就让他把这消息告诉那个传令员，他就会为他的劳动感
> 到愉悦。

保持城镇传令员的做法一直持续到 1880 年，或者至少在那时，他们的名
字从莱斯特(Leicester)这样的城市目录中消失了。

正如约翰·弗里德里希·赖克哈特(Johann Friedrich Reichardt)在巴黎报
道的那样，公众叫卖也在剧院和歌剧院进行着。

　　在演出的间隙，小贩带着橙汁、柠檬汁、冰淇淋、水果等进入剧院，而另一些人在为歌剧宣传册、节目单、晚报和杂志，以及其他一些宣传页做广告，人人争先恐后，这样的骚动让每个人显得失魂落魄。更糟糕的是，在那些日子里，剧院——这在法国很常见——是如此的拥挤，以至于需要被迫撤掉一些乐队的音乐家以容纳额外的观众。在悲剧的最后一句话之后，小贩们推开门，大声喊出"橘子、柠檬水、冰淇淋！厂家的眼镜！（Orangeade，Lemonade，Glacés！marchand des lorgnettes！）"等等，完全没有任何音乐，把所有敏感的观众的耳朵和感情都撕裂了。

## 城市噪声

　　从最后几页的引文来看，街头音乐一直是一个有争议的话题。知识分子对此感到恼火。严肃的音乐家们也都很愤怒，因为通常情况下，似乎不懂音乐的人才会从事这种活动，不是为了带来快乐，而只是为了出售他们的沉默。但是，一旦中产阶级开始考虑生活方式的提升，他们也开始对此有反抗情绪。艺术音乐搬到室内后，街头音乐就成了人们日益鄙视的对象，一项对十六至十九世纪欧洲减噪法案的研究表明，越来越多的立法是针对这一活动的。在英国，街头音乐在伊丽莎白一世(Elizabeth I)统治期间被议会的两项法案所压制，但这几乎没有效果。霍加思(Hogarth)在十八世纪著名的出版物《愤怒的音乐家》(*The Enraged Musician*)，展示了室内与室外音乐之间的冲突。到了十九世纪，在魏玛(Weimar)的一条法律禁止音乐演出，除非关起门来。资产阶级在法律上占上风，至少在纸面上是这样。在英国，酿酒者和国会议员迈克尔·T.巴斯(Michael T. Bass)于1864年出版了一本书，书名为《大都市的街头音乐》(*Street Music in the Metropolis*)，提出一项旨在结束这种音乐滥用的拟议。巴斯收到了许多支持他的法案的信件和请愿书，其中包括一个由200名"大都市音乐的主要作曲家和教授"签署的信，他强烈地抱怨道："我们的专业职责被严重干扰。"另一封由狄更斯(Dickens)、卡莱尔(Carlyle)、丁尼森(Tennyson)、威尔基·柯林斯(Wilkie Collins)和前拉斐尔派(Pre-Raphaelite)画家约翰·埃弗雷特·米莱(John Everett Millais)与霍尔曼·亨特(Holman Hun)签署的信说：

你的当事者都是艺术或科学的教授和实践者。他们热爱自己的追求——关心人类的和平和舒适——但每天都被街头音乐家打断、骚扰、担心、疲倦、近乎疯狂。他们甚至是厚颜无耻的表演者迫害的特殊对象，这些表演者包括厚颜无耻的乐器、鼓手、手风琴师、板棍打击乐手、敲击乐手、小提琴演奏者和民谣歌手。因为当那些可怕的声音制造者知道你的当事者在自己的房子里特别需要安静的时候，这些房子就被不合作的卖主围攻。

巴斯的提案收到的进一步沟通是来自著名数学家和计算机的发明者之一查尔斯·巴贝奇(Charles Babbage)的一封他被干扰的详细列表。铜管乐队、风琴和猴子是主要的干扰因素。巴贝奇得出这样的结论："我工作能力的四分之一已经被我抗议的干扰因素所摧毁。"

### 选择性减噪：街头商贩必须走

由于这一骚动，1864 年的"都市警察法(the Metropolitan Police Act)"获得通过，尽管这个问题不能一蹴而就，因为街头的叫卖一直持续到世纪之交甚至更晚。但到了 1960 年，唯一仍能经常听到街头哭声的欧洲城市是伊斯坦布尔(Istanbul)。当欧洲城镇的立法者最终得出结论，断定街头音乐问题已经解决时，他们却没有意识到这一问题的正确原因。这不是几百年来立法完善的结果，而是汽车的发明掩蔽了街道的声音。然后，世界各地那些头脑迟钝的政府开始着手制定法规，以解决一个已经消失的问题。"任何沿街叫卖者、推销商、不法商贩或小流动商贩、新闻报贩或其他人，不得以断断续续的叫喊声扰乱公众的安宁、秩序、安静或舒适。"（温哥华，第 2531 号法规，1938 年通过）

到了二十世纪三十年代，巴黎市民开始为街头叫卖者的消失而哀叹——如果一首法国歌不应该消亡，那就是街头歌手必须让它永存(si lachanson française ne doit pas mourir ce sont les chanteurs des rues qui doivent laperpetuer)。但当时，美学教授还在他的软垫病房里，也就是说，街头音乐的消失在很大程度上是由于审美者和收藏家的漠不关心而造成的。

研究噪声法案很有趣，并不是因为它真的可以完成任何事情，而是因为它为我们提供了一个具体的声响恐惧症和滋扰的登记册。立法上的变化为我们提供了改变社会态度和观念的线索，这些对于正确对待声音象征意义是很重要的。

早期的降噪立法是有选择性和定性的，这与现代立法形成了鲜明的对比，后者已经开始对所有声音的分贝进行定量限制。虽然过去的大多数立法都针对人类的声音（或者更确切地说是针对下层阶级的粗哑声音），但欧洲的任何一项立法都没有针对在实际测量中更响的教堂钟声，也没有针对同样响亮的机器声，它用音乐填满了教堂的内部拱顶，有力地维持了这个作为社区生活中心的制度，直到它最终被工业化的工厂所取代。

# 第二部分　后工业声景

## 5   工业革命

### 工业革命的低保真声景

低保真声景产生于工业革命时期，并伴随着电气革命进一步发展。低保真声景源于声音拥堵。工业革命带来了许多产生不幸后果的新声音，它们使许多自然和人类的声音开始变得模糊不清，而这一趋势发展到电气革命，就进入到第二个阶段：电气革命给自然和人类声音增加了新的音效，发明了包装声音并在不同时空进行传送的设备，使声音放大或倍增。

今天，世界因过多的声音而不胜其扰。声音信息如此之多，以至于很少有声音能够清晰地显现出来。在最终的低保真声景中，信噪比（signal-to-noise）是一比一，而且已不再可能知道听到的是什么。简言之，这一声景转变的内容将在下一章讨论。

由于各种原因，英国成为第一个机械化的国家，其工业革命大约发生于1760—1840年。影响声景的主要技术变化包括铸造钢铁等新金属，以及煤和蒸汽等新能源的使用。

纺织业是第一个进行工业化的产业。约翰·凯（John Kay）的飞梭（1733年）、詹姆斯·哈格里夫斯（James Hargreaves）的珍妮纺纱机（spinning jenny，1764—1769年）和理查德·阿奎特（Richard Arkwright）的水力纺织机（waterframe，1769年）使动力织机的发展持续至1785年。成品棉织品产量的增加导致对原棉更大的需求，这一问题被美国埃利·惠特尼（Eli Whitney）的轧棉机（cotton gin，1793年）所解决。其他产业也迅速跟进，因为正如阿尔弗雷德·诺斯·怀特黑德（Alfred North Whitehead）观察到的："十九世纪最伟大的发明是发明方法本身的发明。"一系列十八世纪更多的杰出发明将使富有想象力的读者了解新材料在新能源和新机器极端精准度推进下声景的变化。

1711年：缝纫机

1714年：打字机

1738年：铸铁轨道电车［位于英格兰怀特黑文（Whitehaven）］

1740 年：铸钢

1755 年：煤车的铁轮

1756 年：水泥制造

1761 年：空气缸；水轮驱动活塞；产量增加了两倍多的鼓风炉

1765—1769 年：采用独立冷凝器改进蒸汽抽油机

1767 年：铸铁轨道[位于煤溪谷(Coalbrookdale)]

1774 年：钻孔机

1775 年：轮式往复发动机

1776 年：反射炉

1781—1786 年：蒸汽原动机

1781 年：汽船

1785 年：第一个蒸汽纺纱厂[位于帕泊维克(Papplewick)]

1785 年：动力织布机

1785 年：螺旋桨

1787 年：铁轮船

1788 年：打谷机

1790 年：缝纫机首次申请专利

1791 年：燃气发动机

1793 年：电报信号

1795—1809 年：食品罐头

1796 年：液压机

1797 年：螺纹车床

伴随这些变化的社会影响也是深远的。农民被剥夺了原有的工作权利并被送到城市工厂寻找工作。新工厂由蒸汽发动机驱动，由煤气照明，昼夜不停地工作，贫困的工人们也被迫如此。工人们的工作时间增加到 16 个小时或更长，晚餐只有一个小时，他们住在工厂附近肮脏的宿舍里，远离农村，除了公共房屋外几乎没有娱乐设施；而这些，如果我们接受了大量的目击证人的证据，在十八世纪这就成了比以前更大的噪声和吵闹(rowdi-ness)的中心。

我已经提到过工厂如何结束工作和歌曲的统一。此后，在罗伯特·欧文(Robert Owen)等人的改革工作之后，对于唱歌的渴望又在英国合唱社团中

73

出现，而这些合唱社团在北方的工厂城镇中发展最为兴盛。那些经历过人类文化苦难的工人们，在圣诞节时用千人合唱队歌唱《弥赛亚》(Messiah)。

铁器的喧器声首先以铁路和脱粒机的形式向乡村地区延伸。随着新的农业机械从英国扩展到欧洲，我们可以估计变化的阶段。当托尔斯泰(Tolstoy)笔下的俄国农民仍在为他们的镰刀而歌唱时，哈代(Hardy)《德伯家的苔丝》(Tess of the d'Urbervilles)的女主人公德贝维尔[与安娜·卡列尼娜(Anna Karenina)同时期]在默默地忍受着打谷机的连环轰鸣声。

> 他们站着吃完一顿匆忙的午餐，不曾离开他们的工作岗位，又过了几个小时，他们就到了晚饭时间；无情的车轮不停地旋转着，脱粒机具有穿透力的轰鸣声刺激着那些在旋转钢丝笼附近的人的灵魂，深入骨髓。

### 技术的声音席卷城镇和乡村

虽然功利主义哲学足以让我们宽恕科尔城(Coketown)的不人道，但当机器被引入乡下生活中时，立刻变得引人注目。技术的声音在欧洲各地的传播花费了很多时间。以下几代作家的记录揭示了这些新声音是如何逐渐被人们所接受。

法国的城镇首先因为机器的新节奏和反常的噪声而感到不安，正如司汤达(Stendhal)在《红与黑》(The Red and the Black，1830)的第一页中所阐明的那样。

> 维里埃斯(Verrières)小镇一定是法属考特地区(Franche-Comté)最漂亮的小镇之一。其白色房屋有着陡峭的红色瓦片屋顶，散布在山坡上，这些房屋的褶皱由一簇簇茂盛的栗树勾勒出来。杜布尔河(Boubs)在该镇的围墙下面几百英尺处流动，这些城防建筑是很久以前由西班牙人建造的，现在已经变成废墟。
> ……
> 在城里，人们被一架可怕机器的轰鸣声惊呆了。20个笨重的铁锤落下发出巨大的撞击声，使街道不寒而栗，又因为水轮的冲击力量使其再一次被举起。日复一日的劳动，让人数不清这些锤子到底制造了多少钉

子。年轻、美貌、稚嫩的女孩们将小铁片塞进大锤下面，于是它们迅速
变成了钉子。

到了 1864 年，法国的城镇布满了工厂，冈考特人（Goncourts）对此的描　74
述充满了不屑。

> 散布在码头上的干枯草地上的蜡烛厂、胶水厂、制革厂和炼糖厂里，
> 散发出一股模糊、不确定的油脂和糖的味道，与从水中和焦油散发的气
> 味混合在一起。铸造厂的喧闹声和汽笛的尖叫声，时时刻刻打破着河流
> 的寂静。

到了 20 世纪早期，技术的声音与古老的自然韵律相"融合（blending）"，
更易于被城市人的听闻所接受。正如托马斯·曼（Thomas Mann）所描述的
那样：

> 我们被像大海一样的怒吼声包围着，因为我们几乎直接生活在湍急
> 的河流上，河水距离杨树大道不远的地方，在浅浅的山脊上泛起泡
> 沫。……下游不远处有一座机车铸造厂。它的房舍最近被扩大以满足日
> 益增长的需求，而光线从高耸的窗户里射出来，照耀了整个夜晚。漂亮
> 的闪光新引擎在试运行时来回滚动；汽笛不时发出哀鸣的声音；不明来源
> 的低沉的雷鸣震碎了空气。因此，在我们这个半郊区、半乡村的隐居生
> 活中，大自然的声音与人的声音交织在一起，而这一切都意味着明亮清
> 新的新的一天。

最终，机器的悸动开始让世界各地的人陶醉在它不断的震动中。D. H. 劳
伦斯（D. H. Lawrence, 1915）说道："当他们在田野里工作时，从现在熟悉的
河堤外传来了卷扬机有节奏的引擎声，起初令人吃惊，后来却变成了大脑的
麻醉剂。"

最终，现代工业生活的噪声撼动了自然界的平衡，未来主义者路易吉·
鲁索洛（Luigi Russolo）在他的代表作《噪声的艺术》（*The Art of Noises*,
1913）中首次指出了这一事实。在第一次世界大战前夕，鲁索洛激动地宣称，

人类的新情感取决于他对噪声的偏好，这将为人类在机械化战争中获取最大的表现机会。

## 噪声等于权力

我们已经充分展示了在十八和十九世纪，城市与乡村的声景是如何被转化的。我们现在面临的谜题是：尽管新机器的出现使噪声剧增，但我们几乎找不到应对这些噪声的办法。

在英国，第一次对工厂工作条件提出批评的是 1832 年萨尔德（Sadler）的工厂调查委员会。这份长达 700 页并充满怜悯的文件中都是对残暴和人类退化的可怕描述——长达 35 小时的轮班工作，孩子们为了不迟到而睡在磨坊里，工人们因为极度疲劳而瘫倒在机器旁，儿童酗酒——但没有任何地方提到噪声是造成这些悲剧的因素。只有一两次确实提到了机器的"隆隆声"。当声音被关注时，通常则是工人被打的时候发出的尖叫声。

> 碰巧在房间的另一头说话；我听到了殴打的声音，我朝那边看去，看到纺纱工正用一根大棍子狠狠地打了一个女孩。听到这声音，我环顾四周，问出了什么事，他们说："没有什么——就是她吃白食的代价（打她而已）。"

机器只有在为了给参观者留下深刻的印象，或者在用餐时间里，以及孩子们不得不在自己的时间里对它们进行清理时，才会停下来，否则它们就会一直响动而不为人知。萨德勒的受访者甚至谈到了工厂的"沉默"，他们指的是"沉默的规则"。"这些工厂的纪律之一是保持永恒的沉默吗？"——"是的，工厂不允许工人们说话；如果两个说话的人碰巧被看到，他们就会埃鞭子。"

唯一批评机器"巨大噪声"的人是作家，像狄更斯（Dickens）和左拉（Zola）这样的人物。狄更斯在《艰难时期》（*Hard Times*，1854）中写道：

> 斯蒂芬（Stephen）俯身在他的织布机上，安静、警惕而沉着。极端反差的是，每个人都像工作在织布机的森林里，在他工作的机器上撞击、撕碎与拉扯。

左拉在《萌芽》(*Germinal*，1885)中写道：

> 现在他突然想到了打开蒸汽旋塞并放出蒸汽。蒸汽机像枪声一样喷发，五台锅炉像飓风一样爆炸，发出如雷鸣般的嘶嘶声，你的耳朵似乎在流血。

尽管受到了这些侵害，但作为工业卫生计划的一部分，噪声标准的制定和实施是一百年之后。无论是工会、社会改革者还是医学界都没有抓住这一主题。早在1831年当福斯布罗克(Fosbroke)描述在铁匠中发生的耳聋现象时，人们就知道噪声会导致耳聋。但直到1890年，巴尔(Barr)调查了100个锅炉制造者，并发现其中没有一个人的听力正常时，这仍然是一个孤立的个案研究。* 锤打和铆接钢板一起产生强烈的噪声，导致一种高频性耳聋的听力障碍。"汽锅工病(boilermaker's disease)"一词后来很快就被用来指代所有的工业听力损失，尽管对它的预防直到1970年才被大多数工业化国家认真考虑。

在工业革命的早期阶段，没有能力识别噪声是导致新工作环境的毒害倍增的一个因素，这是听觉感知史上最奇怪的事实之一。我们必须设法找出原因。在一定程度上，这可能是无法定量测量声音的结果。一种声音可能会被认为是令人不愉悦的声响，但是直到瑞利勋爵(Lord Rayleigh)在1882年建立了第一个用于测量声音强度的实用精密仪器之前，我们无法确定某一主观印象是否有客观依据。分贝作为一种定义声压级的方法，直到1928年才开始被广泛使用。

但是我想扩展我在第一部分中已经提出的想法。我们已经注意到，在早期，噪声是如何引起恐惧和尊重的，它们似乎是神圣力量的表现。我们也观察到这种力量是如何从自然的声音(雷、火山、风暴)转移到教堂的钟和管风琴的。我将其称为"神圣噪声(Sacred Noise)"，以区别于其他令人讨厌和需要减噪立法的噪声(noise)。这主要是喧嚣的人声。在工业革命期间，神圣噪声传遍了世俗的世界。现在实业家掌权，他们被允许通过蒸汽机和高炉制造噪声，正如以前僧侣们自由地在教堂的钟上制造噪声，或 J. S. 巴赫(J. S.

*76*

---

* 我能发现的最早关于工业性耳聋的研究是伯纳迪诺·拉马齐尼(Bernardino Ramazzini)1713年的著作《工人疾病》(*de Morbis ArHficium*)。

Bach)在风琴上开启他的前奏曲一样。

在人类的想象中，噪声和权力的关系从来没有真正被打破过。它从上帝
到牧师，到实业家，再到最近的广播员和飞行员。重要的是要意识到：拥有
"神圣噪声"不仅仅是制造最大的噪声，而是有权力不受指责地制造它。只要
噪声被赋予免受人类干预的豁免权，它就会获取权力的位置。瓦特（Watt）最
初的发动机发出的嘈杂声被认为是动力和效率的标志，与他自己消除它的愿
望相反，从而使铁路更加坚定地确立自己是"征服者"，稍后我会通过查尔
斯·狄更斯（Charles Dickens）来描述这点。只要看一眼任何有代表性的现代
机器的声音输出，就足以说明现代世界的权力中心在哪里。

| | |
|---|---|
| 蒸汽发动机 | 85 dBA |
| 印刷厂 | 87 dBA |
| 柴油发电机房 | 96 dBA |
| 螺旋掘进机 | 101 dBA |
| 织造车间 | 104 dBA |
| 锯木削片机 | 105 dBA |
| 金属制品加工磨床 | 106 dBA |
| 木刨机 | 108 dBA |
| 金属锯 | 110 dBA |
| 摇滚乐队 | 115 dBA |
| 锅炉工程，锤击 | 118 dBA |
| 喷气机起飞 | 120 dBA |
| 火箭发射 | 160 dBA |

### 声音帝国主义

历史学家奥斯瓦尔德·斯宾格勒（Oswald Spengler）区分了社会运动发展
的两个阶段：文化阶段，主要思想还在不断成熟中；文明阶段，在此期间，
主要思想已经成熟、合法化，并向国外传播。帝国主义是指一个帝国或一种
意识形态延伸到远离源头的世界各地。近几个世纪以来，欧洲和北美制定了
旨在支配其他民族和价值体系的各种方案，"噪声"的压制在这些方案中发挥

了不小的作用。扩张首先发生在陆地和海上（火车、坦克、战舰），然后是空中（飞机、火箭、无线电）。月球探测器是同样的英雄自信的最新表现，它使西方人成为世界殖民大国。

当声音的力量足以创造一个巨大的声学轮廓时，我们也可以说它是帝国主义的。举例来说，一个有扬声器的人比没有扬声器的人更具有帝国主义色彩，因为他可以支配更多的声音空间。一个拿着铲子的人不是帝国主义的，而一个拿着电钻的人是，因为他有打断和控制附近其他声音活动的能力。（在这个意义上，我们注意到，户外工作者在掌握了吸引自身注意力的工具之后，能够显著改善他们的地位。没有人会听挖沟者的声音。）同样，国际航空工业日益增长的重要性可以很容易地从机场噪声的增长模式来评估。西方人通过由他们制造或发明的机器在世界各地留下了名片。随着世界各地的工厂和机场的增多，当地的文化也被粉碎。今天，无论何处都能听到这样的证据，尽管只有在较偏远的地方，这种不协调才会立即引起人们的注意。

工业化声景最突出的特征是声音输出强度的增加，工业必须发展，因此声音必须随之增长。这是过去二百年来的固定主题。事实上，噪声作为一种吸引注意力的事物是如此重要，以至于如果能够开发出安静的机器，工业化的成功可能就不会那么彻底了。为了强调这一点，让我们说得更戏剧性一些：如果大炮是沉默的，它们就永远不会被用于战争了。

*78*

**平直声际线**

工业革命为声景引入了另一种影响：平直声际线（the flat line in sound）。当声音被视觉化地投射在图形电平记录仪上时，可用所谓其包络（envelope）或特征（signature）等术语进行分析。一个声音包络的主要特征是激励（attack）、音体（body）、瞬态特征[transients，或内部变化（internal changes）]和衰变特征（decay）。当声音的主体被延长而变得稳态时，它被图形电平记录仪复制为一条延长的平直声际线。

机器也具备了这一重要特性，因为它们都发出了低信息、高冗余的声音。它们可能是连续的嗡嗡声（如发电机的声音）；也可能是边缘粗糙的，具有皮埃尔·舍费尔（Pierre Schaeffer）所称的"颗粒性（grain）"（如机械锯或锉）；或者它们可能穿插着有节奏的敲击（如编织机或脱粒机）——但无论如何，其声音的主要特征是连续性。

　　连续的平直声际线是一种人工结构。就像空间中平直的天际线一样，在自然界中很少能找到（像蝉一类昆虫的连续鸣叫声是个例外）。正如工业革命的缝纫机带给我们衣服中的长线，那些昼夜不停地夜以继日地运作的工厂，创造了声音中的长线。正如道路、铁路和平面建筑在空间上扩展，其对应的声音也在时间上延续。最终，平直声际线扩散至乡村地区，就像运输车的呜呜声和飞机的嗡嗡声所展示的那样。

　　几年前，当我在德黑兰（Teheran）的塔赫特·贾姆希德（Takht-e-Jamshid）听着石匠们的捶打声时，突然意识到，在所有早期的社会里，大多数声音都是离散和中断的，而今天，很大一部分——也许绝大部分——都是连续的。这一新的声音现象是由工业革命带来的，并由于电气革命而大大扩展，使我们遭受宽带噪声的恒久基调和幅度，几乎没有个性或进步感。

　　就像在低保真声景（lo-fi soundscape）中没有透视一样（所有声音都同时出现），同样地，平直声际线也没有持续的感觉。它是超生物的。我们可以说自然的声音是有生物存在的。它们产生，成长并死亡。但是发电机或空调不会死，它们会接受移植手术，并且永远活下去。

　　平直声际线的产生源于对速度渴望的增长。有节奏的脉冲加上速度等效于音高。每当脉冲速度超过每秒 20 次或 20 周时，它们就被融合在一起，并被认为是一个连续的等高线。制造、运输和通信系统效率的提高，将旧时的声音脉冲融入了新的具有平直声际线的噪声的声音能量中。人类的脚步加速，制造出了汽车的嗡嗡声；马蹄加速制造出了铁路和飞机的呜呜声；羽毛笔加速制造出了无线电载波，算盘加速制造出了计算机外围设备的呼呼声。

　　亨利·柏格森（Henri Bergson）曾经问过，如果某个机构突然将宇宙中所有事件的速度提高了一倍，我们将如何知道呢？很简单，他回答说，我们应该从丰富的经验中看出巨大的损失。就像柏格森写的那样，这种情况正在发生，因为当离散的声音让位于平直声际线时，机器的噪声就变成了"大脑的麻醉剂"，现代生活中的精神萎靡不断提升。

　　嗡嗡声（drone）在音乐中的功能早已为人所知。这是一种反智的麻醉剂。这也是冥想的焦点，尤其是在东方。人们对嗡嗡声的倾听方式有所不同，这种观念转变的重要性在西方越来越明显。

　　平直声际线只产生了一种点缀：滑音（glissando）——也即，随着旋转（revolution）的增加，音高逐渐升高；随着旋转的减少，音高也随之下降。

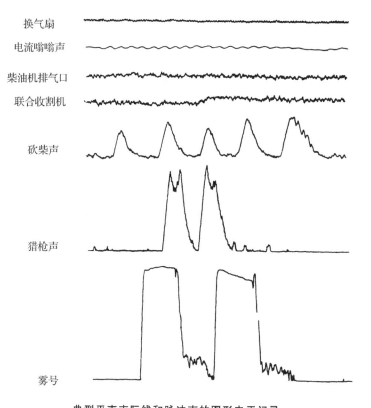

换气扇

电流嗡嗡声

柴油机排气口

联合收割机

砍柴声

猎枪声

雾号

典型平直声际线和脉冲声的图形电平记录

然后水平线变成曲线。但这仍然没有突然的惊喜。当水平声线变得不稳定、变成虚线或环状线时，机器就会分崩离析。

平直声际线产生的另一种明显的曲线效果是多普勒效应，声音以足够的速度运动，当声音接近观察者时，声波就会聚集起来（导致音高上升），并且随着声音的减弱，声波伸长（导致音高降低）。当然，在自然界中存在多普勒效应（例如蜜蜂的飞行，或马的疾驰），但是只有在工业革命的新速度之后，效果才变得足够明显而被"发现（discovered）"。克里斯蒂安·约翰·多普勒（Christian Johann Doppler，1803—1853）在使他永垂青史的名为《关于双星的色光问题》（*Über das Farbige Licht der Doppelsterne*）一书中阐述了这一效应，并将这一原理应用于光波。但是多普勒承认他以声光类比进行了研究。

有些声音在空间中移动，有些则没有，我们也可能通过携带它们来移动一些声音。但是哪种声音吸引了多普勒的耳朵？只能是火车的声音。虽然他没有提到这一点，但我们确实知道火车可用于验证多普勒效应。约在 1845 年，"受过音乐训练的观察者被安置在荷兰乌得勒支（Utrecht）和马尔森（Maarsen）之间的莱茵铁路（Rhine Railroad）的铁轨边，聆听疾驰而过的火车吹奏的喇叭声。通过已知的喇叭音高和渐近与渐远的明显音高变化，可以相当精确地估计火车的速度"。

## 火车的传说

第一条铁路在英国的斯托克顿（Stockton）至达灵顿（Darlington，1825）之间运行，目的是将煤炭从矿山输送到水路。铁路如此快速地被证明成功，以至于在短短几年内，英国就被铁路网络覆盖了。狄更斯在 1848 年描述了这一新的声音：

> 日夜征战的引擎在远途工作中隆隆作响，或者平稳地前进到旅程的终点，像驯服的龙一样滑行，飞到那狭小的角落里等待它们的到达，它们站在那里浑身发抖，使墙壁震动，仿佛它们正在扩展着尚未被怀疑的强大动力的秘密知识，以及尚未实现的强大目标。

英国铁路系统迅速跨越欧洲和世界各地。法国和美国在 1828 年修建了一条铁路……爱尔兰是在 1834 年，德国是在 1835 年，加拿大是在 1836 年，俄国是在 1837 年，意大利是在 1839 年，西班牙是在 1848 年，挪威和澳大利亚是在 1854 年，瑞典是在 1856 年，日本是在 1872 年。

火车以最小的阻力征服了世界。狄更斯却不喜欢它："声音越来越大了，它到来时尖叫着、哭泣着，撕碎了毫无抵抗的目标。"瓦格纳（Wagner）也不喜欢。尽管巴伐利亚医学院（Bavarian College of Medicine）在 1838 年提出抗议，火车行驶的速度无疑会造成脑损伤，但火车仍然存在，铁轨也成倍增加。

在工业革命的所有声音中，火车的声音似乎穿越了时间，成为最有吸引力的情感联系。J. M. W. 特纳（J. M. W. Turner）的著名画作《雨、蒸汽和速度》（Rain，Steam and Speed，1844）中，火车头沿对角线向下方的观众倾斜，是第一首受到蒸汽机启发的抒情诗。也曾是一位画家捕捉到了铁路史诗中的下一个变化。即到了 1920 年，欧洲的主要路线（虽然不是英国和北美干线）被电气化了，而这一变化被记录在德·奇里科（de Chirico）向往的风景中——喷发出寂静烟雾的火车在极远的地方消失了。

与现代交通的声音相比，火车的声音丰富而又有特色：汽笛，铃声，启动时发动机的缓慢嘎嘎声，车轮滑落时突然加速、然后又减速的声音，逸出的蒸汽突然的爆炸声，车轮吱吱作响，长途汽车的嘎嘎声，轨道的轰鸣声，另一列火车向相反方向驶过时的车窗的拍打声——这些都是令人难忘的声音。

旅行的声音具有深远的奥秘。就像邮号曾经带来远方地平线上的想象一样，它的替代物——火车的汽笛声也是如此。在欧洲的火车上，汽笛高声响着："然后火车上刺耳的汽笛声回荡在心里，伴随着令人恐惧的愉悦，宣布遥远的地方即将到来。"

在北美，火车的汽笛声是低沉而有力的，是沉重的引擎发出的声音。而在草原上——草原是如此平坦，以至于你可以看到从引擎到车尾的整列火车，像一根木棍一样伸展在地平线上——周期性的汽笛声回荡着，像低沉、回响的呻吟声。"加拿大的火车汽笛听起来像一头沮丧的怪物。它哀号着，音调逐渐下降，不像我们英国火车的汽笛声以一种活泼而乐观的方式不断升高。加拿大的汽笛声听起来好像已经走了很远的路，而且还有很长的路要走。"农民们知道如何解读这些声音。安大略(Ontario)有句谚语说，"当火车的汽笛声听起来很空洞时，天气就会变冷。"火车的汽笛声是边界城镇最重要的声音，是与外界联系的独奏宣言。它是小学社区的放学铃声，像教堂的钟声一样可预测且让人安心。在那些日子里，火车与每个人的心灵对话，小男孩们都来迎接这喘着气的引擎。

火车也会互相交谈。每条铁路都会使用一种二进制编码的汽笛信号用来传递相当精确的信息。但与意义共知的邮号的信号不同，火车的语言则是一系列神秘的代码，只有列车乘务员才能知道。即使不了解这些代码，那些认真倾听声景的人也会注意到每个工程师给这些基本语言带来的不同个性和风格。有些汽笛会含糊地发出信号，几乎无法分辨出发音；另一些用长时间的停顿分隔每一次发音。更具艺术性的是那些通过精心操纵控制阀，使音符在音调上滑动的汽笛声。最后一种表演是返祖式的，将我们带回到了旧时边缘逐渐变细的汽笛声。最初的汽笛声是三音调。传奇的美国工程师凯西·琼(Casey Jone)的部分名气来自于声学，因为凯西有一只特别的五调口哨，无论到哪里，他都随身携带。

除了节奏和发音的变化外，听众还会注意到音质和音高的差异。老式汽笛声发出的是一组频率，而很多现代的汽笛声，尤其是柴油发动机，都是单音调。另一些则是在工厂调校的双音或三音，也有针对客户的设定。美国的铁路公司更喜欢单音高的汽笛声，但加拿大的铁路公司已经取消了这种类型的汽笛，理由是这种汽笛声被认为是导致从蒸汽到柴油发动机的转换过程中，发生多起交叉路口事故的原因。为了尝试重现最初的汽笛的质量，致使采用了特别调谐的空气喇叭，其中一个版本是降 E 小三和弦，其根音位置的音高被调至 311 赫兹，现在由加拿大太平洋铁路使用。每一列从大西洋到太平洋的长途跋涉，穿过壮观而孤寂的乡村火车都发出这种深沉而令人难忘的哨声，这给加拿大提供了统一的声标。它比其他任何声音都更能代表加拿大。

> 汽车的普及无与伦比地改善了城市状况。街道干净、无尘、无臭，车辆轻快、无噪声地行驶在平坦的空地上，可以消除现代生活的紧张、焦躁和劳累。
>
> ——《科学美国人》(*Scientific American*)，1899 年 7 月

## 内燃机

目前内燃机提供了当代文明的基础声音。这是当代文明的基调声，正如水是海洋文明的基调声，风是草原的基调声一样。

在外燃机中，大量的水煤混合产生驱动能量。煤和水体积庞大而沉重，因此蒸汽机车仅限于公共企业使用。内燃机轻便而易于操作，它将动力传递给个体。在工业发达的社会，普通公民可能平均每天都要操作多个内燃机(汽车、摩托车、卡车、动力割草机、拖拉机、发电机、电动工具等)，并且每天好几个小时他都能听到这一声音。

到了 1970 年，美国每年生产的汽车比婴儿多，但亚洲市场看起来仍然令人鼓舞。在《纽约客》(*The New Yorker*)杂志上刊登的一份广告显示，全球每一块可用的土地都覆盖了赫兹租车公司(Hertz rent-a-cars)。那个时候，像伊斯坦布尔和伊斯法罕这样由宝石和细菌组成的传统城市也成了交通拥堵的城市。其原因不仅在于交通量，还在于车辆的行驶方式。为了让一个社会遵守交通规则，它必须要挺过两次重要的经历：工业革命和机械化战争。美国人可以在华盛顿的"传送带路"(beltroad，注：路名)上熟练地驾驶，但亚洲人仍

然把他的车开得像骆驼或骡子一样。信号灯被忽略了，喇叭变成了鞭子，用来哄骗和惩罚固执的动物。

当两个相同强度的宽带噪声叠加时，总声级上升约 3 分贝。两辆汽车每辆产生 80 分贝的声音，从而得到了 83 分贝的声音。假设发动机噪声恒定，汽车工业产量每增加一倍，声环境的宽带噪声就会增加 3 分贝。事实上，汽车发动机的结构并不统一。例如，美国制造商在 1960 年左右生产出了他们最安静的汽车，但在整个二十世纪六十年代，他们又开始变得越来越响。到 1971 年，底特律(Detroit)的制造商已经开始把他们机器噪声的增加作为广告宣传的特色。以下为杂志广告：

1971
肌肉
汽车


这一时髦、高性能的怪物是
美国汽车公司的 7 Javelin AMX
踩下油门
它就会咆哮

那一年，通用汽车公司(General Motors)告知我们：

> 大排量发动机和高压缩比的趋势使发动机噪声、感应和排气噪声增加……更高的压缩比……导致发动机缸体结构的更大变形，从而产生更高的辐射噪声水平……我们认为，对于多数汽车，消声器的设计和性能已很好地符合要求。

今天，汽车的质量处于严格的审查之下。由于当地的法规和实践试图通过制定越来越严格的噪声标准来减少其声音输出，最终可能只有能源短缺才能使其保持沉默。当汽车变得过时时，它的嘎嘎声就会销声匿迹。

抛开音量不谈，最接近内燃机的人类声音是放屁声。汽车和直肠之间的类比很明显。首先，排气管在后面，与动物直肠的位置相同。汽车也存放在肮脏和黑暗的现代住宅的地下车库中。弗洛伊德（Freud）说有不同的肛门类型。或许还会有肛门时代。

## 强力声音的增长

有人曾经注意到——我想是奥尔德斯·赫胥黎（Aldous Huxley）——对于当代城市人，传统诗歌的一半意象已经消失。同样的事情也发生在声景上，在工业和家庭机械的联合挤压下，大自然的声音正在消失。越多就是越少。几个来自家园附近的例子足以说明这个规律。

1959 年，加拿大制造了价值 859.6 万美元的电锯；到 1969 年，这一数字上升到 2686 万美元。电锯能发出 100~120dBA 的声音，能够在一个 8~10 平方公里的安静森林里回荡。可能在理论上，1974 年生产的 316781 部电锯，如果同时使用，其声音可以覆盖加拿大 9222977 平方公里三分之一左右的地方。

一个西海岸的印第安女孩教我如何通过树干的树皮倾听树木的声音。"它们讲述着我们民族的故事。"她说。当白人到达不列颠哥伦比亚省时，他们教不会印第安人使用机械锯，也无法教会他们用一棵树击倒另外四棵树的——所谓的"多米诺骨牌效应"的伐木技术。神灵是居住在树上的，人们犹豫不决。今天，当森林工业的砍伐工具（jabberware）伸向树林时，没有人会听到树木受害者惊恐的哭泣声。

"如果一棵树可以行走或飞翔，它肯定不愿遭受锯或斧头砍凿的疼痛。"鲁米（Rumi）在十三世纪写道。事实上，我们确信树木和其他蔬菜在被切断之前会颤抖，并发出紧急电荷命令（electrical emergency charges）。

雪地摩托将作为我们的另一个例子，来说明科技的无心引入给社会带来的毁灭性影响。雪地摩托是加拿大的一项最新发明，但它的冲击声（ramming）已经完全改变了加拿大的冬天。直到 1970 年，在数百万加拿大人遭受这种新形式的噪声之后，国家研究委员会（NRC）才进行研究，并表明现有的机器对听力确实有一定的危害。他们的报告显示，当时市场上的机器经常在驾驶员的耳边产生的噪声超过 110dBA。NRC 建议将噪声降低至 85 dBA（从而至少降低了听力受损的风险），并且展示了如何做到这一点。但联邦政府的回应是将新机器的噪声水平限制在 50 英尺处 82dBA（即 15 英尺处约为 92dBA）。

根据麦吉尔大学耳鼻喉科（McGill University's Otolaryngological

Department)主任 J. D. 巴克斯特博士(Dr. J. D. Baxter)的说法，雪地摩托车的入侵使得耳聋和耳疾成为加拿大北极地区最大的公众健康问题。他在1972年加拿大耳鼻喉学会发表的讲话中指出，在一个地区检查的156名成年的爱斯基摩人(Eskimos)中，97人显示出明显的听力损失。加拿大的冬天曾经因其纯净和宁静而闻名。这是加拿大神话的一部分。现在雪地车扼杀了这个神话。如果没有神话，这个国家就会灭亡。

> ……一个万里无云的天空没有任何声音。
>
> ——卢克莱修《物性论》(*On the Nature of Things*)，VI，96

## 天空的大型声道

人类在二十世纪才在空中飞行可能是错误的。事实上，人类一直在他的想象中飞行，就像无数民间传说中的神奇地毯一样。二十世纪仅仅是把无限的空间缩小了，想象力上升到了罕见的高度，以没有任何内在意义的特定空中走廊的形式。聆听天空吧。空中的呼呼和刮擦声只不过是一处可被听到的想象力缺失的创伤。曾经只有那些不幸住在机场附近的人，才真正受到飞机噪声的困扰。在那些日子里，一架经过的飞机会让所有人们抬头观望。但是自从第二次世界大战以来，一切都变了。

有时我给一个班的学生布置作业："面朝南，你要等到从东北方向传至西南方向的声音经过。"这可能需要两分钟，也可能要两个小时，但通常是两分钟。通常是一架飞机的声音。"航空旅行每五年增加一倍，航空货运增长更快……因此……噪声的增长也跟整个航空业使用的马力比率一样，也就是说，航空噪声每五年就会增加一倍。"

这个预测只涉及噪声能量在天空的传播。它假定我们将继续使用现今的飞机，但实际上数量更多。为此，我们必须加上超音速运输的特殊问题或国际航空工业可能在规划阶段的任何其他异常问题。

由于每个家庭和办公室都逐渐被迫建立在世界的跑道上，因此，航空业比其他行业更有效地破坏着世界上每一种语言中"和平与宁静(peace and quiet)"的字眼。天空中的噪声与所有其他形式的噪声截然不同，因为它不是局部性的或可控的。飞机发动机的轰鸣声直射到整个社区、屋顶、花园、窗

*86*

户、农场、郊区以及城市中心。

我们对温哥华(Vancouver)的声景研究表明，1970年，飞过中心区公园的飞机年流量为每年23000架，到1973已增长到38700架，这一趋势与上文引述相契合。我们还发现，1973年，同样的公园声景充满了飞机噪声，从每次飞行在声际地平线(the acoustic horizon)上被探测到消失为止，平均每小时27分钟；而根据我们的研究可以预测，如果这种趋势继续下去，到1981年，噪声将是全面的而不间断的。

人们对飞机噪声进行了大量的研究，虽然今天的研究比以往任何时候都更加努力，但问题仍在继续增长。虽然大部分研究都集中在喷气式飞机的噪声上(而且它成功地使大型喷气式飞机比它们的前辈稍微安静一些)，但对小型飞机的潜在危害——比如直升机的吡特-啪特声(bitter-batter)——几乎没有人关注。

超音速飞机的出现成功地使公众更多地注意到飞机噪声问题。这类飞机不仅在起飞和降落时产生更多噪声，导致"远场噪声增加，同时严重恶化的横向噪声在机场附近传播"，而且最关键的特点是，由于飞行速度快于声速，它还会产生另一种被称为"音爆(Sonic boom)"的雷鸣般的声音。与其他飞机的声音不同，超音速飞机的噪声区大约有五十英里宽，并沿着飞机飞行路径的整个长度延伸。超音速飞机把整个世界变成了机场。

让我们用德语单词Überschallknall代替音爆，其丑陋的音节似乎更适合。除了其惊人的噪声，Überschallknall的剧烈震动可以造成严重的财产损失，打碎窗户，使墙壁和天花板产生裂缝。根据美国的超音速飞机(只是小型战斗机的一种)的试验运行，以及由此造成的伤害诉讼，据估计，飞越该国的每一次超音速飞行将使多达4000万人感到震惊。在芝加哥，城市上空的试飞导致6116起投诉和2964起索赔。

由于这些预测，也为了确保超音速飞机具有经济可行性，必须使飞机尽可能频繁地以超音速飞行，美国人在1972年放弃了因商业目的而发展这种飞机的计划。世界上许多国家已经禁止超音速飞机飞越其领土，而英国和法国以及俄国人都有这样的飞机，但它们现在看起来像有史以来最大的累赘。

87　　　这种超音速飞机是一种超越声音的尝试，但它失败了。

**飞行员失聪的耳朵**

商业航空公司非但没有协助寻找解决飞机噪声问题的办法，反而置若罔闻。他们宁愿花大量的钱假装问题不存在。如果飞机发出任何声音，就像广告暗示的，它们都是快乐的声音。证据如下：

"东方航空公司耳语喷气式服务"

"飞行在联合航空友好的天空"

"三叉戟-2 是快速、平稳、安静和可靠的"（英国欧洲航空）

"安静地飞越大西洋"（英国海外航空）

"我们拥有智能的新型 DC-9 喷气式飞机，引擎在后方安安静静"（牙买加航空）

"'DC-10'是一架安静的飞机，在机场里低声细语"（荷兰皇家航空）

"越来越多的人喜欢乘坐波音 747，这给越来越多的城市和城镇带来了越来越大的喷气式飞机的舒适感"（波音）

大型喷气式飞机是人们的取悦者？问题是：航空公司对飞机外和下面的人是否需要承担什么义务？

雅典卫城上有一个标志，上面写着：

> 这是一个神圣的地方
> 禁止任何形式的歌唱或喧哗

当我 1969 年最后一次去那里时，17 架喷气式飞机掠过雅典卫城。与这种伪善相反，我们得知基督和佛陀也是空中飞人，我们想知道当他们飞至空中时会发出什么样的声音。

**反技术革命**

与本章所描述的发展事态相反，在过去十年里，世界各地许多国家都出现了反技术革命倾向。技术噪声是日益增长的反对意见的目标，而且在迅速增加的案例中，技术噪声正通过减噪立法直接加以解决。尽管对过度噪声所带来的危险的了解已经至少有 150 年的历史，这种对这一课题突然表现出的兴趣虽然受到欢迎，但也提出了一个问题：为什么到现在才开始呢？也许这是对不计后果的技术将我们引向何方的普遍批评的一部分。如果是这样的话，作为上帝的实业家已经倒下，他们拥有制造神圣噪声的神圣执照而不被起诉的时代已经结束了。我认为，我也只是在测试这句话中的一个想法，即我们在最近的降噪运动中所看到的与其说是企图使世界沉默，不如说是一场序幕，企图从工业中夺取神圣的噪声，作为寻找一个更值得信赖的主人，从而将权力交到其手中的前奏。

# 6 电气革命

电气革命扩展了许多工业革命的领域，并增加了一些新的来自其自身的影响。电流传输速度的提高将平直声际线效应延伸至有调声，因此将世界的中心频率调协至每秒 25 周与 40 周，然后是每秒 50 周与 60 周。其他已经引起注意的扩展趋势主要是发声器的急速增长及其由功率放大器带来的帝国主义的扩张。

电气革命引入的两种新技术是：声音的记录与存储以及将声音从原生环境分离的技术——我把它称为声音分裂（schizophonia）。电声传输和声音复制的益处值得称道，但不应忽略这样一个事实：当高保真电子器件被精准地设计时，世界声景正滑入一个空前低保真的状态。

至 1850 年，许多电气革命的基础发明已经实现：电池、蓄电池、发电机、电弧灯。这些发明的具体应用占据着十九世纪余下的所有时间。正是在这一时期，发电站、电话、无线电报、留声机和电影应运而生。起初它们的商业应用有限，直到维尔纳·西门子（Werner Siemens，1856）改进发电机，以及尼古拉·特斯拉（Nikola Tesla，1887）改进了交流发电机后，电力才成为这些发明的实际发展动力。

莫尔斯电报（Morse's telegraph，1838）是电气革命的第一批产品之一，它无意中加剧了离散声音和连续声音之间的矛盾，正如我已经说过的那样，慢节奏开始从快节奏社会中分离。莫尔斯（Morse）使用长电报线来传输已被打 断为二进制码的信息，这依赖于对编码的熟练度，因此这使电报员受过训练的手指保持了一种将其与钢琴家和抄写员相联系的技能。由于手指的摆动不足以快至产生声音融合的轮廓，因此电报发出了与同时代其他两项发明一样的滴答声与突突声，正如瑟伯（Thurber）的打字机与盖特林（Gatling）的机枪。随着人们对通信速度和机动性要求的不断提高，电报不可避免地与书信一起让位给了电话。

电气革命最具变革性的三种声音机器是电话、留声机和广播。有了电话和广播，声音不再被束缚在原生空间中；留声机也将声音从原生时间中释放出来。令人赞叹地清除了这些限制，便给现代人带来了一种兴奋的新力量，一种现代技术致力于使其更高效的新力量。

声景研究者关注的是感知和行为的变化。例如，让我们指出几个可以察觉到的由电话这一销售广泛的新工具所引起的变化。

电话把亲近的聆听延伸到了很远的距离。因为远距离的亲近关系在本质上不太自然，所以人们需要一些时间来让自己习惯这种理念。当代北美人（Today North Americans）仅会在进行洲际与越洋电话时才会加重他们的语气；而欧洲人与相邻乡镇的人通话仍会提高嗓音；至于亚洲人，只是隔着一条街道，也会对着电话大声叫嚷。

电话干扰思维的能力更为重要，它无疑为现代散文和冗长演讲的简化做出了很大贡献。例如，当叔本华（Schopenhauer）书写《作为意志与表象的世界》（*The World as Will and Idea*）的开篇时，他希望我们把其整本书当成一个思维过程，我们也意识到他即将对自己及其读者提出严格的要求。而专注度的真正降低则始于电话问世之后。如果叔本华是在我的办公室里写书，当他写完第一句，电话就会响起。这就形成了两次思维过程。

当摩西（Moses）和查拉图斯特拉（Zoroaster）与上帝交谈时，人们已经开始梦想着发明电话，而在那之前，无线电也被想象成传递神圣声音的工具。留声机在人类的想象中也有着很长一段历史，因为捕捉和保存生动的声音元素是一种古老的野心。在巴比伦神话中，有迹象表明，在通灵塔中有一个构造特殊的房间能够永久保存窃窃私语的声音。在伊斯法罕（Isfahan）的阿里卡普宫（Ali Qapu）中有一个类似的房间（至今仍然存在），尽管在目前这种被遗弃的状态下，很难了解它的作用机制。大概是高度抛光的墙壁和地板使声音产生了异常的混响时间。在一个古老的中国传说中，有一个国王时常对着一个秘密的黑匣子说出命令，然后再把命令传遍他的国家，让他的臣民去执行，我的意思是捕捉声音的魔力是具有*权威*（*authority*）的。随着贝尔（Bell）在1876年发明了电话，以及查尔斯·克罗斯（Charles Cros）和托马斯·爱迪生（Thomas Edison）在1877年发明了留声机，声音分裂的时代到来了。

## 声音分裂

希腊语的前缀"schizo"意为分裂（split）、分离（separated）；"phone"是希腊语，意为语音（voice）。**声音分裂**（*Schizophonia*）指的是原始声音与其电声传输或重现的分离。这是二十世纪的另一个发展。

最初所有的声音都是原始声音，它们只在某一时间某一地点出现。声音与其发声机制密不可分，人类的语音只能在其能够喊叫的范围内传播。每一种声音都是不可重复且独一无二的。声音彼此相似，如构成不同单词的重复音素，但它们并不相同。测试表明，哪怕是最合理且最有计算能力的自然人，也不可能以完全相同的方式两次重复发出自己名字中的同一独立音素。

自从发明了传送和存储声音的电声设备以来，任何声音，不论多么微小，都可以在世界各地被放大和播放，或者封装存储于磁带中，供后代使用。我们已经把声音与发声者分开了。声音已经从其自然容器中撕裂出来，变成了一种放大且独立的存在。例如，说话声不再被束缚在头部的腔体中，而是可以从景观的任何位置自由发出。在同一瞬间，它可能会从世界上数百万个公共和私人场所中的数百个腔体中发出，也可能会被存储起来，以便在稍后的某一天进行重放，也许最终听到是在其原始发声的数百年之后。一段录音或磁带选辑可能包含了不同文化和历史时期的声音对象，对于任何世纪的人来说，除了我们自己，它似乎是一种毫无意义且超现实的并置体。

在西方音乐史上，有时人们渴望声音在时间和空间上的分离，因此，最近技术的发展仅仅是人们长久持续的想象力所产生的灵感的结果。*所有形式的乐器声都可以被传送到遥远的地方*（quomodo omnisgeneris instrumentorum Musica in remotissima spacia propagari possit），这秘密是音乐家及发明家阿塔纳斯·修珂（Athanasius Kircher）的关注点，他在其 1673 年所撰写的《新声》（Phonurgia Nova）中详细地讨论了这个问题。在实际领域中，动力学、回声效应、声源分割、独奏与合奏的分离以及具有特定音品质的乐器的融合[号、乐砧（anvil）、铃等]，都试图创造了更大的或者不同于自然室内声学的虚拟空间，正如探寻具有异国情调的民间音乐以及前后发掘新的或者更新的旧音乐资源都是对于超越现实的渴望。

在第二次世界大战后，当录音机使录制材料的剪辑成为可能时，任何声音对象都可以被剪切并插入到任何新的所期望的语境当中。最近，四声道音响系统让具有移动与静止声音事件的 360 度声景的表达成为可能，从而模仿任何时间和空间上的声音环境。这些为声学空间的完全移植提供了条件。任何声学环境如今都可以变成另一种声学环境。

我们知道后工业声音的领土扩张助长了西方国家的帝国主义野心。扬声器也是由一个帝国主义拥护者发明的，因为它满足了用自己的声音来支配别人的欲望。当哭泣声传播灾难时，扬声器表达了焦虑。希特勒（Hitler）在

1938 年写道："我们不可能征服德国，如果没有⋯⋯扬声器。"

我在《新声景》（*The New Soundscape*）一书中创造了"声音分裂（schizophonia）"一词，用以表达一个紧张的世界。与声音分裂相关的是，我想用它来表达出同样的反常性与戏剧性。事实上，高保真设备的过度使用不仅对低保真问题产生了巨大的影响，而且还创造了一种可合成的声景，在这种环境中，自然的声音变得越来越不自然，而机器制造的替代物则提供了一种指导现代生活的可控信号。

**收音机：扩展的声学空间**

乔治·路易斯·博尔赫斯（Jorge Luis Borge）的小说中描述了一个惧怕镜子的人物，因为镜子会复制人类。收音机也可说是如此。至 1969 年，美国人总共收听了 2.68 亿台收音机，即人均拥有一台收音机。现代生活已经以技术发声。收音机对现代生活的支配并非没有引起注意。然而，虽然反对工业革命的人来自于担心失去工作的工人阶级，但收音机和留声机的首要对手却是知识分子。艾米丽·卡尔（Emily Carr）在不列颠哥伦比亚省（British Columbi）的荒野上写作和绘画，她在 1936 年第一次听到收音机时就讨厌它。

> 当我进入那些完全被收音机的声音炸开的房子时，我感觉我好像要疯了。莫名其妙地被折磨。我觉得我应该习惯，今天早上我在家里放了一个收音机实验了一下。我感觉好像蜜蜂涌进了我的神经系统。神经完全紧张。我对那可怕的金属声音感到如此愤怒和怨恨。过一会儿我不得不把它关掉。简直难以忍受。也许是我的听力不完美吗？它是这个时代不可思议的奇迹之一。我理解但我**讨厌**（*hate*）它。

在《荒原狼》（*Der Steppenwolf*，1927）中，赫尔曼·黑塞（Hermann Hesse）提及了对于新型电声设备所复制的低保真音乐的不安。

> 让我觉得惊讶和恐怖的是，那邪恶的金属漏斗立刻顺畅地吐出了支气管黏液和被咀嚼过的橡胶的混合物；收音机和留声机发出的噪声被拥有者称为音乐。在黏糊糊和嘎嘎作响的声音后面，确实有一种神圣音乐的高贵轮廓，像一位老专家在一层尘埃的下面。我能分辨出那宏伟的结

92

构、那宽广的呼吸以及弦乐的宽阔边际。

不仅如此，黑塞还对广播中不一致的声音分裂感到反感。

在你喜欢的地方播放一些音乐，毫无区别与自由，经过可悲的失真，打开，然后将它扔进空间里，降落在毫无联系的地方……当你收听广播的时候，你就是思想与表象之间永恒冲突的见证者，在时间与永恒之间，在人类与神灵之间……收音机……把最动听的音乐毫无顾忌地投射到了最不可能的地方，进入舒适的客厅和阁楼，进入喋喋不休、嗡嗡作响、打着呵欠和沉睡的听众之间，就算它剥夺了音乐的感官美，并且损害和玷污了音乐，却也无法完全毁掉音乐的精神。

收音机扩展了声音的所及之处，产生了极其延展的轮廓，它们之所以如此异乎寻常也是因为形成了断裂的声学空间。声音以前从未在空间消失而后又在远处重现。社区以前是由钟声或庙宇的锣声来定义的，现在是由当地的广播发射机来定义。

纳粹（Nazis）第一个为了极权主义的利益而使用了收音机，但并不是最后一个；在东方和西方，收音机渐渐被大量用于文化塑造。索尔仁尼琴（Solzhenitsyn）的小说《癌症病房》（*Cancer Ward*）的读者们会记得，当瓦迪姆（Vadim）去医院时，收音机"不断地大声叫嚷"欢迎他，以至于他对此感到非常厌恶。这让我想起了二十多年前，同样的扩音器在东欧的整个站台和公共广场高声发出的爱国主义者不和谐的声音和怒气。但如今在西方，广播也已公之于众。年轻的读者可能很难理解发生了什么，但在大约十年前，伦敦、巴黎与布加勒斯特或墨西哥城等城市之间最显著的区别之一就是前者在公共场所、餐馆或商店里没有收音机或音乐。在那些日子里，特别是在夏季，BBC播音员会经常要求听众使用低音量来听收音机，以免打扰邻居。戏剧性的转变是，最近，英国铁路公司开始在整个火车站播放 BBC 地区的广播（1975 年，我曾在布莱顿火车站广播中听到过）。但他们要赶上澳大利亚铁路公司还有一段很长的路要走，澳大利亚铁路公司在从悉尼到珀斯的三天行程中，从上午 7 点至晚上 11 点，火车上一直在播放 ABC 轻音乐节目。在1973 年，无法在我的车厢里把它关掉。

　　早期，人们通过研究节目表来选择性地收听广播，但是如今节目表已经被忽视且很少被听到。这种习惯的改变为现代社会容忍人类技术塑造现代环境的声墙提供了准备，现在人机工程学正用声音来协调现代环境。

　　收音机是第一道声墙，将个体包裹于熟悉的事物中，从而将他者排除在外。从这个意义上讲，它与中世纪的城堡花园相似，花园里有鸟类和喷泉，正与森林及荒野的有害环境相矛盾。收音机实际上已经成为现代生活中的鸟歌，是一种排除了外界不利因素的"自然"声景。为了满足这一功能，声音不需要精致地呈现，就像只需印刷出米开朗琪罗（Michelangelo）的壁纸就能渲染客厅的吸引力一样。因此，更高保真的声音复制技术的发展占据了二十世纪的上半叶——这在某种程度上可以被认为类似于油画的发展，它使艺术更加真实——如今却被一种更简单的表现形式的恢复趋势所替代。例如，尽管从机械录音过渡到电声录音[哈里森（Harrison）和马克思菲尔德（Maxfield）]，将可用带宽从三个倍频程增加到了七个倍频程，晶体管收音机却再次将带宽降低到了以前的状态。在室外收听晶体管收音机的习惯将引入额外的环境噪声，这种情况信噪比会降低至大约一比一，如今这一习惯反而往往建议用在一些流行音乐中，将这种额外噪声以电声反馈的形式刻录于光盘上。相应的，在听觉感知完全不断变化的领域，又引发了对何为信号，又何为噪声的重新评价。

## 广播的形态

　　无线广播节目需要像史诗或者音乐作品那样详细分析，因为我们将在其主题与律动中发现生命的气息。而似乎从未对这一现象进行过详细的研究。这项分析的结构原理将在第四部分的节奏和速度一章中进行阐述，在本节则适当地进行一般性的讨论。

　　首先，无线广播是孤立的，被电台延长（无声）的休息时间所分隔。这种间歇出现的广播节目形式目前已经在国内消失，在某种程度上，这种方式仍然可以通过短波广播进行体验，短波广播的休息时间往往长达几分钟，并伴随着简短的音乐片段或著名曲调[一些电台使用的不常见乐器略微破坏了这种有吸引力的做法，因此，约旦和科威特的声音用单簧管演奏，牙买加和伊朗的声音用颤音琴（vibraphone）演奏——也就是说，这些声音都是以明显的非本土乐器演奏，以至于人们可能会认为它们最初是在纽约录制的]。

在二十世纪三四十年代，行程每天都安排得很满，直至一整天以不稳定的连接方式循环往复。现代广播节目是一种来自于各种节目源的材料的混合体，充满了合理、有趣、讽刺、荒谬或挑衅的并置体，引起了现代生活的许多矛盾，还可能对统一文化体系和价值观的瓦解起到更大的作用。正因为如此，研究广播节目的组合问题才具有重要的意义。蒙太奇最初应用于电影，是因为它是剪切和拼贴的第一种艺术形式。但是自从发明了磁带以及动态压缩器以来，广播形态也随着编辑的剪刀而发生了变化。

蒙太奇的作用使一加一等于三。电影制片人艾森斯坦（Eisenstein）——第一批尝试蒙太奇的先行者之一——将这种效果定义为一种组合，"实际上，任何类型的两个电影片段放置在一起都不可避免地会组合成一个新的概念，一种由这种并置中所产生的新品质"。蒙太奇的**不当结果**（*non sequiturs*）尽管很容易被其创作者所接受，但可能会让无知的人们无法理解。这让我回忆起了芝加哥的一个晚上，那是在越南战争最激烈的时候，所听到的一件噩耗的现场报道，这个现场报道由箭牌口香糖赞助，当时的广告词是"咀嚼掉你的小烦恼！"。第二天我给西北大学某班级的学生描述了这一段经历。他们对反战很感兴趣，却并不了解我的观点。对他们来说，作为生活方式的一部分，这些元素被蒙太奇化了。

自从北美电台的歌曲广告出现以来，流行音乐和广告已经成为广播蒙太奇的主要材料，因此在今天，通过灵活的交叉叠化，直接剪切或"音乐背景化（music under）"技术，歌曲与广告片能够快速顺畅地相互依次衔接，从而创造一种具有娱乐性（"为你的宝贝买些小玩意儿"）的商业生活方式和一种盈利性（"销售五百万"）的音乐娱乐节目。

收音机引入了超现实的声景，而其他电声设备也在使其被大众接受的过程中产生了影响。人们可以在任何文明世界的住所中找到精选唱片，这种录音选辑唱片收藏往往同样是折中与怪异的，包含着来自于不同时期与不同国家的杂乱片段，然而，所有这些片段都可能杂乱地叠加在同一台留声机上以便于连续播放。

我试图解释电声并置的不合理性，以表明不应将其视为理所当然的事物。这是最后一个故事：曾经有一位朋友乘坐了一架提供各种以耳机收听的录音节目的飞机，他选择了古典音乐节目，然后回到座位上收听瓦格纳的《名歌手》（*Meister singer*）。当序曲达到高潮时，空乘小姐突然打断了音乐的声音并广播："先生们，女士们，厕所堵塞了，必须用一杯水冲洗。"

随着无线广播节目的日益紧凑，其节奏增加了，并开始用肤浅的内容代替了可引起长时间注意的节目。像 BBC 三台（BBC Third Programme）这样著名的重量级节目都已被更灵活且更具吸引力的节目所取代。每个电台和国家都有自己的广播节奏，但总体来说，这些年广播的节奏加快了，其语调逐渐从平静走向了轻快。（我在这里只谈到了西方式广播；我还不了解俄罗斯或者中国的整体文化。）在西方，越来越多的材料被堆砌与重叠。在 1973 年的一项世界声景项目（World Soundscape Project）中，我们统计了温哥华四个广播电台在一天中的典型的 18 个小时内的独立节目数量。每个节目（公告、商业广告、天气预报等）都代表着听觉焦点的变化，结果如下：

| 电台 | 每小时节目的总数 | 平均数量 |
|------|------|------|
| CBU | 635 | 35.5 |
| CHQM | 745 | 41.0 |
| CJOR | 996 | 55.5 |
| CKLG | 1097 | 61.0 |

播放流行音乐的电台节奏最快。北美流行音乐电台的独立节目持续时间很少超过三分钟。这里唱片行业透露了一个秘密。即在古老的十英寸的黑胶唱片上，录音持续时间限制在略长于三分钟。因为这是流行音乐的第一种传播媒介，因此所有的流行音乐都被尽可能地压缩以满足这一技术限制。但奇怪的是，当 1948 年引进了可长时播放的唱片后，普通流行歌曲的长度并没有按照比例增加，这表明可能在古老的技术中无意发现了一些关于平均注意力的神秘法则。

在北美电台很少能够听到的一种声学效应是：沉默。只有偶尔在戏剧或者古典音乐广播中，安静与沉默才充分发挥了其潜在作用。一份流行电台的声音录制波形显示了节目材料是如何在最高可允许电平下进行制作的，这项技术被称为压缩，因为可用动态被压缩到了非常窄的限定范围内。这种广播节目没有显示出动态轮廓或者动态表达。它不停歇，也不呼吸，已经成为一道声墙。

### 声墙

　　在过去，墙壁用来界定物理与声学空间，也在视觉上隔离了私人区域并屏蔽声音干扰。但特别是在现代建筑中，通常会忽视其第二种功能。面对这种情况，现代人发现了所谓的声音镇痛法（audioanalgesia），即用声音作为镇痛药以分散注意力。在现代生活中，声音镇痛法的使用从最初的牙科手术椅扩展至酒店的有线背景音乐，再至办公室、餐厅以及其他许多公共与私人场所。产生粉红色连续频带噪声的空调也被用作声音镇痛的工具。重要的是，在这方面需要认识到的是，这种掩蔽声并不被有意识地听到。因此，莫扎克（Moozak）音乐产业刻意选择无人喜欢的音乐，将其置入非恶意且无害的编曲中，制作出了一层"漂亮的（pretty）"包装以掩蔽令人不快的干扰，这种方式等同于现代商业活动中常常用诱人的包装来掩盖俗气的产品。

　　墙壁过去用于隔离声音。如今，声墙的存在就是为了隔声。同样地，强烈放大的流行音乐不仅不能刺激社交能力，还会表达出一种对个性体验……孤独……解脱的渴望化。对于现代人，声墙就像空间中的墙一样，已经成为一个既定事实，青少年生活在他的收音机的持续播放中，家庭主妇生活在她的电视机面前，工人生活在为了增加产量而设计的工程音乐系统面前。来自于新苏格兰（Nova Scotia）的音乐一直持续作为学校教室的背景音乐。校长对其产生的结果非常满意并宣布实验获得成功。从加州的萨克拉曼多市（Sacramento，California）传来了另一个不寻常的推广消息：一个播放有线摇滚音乐的图书馆鼓励人们相互进行交谈。图书馆的墙上写着**不沉默**（NO SILENCE）的标志。结果是大家开始血液沸腾，特别是年轻人。

　　　　他们从不在没有音乐的情况下吃晚饭；而且在吃完肉之后总是会有水果；当他们就餐时，一些人会熏香并把它们洒在香膏和甜水上；总之，他们不想要任何能够使他们精神振奋的东西。

　　　　　　　　　　　　——托马斯·莫尔爵士《乌托邦》(Sir Thomas More, *Utopia*)

## 莫扎克

如果圣诞卡天使提供任何证明，那么乌托邦的人们将永远微笑。因此，莫扎克（Moozak），这一天堂的声墙，将永远不会哭泣。它是地球上通往地狱的甜蜜解药。莫扎克最初是以高尚的动机来营造天堂的（经常出现在关于乌托邦的文字作品中），但它最终却成为尘世烦恼的防腐剂。由于美国拥有非常理想化的宪法和现实粗糙的现代生活方式，因此自然成为莫扎克产业的实验场。电话簿的服务页面会向每一个北美城市的客户发送广告。

97　　　　莫扎克不仅仅是音乐——心理计划——时间和地点——只需要切换开关——每天无机器参与/更新课程——无重复——由科学顾问委员会建议——30 多年的研究——寻找并呼吁完善的服务——快速的莫扎克品牌设备全天候服务——办公室——工业厂——银行——医院——零售店——酒店和旅馆——餐厅——专业场所——音乐心理学与生理学应用专家。

莫扎克节目的事实是低层设计。这些节目被挑选出来整合在一起，并在几个美国城市进行大规模分发。"……节目专家……决定了音乐录音中的元素，即节奏（每分钟的节拍数）；韵律（华尔兹、狐步舞曲、进行曲）；配器（铜管、木管乐器、弦乐）以及乐队大小（5 人乐队、30 人的交响乐队等）。很少有独唱或独奏的器乐演奏家可以扰乱听众的注意力。同样的节目会对人和牛播放，但是尽管人们乐于宣称在这两种情况下产量都会有所增加，但这两种动物似乎都没有升华至极乐世界（the Elysian Fields）的境界中。虽然这些节目的构建是为了定义广告所谓的"时间累进"——即时间是动态而显著流逝的——但这种说法背后隐含的弊端则是，对于大多数人，时间仍在沉重地徘徊之中。"每 15 分钟的莫扎克（MUZAK）片段都包含一个不断上升的刺激，它提供了一种向前推进的逻辑感。它将影响无聊或单调与疲劳感。"

虽然还没有公布精确的增长统计数据，但毫无疑问的是，这些牛叫般的声音片断正在散播。或许这并不意味着公众对沉默缺乏兴趣，而是因为它证明了从声音中可以获得更多利润，莫兹（Mooze）行业的另一个说法是，它提供了一个"宽松的盈利环境"。我们在一家温哥华购物中心采访了 108 名消费者和 25 名员工，发现只有 25％的购物者认为背景音乐刺激了他们的消费，而 60％的员工则认为他们做到了这一点。

反对莫扎克与公共广播音乐的产生和传播的浪潮已经清晰可见。最值得注意的是 1969 年 10 月在巴黎，联合国教科文组织国际音乐理事会年会（the General Assembly of the International Music Council of UNESCO）一致通过的一项决议。

> 由于私人与公共场所音乐录制品与音乐广播的滥用，我们一致谴责对个人自由和个人沉默权利难以容忍的侵犯。在不忽视其艺术和教育问题的条件下，我们要求国际音乐理事会执行委员会（the Executive Committee of the International Music Council）从各个角度出发开展研究——医学、科学和司法——并向联合国教科文组织（UNESCO）和世界各地有关当局提出建议，要求采取措施制止这种滥用行为。

这项决议的类似案例是：1864 年，迈克尔·巴斯（Michael Bass）提出的禁止伦敦金融城街头唱歌的法案得到了音乐界本身的大力支持。而世界各地的音乐家则认为，1969 年联合国教科文组织的决议将音乐家担心的"声音伤害"作为一个严重的问题。在历史上第一次，主要涉及声音*制造*（*production*）的国际组织突然把注意力转向了声音*削减*（*reduction*）。在《新声景》（*The New Soundscape*）一书中，我已警告过音乐教育工作者，指出他们现在必须像关注其创作一样关注声音的预防，而且我建议他们应该加入减噪协会去熟悉音乐领域的这一新主题。

在任何关于声景的历史研究中，研究者都会反复被社会感知习惯所震惊，在这种情况下，图底角色会相互转换。莫扎克就是这样一个例子。纵观历史，音乐一直以图的形式存在——听者会对其所期望的声音集合给予特别关注。莫扎克将音乐降至了底层。这是对低保真主义的刻意妥协。它使声音倍增，使神圣的艺术随口而出。莫扎克是一种不可聆听的音乐。

通过制造关于声音的大惊小怪，我们将它作为图而重新聚焦。因此，击败莫扎克的方式很简单：听一听这种音乐。

莫扎克是无线广播滥用的结果。莫扎克的滥用暗示了另一种类型的声墙已经快速成为所有现代建筑的固定装置：白噪声屏障，或其支持者更喜欢称之为"声学香水(acoustic perfume)"，空调的嘶嘶声和熔炉的轰鸣声已经被声学工程专业人士利用，以掩蔽分散注意力的声音，而当其本身的声音不够响时，就可以安装白色噪声发生器。来自于美国最杰出声学工程师事务所的音乐部门负责人的需求告诉我们，如果音乐可以用来掩蔽噪声，那么噪声也可以用来掩蔽音乐。可以说："音乐图书馆：应该有足够的机械噪声以掩蔽翻页与脚步移动的声音。"面具遮住了脸，声墙则将富于特色的声景掩盖于虚幻之中。

## 基调统一或音调中心

在印度的*心轮*(*anaháta*)与球形的西方音乐中，人类一直在寻求某种基本的统一体，使所有其他振动都可以通过中心声音进行测量。在全音阶或模式音乐中，中心声音是将其他所有声音联系在一起的模式或音阶的基础或主音。公元前 239 年，当度量署(the Bureau of Weights and Measures)建立黄钟(Yellow Bell 或 Huang Chung)来测量其他物体的音调时，在中国就建立了一种重力的人造中心。

99　　然而，只有在电子时代，才能建立起国际音调中心；在使用 60 周交流电的国家，现在正是这种声音提供了共振频率，因为在从电灯、功率放大器到发电机的所有电气设备的操作过程中都将听到这一声音(与其谐波)。当 C 音被调至 256 周时，这一谐振频率自然变成了 B 音。在听觉训练中，我发现学生们自发地认为 B 音是最容易被记住且能够回想起来的音高。此外，在冥想练习中，要求学生们在整个身体放松后唱出"基调统一"的音调——这种音调似乎是从他们存在的中心自然产生的——B 音出现的概率自然比其他任何音高都大。我也在欧洲进行过这方面的实验，在那里，50 周的谐振频率大约是升 G 音。在斯图加特音乐高中(Stuttgart Music High School)，我带领一群学生做了一系列的放松练习，然后要求他们哼出"基调统一"的音调。他们集中在升 G 音。

电气设备通常会产生共振谐波，在城市安静的夜晚，我们可以从街道照明的路灯、指示牌或发电机中听到一系列稳定的音高。1975 年，当我们研究瑞典的斯克鲁夫村(Skruv)的声景时，遇到了大量这样的声音，并在地图上绘制了其轮廓和音高。我们惊讶地发现，当它们集聚在一起时，便产生了升 G大三和弦，列车经过时汽笛发出的升 F 音将其变成了主七和弦。当我们在街道安静的夜晚行走时，小镇里响起了优美的旋律。

因此，电气革命给予了我们基调统一的音调中心，使所有其他的声音都相互平衡。就像运动可以用悬垂绳进行测量一样，现代世界的声音运动现在也可以借助工作电流的细线夹具来解释。

将所有声音与某种持续发声（例如嗡嗡声）相联系是一种特殊的聆听方式。关于这一进展，一个有趣的印度音乐特点可能需要进一步研究，因为其对于在当今电子文化中成长的年轻人具有重要意义。艾伦·达尼埃卢（Alain Danielou）解释道：

> 几乎所有的印度音乐都归属于某种音乐系统的模态组合，这种组合建立在永久固定声音与变化声音的关系基础之上……[嗡嗡声]和连续声音，音符……印度音乐……建立在每一音符与主音之间的独立关系之上。与主音的关系确定了任一指定声音的意义。因此，主音必须不断地被听到。

这能解释近年来在西方年轻人中，为何印度音乐如此流行吗？七十年代初期，美国年轻人词汇中的一个关键词是"振动"，即一个基调上得到统一的宇宙声音，由这样一个中心或聚点可感知所有其他无关的声音。

# 间　　奏

**7  音乐，声景与变化中的感知**

在本书的前两个部分，我多次提到了音乐。在这一声景描述与声景分析的过渡部分，我想更仔细地考察音乐与声景之间的关系。音乐形态是对过去声音最好的永久记录，因此它也将有助于研究听闻习惯与感知的变迁机制。在过去的五百年，欧洲大陆有着最为跌宕起伏的历史，因此欧洲音乐的这种变迁轨迹最为清晰可见——至少，直到二十世纪美国于文化中起主导作用之前。对于关注和揭示音乐家如何从影像或其他音乐形态中汲取灵感并创作音乐作品的历史学家和分析学家，这是一个几乎没有探索过的主题。但音乐家也生活在现实世界中，无论是有意识的还是无意识的，各种不同的时代与文化的声音和节奏用各种显而易见的方式影响了他们的作品。

音乐有两种：绝对音乐（absolute music）和节目音乐（programmatic music）。在绝对音乐的创作中，作曲家有着天然的声景灵感。节目音乐则对环境进行模仿，正如其名，它通常放在音乐会的节目单里。绝对音乐脱离了外部环境，它的最高形式(奏鸣曲、四重奏、交响乐)是为室内表演而构思的。事实上，它的表达似乎与人们对外部声景的感知成正比。在户外环境再也感受不到音乐时，它就搬进音乐厅。在软包墙体的包围中，专注聆听成为可能，也就是说，弦乐四重奏和城市的乌烟瘴气都是需要关注的那个时代的历史。

**音乐厅是户外生活的替代品**

音乐厅带来绝对音乐表现力的同时，也是对大自然最直接的模仿。音乐对风景的用心模仿在历史上对应风景画的发展，这一潮流似乎首先兴起于文艺复兴的佛兰芒(Flemish)画家，并在十九世纪发展成为绘画的主要流派。这种发展只能解释为在新兴城市的中心，由于美术馆与自然景观环境渐行渐远，因此在这里，需要用非自然的手段来展现对于自然的模仿，画家们以众多的窗口将观众置于不同的场景中。美术馆是一个拥有着上千个逃离通道的空间，所以一旦进入，你就失去了回到现实世界的大门，必须保持探索。同样，一段描述性的音乐把音乐厅的墙壁变成了窗户，暴露在乡村之中。通过这种开窗术的隐喻，我们就打破了城市的限制，进入了一个超越现实的**乡村风景画**（*paysage*）的世界。

对于维瓦尔第（Vivaldi）、亨德尔（Handel）或海顿（Haydn），这是对十八世纪作曲家真实而自然的描述。他们所描绘的风景根植于鸟类、动物和田园牧者——牧羊人、村民、猎人当中。他们的描述是丰富而多彩的，准确而亲切的。海顿的音乐当然没有丧失戏剧性，但他的音乐却拥有一个快乐的结尾，正如我们在其作品《四季》（The Seasons）里听到的，风暴过后，云彩部分遮盖着夕阳，当牛群重新回到马厩时，宵禁的钟声响起（乐队的指挥认为这是晚上八点钟的启示声），世界进入了"舒缓、健康而心平气和的睡眠"之中。对海顿来说，大自然是伟大的供给者，在他这一生动场景中的畜牧人享受着"对土地及其生物的轻松和从不知足的索取"。

亨德尔的风景与海顿的基调相近，却在风格上有所不同。像在《快板之人》（L'Allegro ed il Penseroso）这样改编自弥尔顿（Milton）的著名的二声部诗歌作品中，我们获得了所有熟悉的声音特征（鸟类、缓缓起伏的乡村、猎犬和猎号），但在其中一个为男中音与合唱所写的乐句中，有一句不寻常的描述：

> 稠密的城市请宽恕我
> 与人们繁忙的哼鸣

在这一乐句中，双簧管、小号和半球形铜鼓（kettledrums）加入了乐队与合唱中，用于悼念激动人心的都市生活。由于生活在城市，亨德尔是第一批受城市活动的喧闹影响的作曲家之一，据说他曾从街头的歌唱和噪声中获得创作灵感。虽然他自然拥有正统音乐的天赋，但直至我们接触到柏辽兹（Berlioz）和瓦格纳（Wagner）的乐谱之前，没有任何音乐文学能与亨德尔对于城市声学环境的听觉相提并论。

亨德尔与海顿的音乐风景的细节如此丰富，就如同勃鲁盖尔（Breughel）的绘画一样，它们的结构也一样严谨。米开朗琪罗（Michelangelo）批评佛兰芒画家对绘画素材没有选择性。他们的绘画囊括了视野中的一切，而不是专注于一件事物。事实上，我所认为的作曲有类似的囊括一切的特征，因为这是一个广角场景。作曲家在远处观察风景。大自然的表演为作曲家提供了辅助服务。

仅在风景画的浪漫主义时期，作曲家才将自己的性格或情绪融入了自然色彩当中。此后，自然事件被看作是艺术家心情的趋同或讽刺的对立面。我

105

已经提到了这种同情共振的技巧如何起源于田园诗(狄奥克里托斯，维吉尔)，虽然它们被文学评论家称为"可悲的谬论(the pathetic fallacy)"，但直到舒伯特(Schubert)和舒曼(Schumann)的歌曲时代，我们在音乐史上才遇到了这种技巧卓有成效的运用。

舒伯特常常让大地的风景为他表演。像在来自于《冬季之旅》(*Die Winterreise*)的歌曲《柠檬树》(*Der Lindenbaum*，*The Lime Tree*)中，作者的心情刺激了树木，使其树枝轻轻地(夏季)或剧烈地(冬季)摇动，同时白天和夜晚的思绪则由大调和小调来区分。在舒曼的作品《狄克特-列伯》(*Dichter-liebe*)中，大地风景保持了它可爱的夏季色彩，而诗人的喜悦变成忧伤，一种略有讽刺意味的情形则是充分利用了歌手与钢琴演奏家之间的反差。

纵观西方音乐的历史，自然界的声音(尤其是风声和水声)被频繁而充分地渲染，如响铃、鸟类、火器和猎号。通过这些声音，我们已经触及到了街头的叫卖，也提及了独奏木管乐器所预示的田园风光。下面就让我们讨论一些之前未有提及的声音。

## 音乐，鸟歌与战场

音乐中的鸟歌曾经是自我封闭的文学花园中的平行产物。在欧洲的土地尚未开垦之前，自然界呈现出一个巨大而可怕的景象。中世纪的园艺试图创造一个平和的、开满鲜花并充满爱德、人性和神圣的世界。因此，在来自于斯特拉斯堡(Strassburg)的哥特弗雷德(Gottfired)的作品《特里斯坦》(*Tristan*)所描述的恋人洞穴中：

> 在他们的那些时光里，你能听到鸟儿甜美的歌唱。它们的音乐是如此动听——甚至在这里比其他地方更动听。眼睛和耳朵在那里发现了它们的牧场和愉悦之地：眼睛是它的牧场，耳朵是它的愉悦之地。那里有阴凉和阳光，空气和微风，柔软而优雅……
>
> 为他们服务的是鸟儿的歌唱，是森林中可爱而修长的夜莺、画眉和黑鹂，以及其他鸟类的歌唱。金雀和百灵鸟在竞相歌唱，以期提供最好的歌声。它们的追随者则用耳朵感受着这无尽的曼珠沙华。最高规格的盛宴是爱情，这为他们所有的欢乐镀上了一层亮丽的金丝边。

鸟类有助于营造出与花园相适应的气氛，通过喂食和喷泉可以将它们吸引过来。在波斯花园中，鸟类曾被圈养在巨大的网中。中世纪后期园林所特有的价值很可能是，它既是十字军（Crusaders）的遗产，也显示出了从中东带回来的抒情诗和歌曲艺术。在这个城堡护墙后面的小草坪上，游吟诗人的艺术得到了蓬勃发展，鸟儿的声音常常被编入他们歌唱中。在尼古拉斯·戈伯特（Nicolas Gombert）与克莱门特·简-奎恩（Clement Janequin）的作品《鸟的圣歌》（*Chants des Oiseaux*）中，洋溢着同样宜人而温和的气氛。鸟儿的歌声总是暗示着这种微妙的情绪，我甚至认为，在音乐中鸟歌的出现暗示了暴力行为与外部生活事件的矛盾冲突。正是通过这种方式，这种手法出现在了瓦格纳（Wagner）的作品《指环》（*Ring*）中以描述恶势力的对立面，这一手法也以同样的原因支撑着我们同时代的作曲家奥利维尔·梅西安（Olivier Messiaen）的创作。

火器则与此相反。加农炮最先由英格兰国王爱德华三世（Edward Ⅲ）于1336 年在克雷西（Crecy）战役以及 1347 年在加来（Calais）包围战中使用，而第一次将火器全面地使用于音乐中似乎是 1545 年简-奎恩的声音装置作品《马里尼昂之战》（*La Bataille de Marignan*）。

> 冲锋号——鸣啦、啦、啦与哇呀、呀、呀
> 加农炮——嗡、嗡、嗡和砰、砰、砰。

这一使用效果肯定是可笑的，结果是战争场景的器乐版本迅速替代了人声，这样的例子不胜枚举，直到贝多芬（Beethoven）的《战争交响曲》（*Battle Symphony*），该作品以真实火器代替了模拟的枪声——这是另一个贝多芬式激进主义的标志。

节目音乐将音乐厅的真实空间转换成了一个花园，一个牧场，一片森林或一个战场。这些隐喻空间在世间随岁月兴起而又流逝，对这一主题的研究，将为我们了解城市人对自然风景态度的转变提供一个有益的思路。为此，我只需要一个议题，一个之前我已经介绍过的议题：猎号。现在，我们将关注其象征意义在其关键阶段的转变，即十八世纪末至二十世纪初的转变。

### 猎号，打破了音乐厅至重归乡村的壁垒

在十八世纪，作为音乐色彩效果，猎号的动机被使用于无数交响乐作品当中。海顿的《追步交响曲（作品第 73 号）》（*La Chasse Symphony*，No. 73）就是一个很好的例子。号角的强音调时而穿透其他乐器，以提示户外生活的精神。"听!"猎人歌队在海顿的《创世纪》（*Creation*）中歌唱，就像号角所吹响的那样：

> 穿越丛林的喧闹声响了！
> 尖锐的号角回响是多么的清晰！
> 猎犬吠吼声充满了渴望！
> 快，加速雄鹿的恐惧吧：他们
> 也在跟随着狼群和猎人奔跑。

另一部著名的猎人合唱来自于韦伯（Weber）的《弗雷斯舒尔茨》（*Freischütz*），它也表达了同样的户外生活的热忱与高涨而自由的狩猎精神。

一旦号角有了明确的象征意义，它就发挥出了反向转换的功能。因此，在韦伯的作品《奥伯伦》（*Oberon*）中，由号角所奏出的开场的三个音符——即所有音乐作品中最具有感召力的手法之一——将我们带到了美妙而芳香的东方花园之中。狩猎之角已经成为一种神奇的号角，它能够将观众带到超越当地之远方的**奇美拉大陆**[*pays de chimères*（译者注：即"理想之地"或"神奇之地"）]。

在勃拉姆斯（Brahms）和布鲁克纳（Bruckner）的交响乐中，如果忍受不了他们那无限扩张的想象力，那么可以证明的是作品中可察觉到的猎号转换能够将听众带入一种我们可称之为号之威信，或者具有威严特质的，并几乎固执的境界，而早期的作曲家则缺乏这种精神性的处理手法。

另一个具有讽刺意味的例子是舒伯特来自于《冬季之旅》的另一作品《邮递马车》（*Die Post*），在钢琴的伴奏下，远处传来的邮递马车的号角声穿越声际地平线（the acoustic horizon）而翩翩起舞，当意识到自己将收到爱人的信件时，歌手喜悦的期待变成了忐忑的忧伤。

号角比其他任何乐器更具自由与对野外之热爱的象征意义。当我们在音乐厅中听到号角声时，它打破了音乐厅的壁垒，并再次把我们带入了没有限

制的空间。对于那些习惯于经常听到号角声的人们，就在城墙之外，这一效果势必立刻引起他们的注意。自由之号角在瓦格纳的作品《齐格弗里德》(Siegfried)中达到了英雄的高度，成为英雄的声音符号，将来必会引导垂死的文明走向崩溃。

然而我们最终所期望的最有趣的转变是，我们称之为呼唤记忆的号角。最可证明这一转变的例子存在于格斯塔夫·马勒的交响乐中。在 1888 年的《马勒第一交响曲》(Mahler's first symphony)的开场动机中就可以清楚地看到这一点。在这里，首先出现了猎号动机，它隐约位于单簧管的旋律中，然后由舞台下的小号奏出，最后，非常缓慢地，富于纪念意味地在号角本身中消失。随着这些动机慢慢聚集并激烈地走向高潮，号角的滑音撕裂并消失于愤怒的自由情绪中。但那是马勒最为难忘的远方号角之声的漂浮与感伤，它们预示了大地风景本身的改变。今天的欧洲已经没有开放的乡野，只有藩篱和公园。

*108*

## 管弦乐队与工厂

如果说长笛独奏与猎号反映的是田园声景，那么管弦乐队反映的则是城市生活的高密度。在发展的最早期，交响乐队的规模呈现增长趋势，但是到了十九世纪，它的力量才得到了协调，其乐器力度得到了加强并被科学地进行了校准，以赋予它复杂而强大的声音制造能力，单就强度而言，它成为工厂复杂噪声的抗争者。正如刘易斯·芒福德(Lewis Mumford)所解释的那样，乐队和工厂之间的相似之处可能更多：

> 随着乐器数量的增加，管弦乐队内的分工与工厂类似：流程本身的分工在新的交响乐中变得引人注目。指挥是指导与产品管理者，负责产品即音乐的制造和装配，而作曲家则对应于必须在纸上计算的发明者、工程师和设计师，同时在协奏乐器如钢琴的帮助下，最终产品的本质在于——在工厂的每一步生产之前，都要制定出最后的细节。对于有难度的作品，会发明新的乐器或恢复旧的乐器；但在管弦乐队中，集体效率、集体协作、劳动分工、指挥与乐手的忠诚合作互动，在最大可能性方面，产生了一个可能比任何个体工厂集成度都要高的集合体。一方面，节奏变得更微妙；在工厂出现类似高效的流水作业之前，交响乐队中的连续

相继操作时序就已经得到完善了。

新社会的理想模式出现在了管弦乐队的构造中。它在艺术创作上的出现早于工艺技术……时值、节奏、音调、和声、旋律、复调、对位，甚至不和谐与无调性，都被用于自由地创造出一个新的理想世界，在那里，悲惨的命运，暗淡的渴望，英雄的命运可以再次受娱于人。在新的实用主义惯例的束缚下，以及市场与工厂的驱动下，人类的精神在音乐厅中上升到了一种新霸权的高度。其最伟大的结构是建立在声音之上，消失于其所产生的行为之中。如果只有一小部分人能够听到这些艺术品并且理解它们的意义，那么他们至少可以窥见另一个天堂而不是地狱(Coketown)。比起地狱变质和掺假的食物、劣质的衣服、简陋的房子，音乐提供了更多的营养和温暖。

*109*

管弦乐队是十九世纪理想的化身，是实业家们试图在他们的工厂流水线中所仿效的榜样模型。

甚至十九世纪所培育出的音乐形式似乎也有了帝国主义倾向：因此，在交响乐作品的第一动机中，其主调就已经被建立(或展现)，而后**殖民性地发展**(*Durchführung*)，最后被帝国般地巩固(于再现段和结尾中)。正是在这一时期，所有弦乐器的低音弦都经过了加固，以产生更大音量的声音，并增加了新的铜管乐器与打击乐器，以钢琴替代了在新配器法中音量不足的大键琴，用击弦钢琴代替拨弦大键琴代表那个时期新工业过程中出现的侵略性更强的物体撞击过程。音乐材料曾经被抚摸、雕刻或轻揉成型；而现在则被冲击成型。钢琴的强化让音乐由注重声音质量转向了声音体量，这也让维也纳评论家爱德华·汉斯立克(Eduard Hanslick)感到不安，他意识到音量放大的音乐会增加对社区的干扰。

对邻居钢琴所带来的烦恼的抱怨并不如钢琴本身那么久远。在莫扎特(Mozart)和海顿(Haydn)时期，钢琴是一个弱而薄的盒子，音调柔和，在它前面的房间里就几乎已经听不到它的声音。仅仅三十或四十年前，在钢琴制造商开始热衷于增加乐器的音量输出后，随着钢琴渐强的音调与扩展的音域，抱怨也就逐渐开始……现代钢琴的宽广音域和承载力源

于其巨大的尺寸、庞大的重量与金属弦的张力……这种乐器在我们这个
时代第一次获得了很强的攻击力量和特征。

贝多芬首先捕捉到了这一新技术发展所带来的力量。然而认为贝多芬是
工业革命的产物是错误的，毕竟他一生中几乎没有触及维也纳，但他当然是
一个都市作曲家，他的好胜气质赋予了像是为他准备的新乐器以"攻击"的特
性，就像《哈门卡拉维尔奏鸣曲（作品第 106 号）》（*Hammerklavier Sonata*，
Op. 106）一样，在触摸或聆听作品开场的几个音符时就能立刻感受到这种攻击
性。原则上，贝多芬在作品中使用全力强音效果以试图打动资产阶级（*épater
les bourgeois*），与拥有摩托车的现代青少年之间几乎没有差别，其中一个是
另一个的萌芽。

### 音乐与环境的际遇

十九世纪音乐的帝国主义在瓦格纳（Wagner）和柏辽兹（Berlioz）的乐队达
到了顶峰，特别是那些以刺激、提升与挤压都市观众的膨胀欲望而可能扩张
的装腔作势的修辞。柏辽兹的理想乐队包括 120 只小提琴、16 只法国号、
30 架竖琴、30 台钢琴与 53 组打击乐器。瓦格纳也有类似的野心，并最终让
一个乐队的规模威胁到了歌手——这是一个让他焦虑的问题。正是在这样
一抹亮色中，人们可以欣赏到斯宾格勒（Spengler）对瓦格纳艺术作为一种象征
的批判，即它是一种"对都市野蛮主义妥协的象征，是在残暴与精致的混合体
中明显散发出的端倪的表征"。

管弦乐队在二十世纪继续扩展时，主要添加的是打击乐器，即那些无调
性的适于产生尖锐而富于攻击性节奏律动的噪声制造者。田园牧歌与夜曲已
经不复存在，取而代之的是自 1929 年以来出现的众多作品：奥涅格
（Honegger）的《太平洋》（*Pacific* 231，1924）中模仿机车的机器音乐，安泰
尔（Antheil）的《芭蕾机械》（*Ballet Méchanique*，1926）中采用的飞机螺旋桨声，
普罗科菲耶夫（Prokofiev）的《钢铁之舞》（*Pas d' Acier，Dance of Steel*），莫
佐洛夫（Mossolov）的《铸铁》（*Iron Foundry*）和卡洛斯·查韦斯（Carlos
Chávez）的《马力》（*HP，Horsepower*）。像埃拉·庞德（Ezra Pound）与菲利
浦·托马斯·马里内蒂（Filippo Tommaso Marinetti）这样的诗人以及雷
捷（Léger）那样的画家和包豪斯的工匠们也经历了那个机器时代。1924 年庞德

写道:"我认为音乐是最适合表达机器优良品质的艺术。机器现在是生活的一部分,人们应当对它们有些感觉;如果艺术不能处理这一新内容,那么艺术的表现力就会减弱。"

现代城市生活的混乱已经在萨蒂(Satie)无情的作品《原初音乐》(*musique d'ameublement*)——这一原始莫扎克中得到了充分的描述。1920年,当萨蒂为巴黎美术馆的剧间休息设计了这一娱乐项目时,其初衷是让观众在走动中忽略那些仅仅可当作装饰的背景音乐。然而不幸的是,大家都驻足聆听了他设计的这一音乐项目。那时音乐仍然是值得珍视的东西,它尚未沦落到仅仅作为背景声的地步,而萨蒂不得不匆忙地喊道:"大声一点!再大声一点!(Parlez! Parlez!)"

从我们的角度来看,新时代的真正革命是由未来学家的先行者路易吉·鲁索洛(Luigi Russolo)开始的,它发明了噪声发声器的乐队,其中包括蜂鸣器(buzzers)、吼叫器(howlers)和其他小乐器,目的是将现代人引入其新世界的音乐潜能中。1913年,鲁索洛在他的宣言《噪声的艺术》(*The Art of Noises*,*L'Arte dei Rumori*)一文中宣告噪声音乐的诞生:

> 在远古时代,生活只不过是寂静而已。在十九世纪机器工业革命出现之前,噪声并没有诞生。而今天噪声主宰了人类的感觉……相较于机器在今天大城市的机械撞击氛围中所创造出的如此大量的各种各样的噪声,以往寂静乡间的纯净声音显得如此渺小和单调,以至于如今已经不能激起人们的任何情感……让我们一起走过一个伟大的现代都城,带着你比眼睛更有感觉的耳朵,我们将通过分辨水的汩汩声(gurglings)、金属管内的水和气体声、引擎呼吸时富于兽性的隆隆声(rumbling)和咯咯声(rattlings)、活塞上升和下落的声音、机械锯的尖锐声、铁轨上手推车跃动的响声、鞭子和旗帜的拍打声来改变我们情绪中的快感。我们将从对部门商店的滑动门、喧嚣的群众、轰鸣咆哮的火车站、铸铁厂、纺织厂、印刷厂、发电厂和地铁的交响之声的想象中获得乐趣。我们绝不会忘记现代变革所带来的新噪声。

鲁索洛的实验标志着听觉感知史上的一个闪光点,一种图形与背景的反转,一种丑对美的替代。对于视觉艺术,马塞尔·杜尚(Marcel Duchamp)以一个小便池的展出，在同一时期做了同样的事情。然而这种观点是荒谬的，因为这种做法与其说是用图像窗口延续了传统美术馆的神话，倒不如说是让公众回到了他们刚刚离开的门框。

当约翰·凯奇(John Cage)打开音乐厅的大门，让交通噪声融合在他的作品当中时，他正是在向鲁索洛做出无意识的补偿。这一补偿是皮埃尔·舍费尔在巴黎的**具象音乐**(*musique concrète*)组织形成的时期做出的。在具象音乐的实践中，在音乐作品中插入任何以磁带录制的环境声都是可能的，而在电子音乐中纯音发生器所产生的声音的确定边界(hard-edge)也许不能与警报器或电动鸡蛋搅拌器完全区分开来。

音乐与环境声之间的模糊边界，最终可能会被证明是二十世纪音乐最引人注目的特点。无论如何，这些发展对音乐教育都会产生不可避免的影响。一个音乐家曾经是一个在音乐房间里听着留声机美妙之声的人，但当他离开时却戴上了耳机。如果说当今世界有噪声污染问题，可确定的一部分原因或许主要是音乐教育工作者未能给予公众一种全面的声景意识的教育，而从1913年开始，音乐与非音乐的王国已经不可分割。

## 反应

马歇尔·麦克卢汉(Marshall McLuhan)曾说，人们总是在毁掉大自然之后才会发现它。因此，正是在自然声景被淹没的时候，它刺激了一大批与德彪西(Debussy)、埃文斯(Ives)或梅西安不同的反应敏感的作曲家的音乐。也有的时候，当巴托克(Bartók)的音乐与各种各样的原始嗡鸣声(buzzings)沙沙作响地混杂在一起时，呈现的是一个草丛中的微观生活世界，就像歌德作诗时的耳朵，或昆虫学家录制蚱蜢咔嚓声所使用的麦克风。正如显微镜揭示了一个全新的超越了人眼的景观一样，麦克风在某种意义上揭示了正常人耳可能错过的新乐趣。作为一个熟练的民歌录音师，巴托克清楚这一点，可以在他的四重奏和协奏曲中找到明证。

查尔斯·埃文斯(Charles Ives)，一位"在荣耀了美国文化的同时又看着他走向地狱"[亨利·布兰特(Henry Brant)]的音乐家，也反映了消失中的自然界的两难处境。他那些记录在留声机和铁道上的歌曲是：一些非常丑陋的声音。他那些关于印第安人的歌曲则是"啊啦噻，他们的一天哦……苍白人的斧头穿过了他们的树林"。埃文斯的心与大地风景和村庄，以及那些他未完成的这户外的高山和峡谷演出而设计的宇宙交响曲紧紧相连。

奥利维尔·梅西安与埃文斯一样，也是一个生态学作曲家。在他的音乐中，人类并不是至高无上的大自然的胜利者，而是一个叫作*生命*(*life*)的高级活动的元素。他的大管弦乐队作品是如此与众不同，如《图朗加利拉交响曲》(*Turangalila Symphony*)——充满了鸟鸣与森林呼吸的气息——与其他以施特劳斯(Strauss)的《英雄的生活》(*Ein Heldenleben*, *The Life of a Hero*)为代表的交响乐作品的努力是多么的不同。如此与众不同的还有来自于雷斯皮基(Respighi)的《罗马的松树》(*Pines of Rome*)，在这一作品中，首次将录制的音乐(鸟歌)与交响乐队结合在了一起。那是 1924 年，正是在保罗·克里(Paul Klee)庆祝其在讽刺画作品《叽叽喳喳的机器》(*The Twittering Machine*)中使用机械鸟的前两年。

也许从十九世纪起，人们就已经开始远离城市生活的喧嚣(还记得马勒在国家机器中所作的曲子吗?)，所以艺术家与公众的物理性分离与他最终的社会疏离有很大关系，但我们必须注意到这一点，并给出一些艺术与新技术互动的例子。

## 交互

在声音制造的历史过程中，音乐和环境彼此之间有着巨大的相互影响，而现代化的时代则提供了许多引人注目的例子。如当内燃机给了音乐低信息的长线条时，音乐给了汽车业有调的汽笛声，这一声音(在北美)被调成大三度或小三度。*

*113*

十八世纪由骏马飞驰而带来的阿尔伯蒂低音提琴(Alberti bass)的发展就是环境影响艺术的另一个例子。设想例如有两个作曲家，一个生活在那个世纪，一个生活在我们的时代。前者乘马车到处旅行，他无法将马蹄声从他的脑海中抹去，因此这些声音的曲调就奔驰进了歌剧院。后者开着他的跑车到处旅行，他的音乐就烙上了一串引擎的轰鸣声与涡轮效应。例如，潘德列茨基(Penderecki)的音乐留下的印象是，作品仿佛是在机场和高速公路之间的某

---

\* 由三音汽笛可听出奢侈的痕迹，因为它仅是最昂贵轿车的标准装备：凯迪拉克与林肯大陆。

处构思完成的——我并不是批评，而是抓住了一个事实。*

　　显然，现代音乐的一个最热衷的特征是相移。它起源于机器，或者特别是使用皮带与齿轮的机器。齿轮机器会产生一种稳态的噪声，而一旦经过有皮带的位置，就会由于滑移而产生渐进的节奏转变或相移。这种类型机器的使用已经有一段时间了（草原联合收割机就是一个很好的例子），它们毫无疑问影响了许多年轻作曲家的思路，从而将这一效果转移到了他们的音乐作品中。有人可能会争辩说这项技术的使用首先是录音机而不是联合收割机，因为第一件采用相移效果的作品是由录音机完成的。然而不管怎样，它们都是皮带机。

　　我的同事霍华德·布鲁姆菲尔德（Howard Broomfield）也认为铁路对于爵士乐的发展有着重要影响。他声称从老蒸汽汽笛的哀号中可以听到蓝调（以从大三或小三度向七度滑动为特征）。并且车轮在轨道末端停止的咔嗒声与爵士乐及摇滚乐的鼓点（特别是 flam、ruff 与 paradiddle 的节奏）也近于熟视无睹的相似，至少在巧妙的磁带混音中布鲁姆菲尔德证明了这一点。由于不同座位的轮式车厢安装在不同的位置（见下页图），因此它们在轨道末端停止的节奏也将有所不同。通过计算这些距离，你可以记录这些精确的节奏，并与不同流行乐队的节拍进行比较。

　　唱片和磁带上的音乐录制过程也已经影响了作曲。所有有序语言系统都需要一定的冗余量。音乐也是这样一种系统，它的冗余量是对主要材料的重复和再现。当莫扎特（Mozart）将一个主题重复 6 或 8 次时，其目的是帮助记忆存储，以备稍后再现时使用。我不认为这种现象是偶然的，因此大约在 1910 年，勋伯格（Schoenberg）和他的追随者试图实现一种被称为无调性（athematic）的音乐风格（即没有重复和再现），而同时可复制的录音唱片在商

---

　　* 我最近遇到了一个上述施托克豪森言论的证据："我每天在美国上空飞行两至三个小时，从一个城市到下一个城市，时间超过六周，而我的整个感觉在大约两周后就逆转了。有一种错觉，即我是在飞机上访问地球并进行生活。只有天空的蓝色与飞机引擎噪声的谐波频谱会发生微小的变化。当时，在 1958 年，大部分飞机都是螺旋桨飞机，它们总是靠在我的耳边——我必须承认，我喜欢（love）飞行——靠着窗，用耳机直接收听其内在的振动。虽然从理论上讲，物理学家会说引擎的声音不会改变，但它却一直在变化，因为我听到了频谱中的所有频率分量。这是一次非常美妙的经历。我真的发现了引擎的内在声音，看着外面蓝色的细微变化，然后形成了云，这一白色的毯子总是在我下面漂浮着。在那段时间，我为作品《卡尔》（Carré）进行构思，我认为我已经非常勇敢地超越了时间的记忆，这是 8 秒或 16 秒之长的事件之间的关键时刻。"（乔纳森·科特：《施托克豪森：与作曲家的谈话》，伦敦，1974 年版，30—31 页）

业上取得了成功。从那时起，重述的手法就在唱片上固定了下来。事实上，唱片业的功能在于为似乎不明朗的将来提供冗余而稳定的生活节奏，而那些重复播放同样曲调的电台的成功就是人类决不会忽略这一价值的迹象。起初，我们认为，在一个充满活力和革命性的时代，大多数人却喜欢过去的音乐，似乎是自相矛盾的，直到我们意识到，对于如今的大多数人音乐不再是精神的触角，而是抵御未来冲击的精神感官之锚和稳定剂时才接受了这一观点。

114

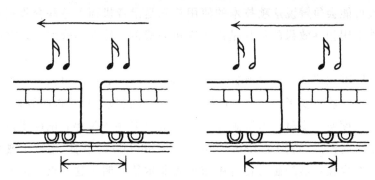

**神圣噪声，寻找新的监管者**

当电气革命以更大的手段延伸了工业革命的帝国主义动机时，功率放大器取代乐队成为控制声学空间的终极武器。我们录制过由管弦乐队演奏的斯特拉文斯基(Stravinsky)的作品《苏克雷巴黎的春天》(Sucre du Printemps)最后一节的彩排，声级峰值达到了 108 分贝，而无数的流行乐团仅用一小部分人力就超过了这一音量。随着功率放大器的发明，乐团的规模已经停止了增长——在 1919 年 9 月 20 日，伍德罗·威尔逊(Woodrow Wilson)在国家联盟演讲的政治集会中第一次成功地使用了功率放大器。同时，严肃的作曲家已经开始写更小规模并特别适合于在演播室的干声环境中演出的乐队作曲。但流行音乐经常在户外演出，最终将功率放大器变成了把声音推向痛阈的致命武器。当工人索赔委员会引入工业环境噪声限制(连续噪声的最高限值建议在 85～90 分贝)时，摇滚乐队却产生了 120 分贝的峰值，结果是听力学家最终开始进行听力损失评估时发现，显而易见的是：摇滚迷，大多是青少年，正遭受着"机械工人的职业性听力损失症(boilermaker's disease)"。

115

此时，我们将再次提及高强度低频噪声所产生的振颤效应(vibratory effects)，它"触动(touch)"听众的力量首先体现在雷鸣中，然后是教堂管风琴的低音轰鸣使长椅上的基督徒发生颤动，最后被转移到了十八世纪工厂的粗腔烂调（cacophonies）中。所以，"好共鸣（goodvibes）"的六十年代承诺的是另一种生活方式，沿着一条众所周知的路，最终从利兹（Leeds）走到了利物浦（Liverpool）。因为正在发生的事情是一种新的反主流文化（counterculture），它以披头士（Beatlemania）为典型代表，而实际上是从工业家的阵营中窃取了神圣的噪声并放置在嬉皮士（hippies）的心脏和圣餐当中。

**听觉空间的先行者们**

当我们在绘制一张强度随频率变化的关系图时，谈到的是听觉空间。时间是这一空间的第三个维度，但此时我想独立讨论前两个维度。听觉空间仅仅是一种可标注的习惯，不应该与声学空间混淆，声学空间是一个声音在景观维度的外在表达。众所周知，听觉空间被限制在三个阈值边界上，而其中一个是可忍受的阈限。因此，人类可以听到大约 20 赫兹（低于这一频率的声音让听觉与触感混合在了一起）至 15 千或 20 千赫兹、0 至大约 130 分贝（在这之上听感会转换为疼痛）的声音。这是很笼统的说法。实际上，听觉空间的形状绝不是规矩的，正如下图的外边缘所示。

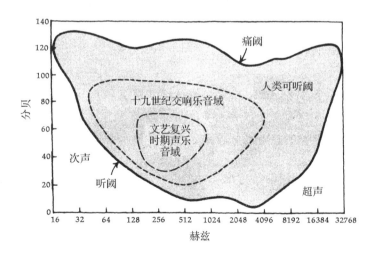

西方音乐强度的增长与频率范围的增长并行。在过去数百年里，新乐器被设计在听觉频率极限范围的两端，直到随着当代电子音乐和高保真（hi-fi）复制设备的发展，一个大约从 30～20000 Hz 的完整范围对于作曲家和演奏家才

是可达到的。大致说来，可以说虽然直至文艺复兴甚至18世纪，音乐才于强度和频率范围上占据了如图所示的核心区域，从那以后，它逐渐扩展到了实际恰好与人类可听范围相一致的总面积的形状范围。

既然所有声音不可能同时出现在所有的地方，至于听觉空间仅仅是一个理想模型。在它之内，设置对立的两个张力维度。因此，在现代声景或现代音乐强度增加的同时，安静就会消失。声音在频率分布上也有着相似的特征。在我们所认为的流行音乐中，其选择的乐器显示出了对低频或低音效果有着独特的偏好，而且年轻人在听这样的音乐时一般都会通过提升唱片播放器的低频响应来强化这一效果。这是一个有趣的现象，因为波长较长的低频声音携带更多的能量[如雾号(foghorn)所证明的那样]，而且由于它们较少受到衍射的影响，它们能够在障碍物周围进行更彻底的空间填充。低频声源的定位比较困难，而这种声音的音乐张力同时体现为更暗的质量感与空间的无方向感。听者似乎沉浸于其中，而不是面对声源。

**音乐和声景中低频响应增强**

当代流行音乐低频效果的增强有其自己的并行性，甚至可能从低频环境声的常规增长中接收到刺激。米歇尔·P. 菲利波特(Michel P. Philippot)在其《音乐行为的新模式》(New Patterns of Musical Behaviour)一文中就这一现象进行了颇有见地的讨论。

如有记录表明，十七世纪巴黎的噪声简直难以忍受。由同样的报告可知这些噪声的本质是：喊叫声，货车与马车声，马的嘶鸣，钟声，手艺人工作的声音等。由此可推断，平均声级必然有明显的波动，其包络必须有高峰和低谷，形状实际上是"切断(cut up)"的。此外，频谱上低频必然是缺失的，因为上述所有噪声都位于中高频范围。而在机械时代——如果提及大城市的噪声——汽车的发明让噪声变得更加连续且低频声极大地增强（城市交通深邃的隆隆声，行驶汽车的连续噪声，飞机起飞噪声中宽广的频谱和冗长的声级包络）。"现代"环境噪声可能以沉重和连续性为主要特征，伴随着缓慢的波动与模糊的定位，因为这种噪声往往包围着我们。"我停止了说话(I stop talking)，"年老的阿尔伯特(Alembert)说，"当一辆汽车驶过时(when a car drives by)。"……这意味着他还可以享受两辆汽车行驶间隙的片刻沉默，同时，一个大城镇中的持续低频噪声的受害者都被剥夺了这种幸福。

强调低频声之张力的流行音乐寻求的是混合与扩散，而不是清晰与聚集，后者是以往音乐的目标，并且时常通过相互对立的表演者与听众从平衡的群体中分离而实现。正如令人怀疑的是，这种类型的音乐倾向于强调更高频率的声音，以使其具有清楚的方向性。这种音乐是古典音乐会中的音乐，它的高峰是巴赫(Bach)与莫扎特(Mozart)的室内乐。在这样的音乐中，距离是很重要的，而且真实音乐厅的空间在动态的虚拟空间中得到了延伸——其通过前景的*强音*(forte)或者返回*钢琴*(piano)所决定的声际地平线来实现。这种音乐会的正式着装也有助于参与者投入到其社交空间之中，因为这种音乐属于区分社会阶层的时代，属于高阶层与低阶层、大师阶层与学徒阶层、艺术鉴赏家与普通听众差别分明的社会。这种音乐也需要很大的专注度。这就是为什么人们在举行音乐会时要保持安静。每一件作品都被亲切地放在一个安静的容器里，以使听众更为仔细地回味这些音乐。

因此，就像美术馆鼓励专注而选择性地观赏一样，音乐厅使集中聆听成为可能。这是听觉历史中一个独特的时期，它产生了有史以来最为睿智的音乐。它与为户外演出而设计的音乐形成了鲜明的对比，如民间音乐，它不需要对细节的关注，而是带来一种我们可能称之为浅层听觉(peripheral hearing)的体验，这与眼睛掠过一处有趣的风景相似。就像专注聆听让位于印象主义一样，由于晶体管收音机激起了人们对户外音乐会的兴趣，并且吉他重新回到了摇滚*音乐酒会*(baraque de foire)的编制中，我们可能因此期待见证的是传统音乐厅礼仪的衰落。

**回归至海洋之声**

另一种类型的倾听是在室内音乐会中产生的，在那里距离和方向性是不存在的。许多当代音乐和流行音乐，以及客厅的立体声音响都是如此。在这种情况下，听者将发现自己位于声音的中心，被它抚摸，被它淹没。这种聆听条件反映的是一个无阶级的社会，一个追求统一与整体的社会。寻找这种声音空间绝不是一种新的冲动，事实上，它曾经是在中世纪大教堂中格里高利圣咏(Gregorian chants)的杰出成就。诺曼式(Norman)与哥特式(Gothic)大

*118*

教堂的石头墙壁和地板不仅产生了异常的混响时间（6秒或更长），而且还反射了低频和中等频率的声音，因为在这一空间尺度上墙壁和空气吸收了更多高于2000Hz的高频声。凡在这些古老建筑中听过修士吟唱素歌（plainsong）的人，都不会忘记这一效果：声音似乎从未知的地点发出，但如香水般弥漫了整个建筑。在一个有关该主题的卓越研究中，音乐社会学家维也纳人库尔特·布劳科普夫（Kurt Blaukopf）总结说：

> 诺曼式与哥特式教堂的声音围绕着听众，增强了个人与社区之间的联系。高频声的缺失与由此产生的声音定位的模糊性使信徒成为这个声音世界的一部分。他并不是"享受"于面对声音——而是乐于被声音所包裹。

沉浸而不是专注的体验方式是现代人与中世纪人之间最强烈的联系。但我们可以回头追溯，以确定一个共同的起源。那么，这种聆听体验的黑暗和流动空间又从哪里而来呢？这是我们最初祖先们的海洋子宫，而现代电子与流行音乐夸张的回声与反馈效果为我们重新创建回声的穹顶与深邃的海洋。

### 关于内部空间的完整性

因此在某种程度上，至少存在由不同频段的声音所引起的两极类型的聆听方式。现在，我们可以理解，似乎区分十九世纪与二十世纪的二元结构（dichotomy）在哪里。也许我们甚至可以理解麦克卢汉所宣称的那样，即电再次将人类团结在了一起。

| 高频 | 低频 |
|---|---|
| 远处的声音 | 环绕声 |
| 透视 | 临场 |
| 动态 | 声壁垒 |
| 乐队 | 电声学 |
| 专注 | 沉浸 |
| 空气（?） | 海洋子宫 |

位于右栏的声音与听众更亲近。让我们再把声源拉近。最终极的私有声学空间是耳机监听，因为由耳机接收到的信息总是私有财产。"头部空间（Head-space）"是在年轻人里流行的表达方式，指的是望远镜无法达到的心灵的地理位置。毒品和音乐是达到这一感受的手段。在耳机聆听的头部空间里，声音不仅环绕于听者周围，而且它们似乎从头骨本身散发出来，仿佛是与无意识的原型在对话。在纳迦瑜伽（Nada Yoga）中也有一个明显相似的功能，即在瑜伽中，内心的声音（或振动）从这个世界上移除了个人，并把他提升到更高的存在领域中。当瑜伽修行者背诵他的咒语时，他*感觉*（*feel*）到声音在他的身体里涌动。他用鼻子发声。他与黑暗和麻痹力量一同振动。相类似地，当声音直接通过耳机聆听者的头骨进行传导时，他就不再关注位于声际地平线上的事件；他不再被具有移动元素的球体包围。而他*就是*（*is*）球体。他就是宇宙。

耳机聆听将听者引向了一个全新的自我。而只有当他经历神圣的"*唵*（*Om*）"吟唱，或者《哈利路亚》（*Hallelujah* Chorus）合唱，又或甚至是《星条旗永不落》（*Star Spangled Banner*）时，他才会再次与人类站在一起。

# 第三部分　分析

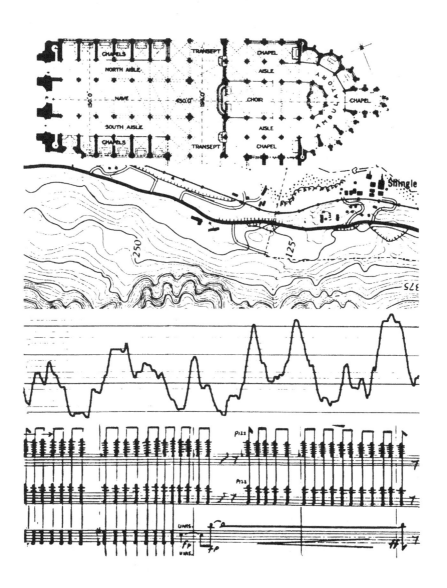

# 8  标注法

## 声音图

标注法尝试通过视觉符号来表现听觉事件。因此，对于声音的保存和分析，标注法很有价值；同时，在我们的构想回到声景主题讨论之前，值得为现代研究者花一些篇幅来讨论适用的标注系统。

在此前的讨论中，我们已经讨论了两种描述技术：用语言叙述声音或者将声音画出来。本书的第一部分已经用了大量篇幅来叙述声音，因为在很长一段时间里，这是人们试图研究、比较和区分声音的主要手段。虽然我们想当然地认为声音可以被直观地描述，但很长一段时间以来，声音与其图形化表达相抵触，对声音图形化表达的讨论也是最近才开始的，但讨论的范围并不广泛，而且正如下所述，在许多方面声音的图形化表达是危险和不恰当的。

适用的图形标注系统有三种：

1. 声学图像，可将声音的机械特性精确地记录在纸上或阴极射线管屏幕上。

2. 语音学图像，可映射和分析人类的语言声。

3. 音乐记谱法，可表示具有"音乐"特征的某些声音。

重要的是要认识到前两个系统是描述性的——它们描述了已经发生的发音——而音乐记谱法通常是规定性的——它给出了如何创作声音的谱面表达。

为声音提供图形化表达的第一次尝试是拼音字母表。象形文字或象形文字图画将事物或事件绘制出来，而拼音则是描绘口语词汇的发声——这就是它的不同之处；同时，它不仅在多功能写作上是一个伟大的进步，而且根本性地把描绘重心从外部世界转移到了发声者的嘴唇上。

音乐记谱法是对语音以外的声音进行记录的第一次系统尝试，它的发展历经了从中世纪到 19 世纪的渐进而漫长的过程。在写作上，音乐记谱法借用了从左到右表示时间轨迹的惯例。它在垂直坐标上引入了一个新的维度，以表示频率或音高，高音向上而低音向下。这一做法在很大程度上是武断的，虽然习惯上认为，固有的宇宙哲学为这种标记方法提供明证，即如鸟鸣般凄厉的声音来自于空气，而深邃的声音来自于地球，雷声不如女高音般高亢，老鼠也不如男中音或响尾蛇一样好似一位定音鼓手。

音乐的理论词汇从视觉艺术与世界的空间表观特征中借用了指示性的术语：如**高**（*hight*），**低**（*low*），**上升**（*ascending*），**下降**（*descending*），以上指音高；**水平**（*horizontal*），**位置**（*position*），**音程**（*interval*）与**反转**（*inversion*），以上指旋律；**垂直**（*vertical*），**开放**（*open*），**闭合**（*closed*），**厚**（*thick*）与**薄**（*thin*），以上指和声；以及**相反**（*contrary*）和**倾斜**[*oblique*，指**对位法**（*counterpoint*）——这本身就是一个视觉术语]。音乐的动态也保留了其由视觉起源的痕迹——如扩张线（spreading lines）表示**渐进**（*crescendo*），或渐强，而汇合线（converging lines）相反地表示**渐弱**（*diminuendo*）。在《音乐思维的图象》[The Graphics of Musical Thought，《声音雕塑》（*Sound Sculpture*），温哥华（Vancouver），1975]一文中，我讨论了在纸上写下音乐的习惯如何让西方音乐中许多借鉴于视觉艺术和建筑的方法与形式成为可能。

如今，传统音乐记谱法的两难境地在于，它不足以应付音乐与声学环境的综合表达，我已经可以确定这可能是本世纪最重要的音乐事实，或至少对于未来的声景，必须由声学设计师来把握。

声学和语音学的描述性标注法近期得到了发展，或许可以说它们起源于20世纪。对于声音在空间中的精确物理描述，必须制定出一种以精确、定量的尺度来测量其基本参数的技术。这些参数分别是时间（time）、频率（frequency）以及振幅（amplitude）或强度（intensity）。事实上，在一定程度上，基本已经确定这三个参数不是**唯一可考虑的**（*only conceivable*）能够描述声音行为总体特征的可能方法。与音乐记谱法一样，它也是一项人为地暗示三维思维倾向的发明。在任何情况下，这三个选定的参数都不应该是相互独立的函数。至少就我们的看法而言，它们在不断地相互作用。如强度可以影响时间感知（一个强音听起来会比弱音要长），频率也会影响强度感知（一个高音听起来会比同一强度的低音响亮），同时，时间也会影响强度感知（同一强度的音符随着时间的推移，强度感知会变得越来越弱）——这里仅仅给出了几个相互作用的例子。在向学生介绍声音的特性时，我已经注意到，如频率与强度等基本概念的理解往往会出现混淆，并且会得出这样的结论：标准的声学图像不只是模棱两可，而且至少对于某些人，它与听觉感知的自然本能根本不

*125*

对应。只要仍然认为三维声学图像是描述声音事件的特别准确的模型，声学和心理声学之间的矛盾就可能永远不会理清。*

## 三维声学图像的问题

机器听觉的做法与人类不同，它们有着特别广泛的听觉范围、良好的灵敏度，而且没有任何听觉偏好。它们在纸质印刷品或阴极射线管显示器上向我们展示它们的听觉能力。它们使各种各样映射图像的生成成为可能，不过一次只能给出一个声音的二维图像。因此，强度（或振幅）被绘制成时间的函数，振幅是频率的函数，或频率是时间的函数。

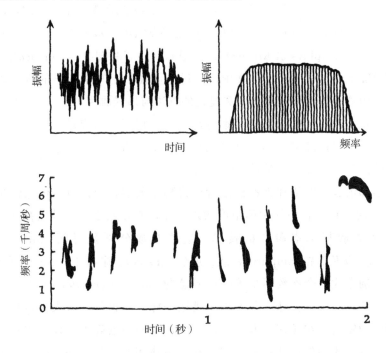

126　　　　前两个图像是典型的宽带噪声，如交通噪声；第三个图像显示了相对清晰的鸟歌的旋律性模式。这些图形映影中的问题是只能同时显示声音的两个

---

* 声音可视化技术史将成为一个很好的研究论文课题。许多人在视觉研究工作的基础上研究这个问题。典型的案例是年轻人托马斯·杨（Thomas Young），他发明了第一座通过连接音叉的移动铁笔在蜡质涂层的旋转鼓上投射声音的仪器，称为声音图像记录仪（phonautograph，1807）。杨以前的工作一直关注于光的研究（他第一次测量了散射光）与埃及象形文字的解读。

维度，因此，声音的信息是不完整的。虽然理论上应该可以在一个 N 维空间中绘制 N+1 维的图像，但实际上在纸面的二维空间上绘制声音的三维图像时，阅读将非常困难。

声谱仪（sound spectrograph）是在新泽西州普林斯顿（Princeton，New Jersey）的贝尔电话实验室开发出来的仪器，它能够生成声音的三维图像，并以阴影的明暗来表示强度。因此，声谱图获得了完整的声音图像。段落后的插图中所显示的声音是加拿大太平洋列车的汽笛声，每一个阴影的轮廓图谱表示五分贝的变化。但是，当前的声谱图可能仅适合渲染相对短暂（几秒钟）的单一的声音对象，如孤立的鸟叫声，或像语音波动间的连接点。此外，为了易于阅读，强峰或谐波频段往往用深色标记，以减少图像的二维投影特征（如下图所示为鸟歌的三维图像）。

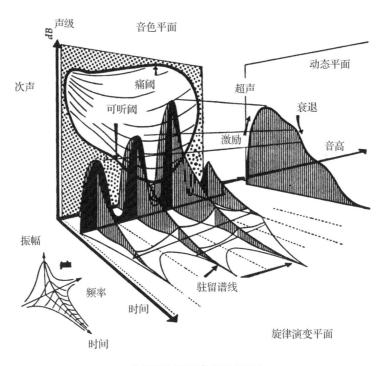

一个简单声音对象的三维图像

加拿大太平洋公司(Canadian Pacific)列车汽笛声的声语谱图

## 声学家是世界上最好的视觉阅读者

采用声学或语音机器无法解决完整声音图像同时呈现的问题。对于大多数情况，二维图像已经足以表达人类对于任何听到的声音的有限重要特征所表现出来的听觉倾向，这将在稍后讨论。如果说在这一点上，我一直对可控的声音可视化保持热情的话，是因为我希望读者对这样一个事实保持警惕，即***所有声音的视觉映射都是随意与虚构的****(all visual projections of sounds are arbitrary and fictitiou*)。但如果我们要求人们在磁带上播放所选的声音片段，并在没有预先构思的情况下实时绘制这些声音时，这就变得非常明确了。在这样的锻炼中，音乐家或声学工程师往往会注意到惯用的从左到右的时间轨迹，以及由上至下的频率轨迹，而那些没有通过这种训练的人的反应会更加独立。对他们来说，声音可能在页面的任何地方开始，也可能盘绕在一个圆环上或飞溅得到处都是。

赫尔曼·赫尔姆霍兹(Hermann Helmholtz)站在听觉与视觉的门槛上研究声音。他不朽的著作《音的感知》(*On the Sensations of Tone*，1877)的最引人入胜的特征是他对于声音的热爱(他是音乐家的朋友，并且他自己也是一名演奏家)，但他也可以进行有关振动研究的写作：

为了使这类运动的规律比冗长的口头描述更易于理解，数学家和物理学家习惯于采用图解法，这项工作必须因经常使用而应该得到充分的理解。

自十九世纪以来，声音科学已经有了很大进步。同时也一直遵循这一研究模式，而普通人的听音能力并没有表现出相应的改善。事实上，他们的听音能力可能已经恶化到了与声音图像技术的发展成反比的程度。

今天，已有许多专家在从事声音研究——声学家、心理学家、听力学家等——但他们在视觉以外的任何维度中都*没有*（no）熟练地把握声音，他们只是从视觉中读出了声音。从我与这些专家的相识中，我倾向于认为，进入声音研究的第一条规则是学会如何以耳朵代替眼睛，然而，正是这些人担负着规划现代世界声学环境变迁的责任。

几年前，我应邀在一个由美国政府组织的关于交通噪声的研讨会上发言。那几天中，声学工程师发表了一些关于喷气噪声、风扇噪声、轮胎噪声等的论文，用一系列雄心勃勃的幻灯片和图表来说明他们的工作，却没有播放任何声音。当我发言时，我以读出研究人员自己的演讲中关于声音视觉隐喻目录开始："你可以从下一张幻灯片上看到声音在强度上的下降。（You can see from the next slide that the sound has decreased in intensity）"——诸如此类。对于那些在场的人，现实的震撼是强烈的。今天的声学只能说是视觉阅读的科学。

如果我没有预料到我们正处于改变的节点上，我不会花大量的篇幅去叙述这一点。这样的变化将与麦克卢汉（McLuhan）于《古腾堡星系》（*The Gutenberg Galaxy*）中所宣称的主题一致："由于同时存在的电子化的压力，我们的时代返回到了口述和听觉模式，我们敏锐地意识到过去几个世纪对于不加批判的视觉隐喻的接受程度。"如果麦克卢汉的观点是正确的，就像逃离开印刷文化一样，我们可能会期待逃离声音的视觉表达。在麦克卢汉的观点看来，这也是印刷文化，只不过它将词语从原本相联系的声音中分离出来，并"将它看作是空间中的'事件'"而已。正如音乐的记谱法被唱片播放机取代一样，磁带录音机正在推动声学的物理研究进入人类的心理声学区域。在测量声音强度的一般田野工作中，声级计的平直响应（所谓的 C 计权）已经被 A 计权曲线所取代，这一加权计算沿着人耳的纯音等响度曲线的轮廓进行。同样，近年来对飞行器噪声的测量也得到了大量改进，越来越多地考虑了人耳的响应。因此，对于飞行器特别噪声组件与持续噪声采用了 EPNdB（有效感知噪声分贝，Effective Perceived Noise in Decibels），而 NNI（噪声指数，Noise and Number Index）则将 EPNdB 作为基数，并且计算每日间（或夜间）飞行器的数量，将其作为一个关键的心理烦躁度因子。

*129*　　声学工程师可能还不是一个监听者，但我们需要做的是，至少让他们的仪器适应更多的听觉环境。*

## 声音对象、声音事件与声景

　　自第二次世界大战以来，磁带录音机大量出现在了广播工作室中，因此，第一次心理声学实验是由法国广播电台的研究小组于 1946 年在巴黎进行的，执行负责人为皮埃尔·舍费尔(Pierre Schaeffer)。虽然他是一名训练有素的机械工程师，但舍费尔从来没有用眼睛来代替他的耳朵。他对声音的关注很明确，从他对**声音对象**(*sound object*，*l'objet sonore*)的定义中可以找到明证，他提出了这一术语并将其定义为一种"为人们所感知的声音对象，而不是一种用于合成的数学或电子声学对象"。我们可以将声音对象看作是声景中最小的自组织的元素。由于它拥有开始、中间过程与结尾，因此可以用包络(envelope)的方法来分析。包络是一个图形学术语，但耳朵可被训练以听到它的特征，这些特征被定义为激励(attack)、主体[body，或稳态部分(stationary state)]与衰变(decay)。

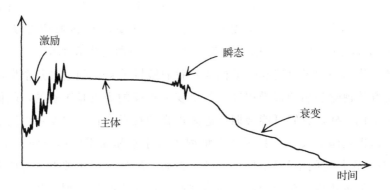

　　目前，关于这些特征的描述还很不到位。激励是声音对象的起始部分。当系统突然被激发时，其频谱相当丰富，产生了一个粗糙或具有不和谐边缘的声音。因此，每一个声音的激励部分都伴随着噪声，而且它出现得越突然，

---

　　* 另一方面，似乎有必要指出，噪声测量系统的增加声称净化了过去的同时，也往往掩盖了一个行业面具下的基本问题，即其目的主要是使工程师可以留在噪声污染治理行业，而不是真正地解决这一问题。

噪声就越多——特别是在电声系统的主开关合上的时候。当一个声音的建立
比较缓慢时，这种突发的频谱激励就会较低，甚至会出现有调音质感觉。不    *130*
同的乐器具有不同的激励方式，但其中一些乐器会比其他乐器"发声（speak）"
得更快：可比较一下曼陀林（mandolin）与小提琴。激励的瞬间可能只有几毫
秒长，但永远不能低估它们对于声音表征的重要性。事实上，正如舍费尔与
他的合作者所证明的那样，当某些声音的激励部分被截断时，它们可能变得
完全无法理解，或者可能被误认为是其他声音（如钢琴可能听起来像长笛，或
者巴松管听起来像大提琴）。

声音对象的中间部分被称为静止部分或稳态部分，不过称它为主体也许
更好，因为没有任何声音是真正静止的。然而对于裸耳，声音的中部可能存
在一个似乎不运动并且静止的时期。某些声音，如钟声、锣声、钢琴和打击
乐器，没有明显的主体部分，只有激励与衰变部分。另一些声音，如空调声，
则完全保持在中间或静止状态。它们不会停止。如前所述，它由 19 世纪的工
厂至电力革命，进入了现代生活的各个角落，这是人工制造的声音条件。

刚刚介绍的生物声学类比不仅仅是个人的随笔，因为两个学科之间的关
系明确表达在了术语**衰变**（*decay*）中。声音的能量减弱，并枯萎死亡。有的衰
变迅速，有的衰变无限缓慢。

衰变通常与某些混响感结合在一起。声学家赛宾（W. C. Sabine）在技术
上定义了混响时间，即自声源停止发声的时刻至它的能量衰变到原始强度的
百万分之一（下降 60 分贝）所经历的时间。就耳朵而言，这是声音融合并消失
于周围噪声的时间。回声不同于混响，它是来自于远处表面反射的整个或部
分声音的重复。混响也是反射声，但它通常与原始的声音混合在了一起。

虽然出于耳朵训练的目的，声音对象可按上述部分细分，但是必须整体
性地看待声音对象。舍费尔说："一个组合结构（正如我们所感知到的）不能从
对其各部分对象的独立感知中推断出来。"但舍费尔故意排除了"声音对象"
一词作为物理学和心理学术语的考虑。他不想因考虑它们的语义或参照系而
混淆对声音的研究。正如钟声来自于钟，但兴趣却不在于钟。对他来说，这
只是一个现象逻辑的声音范式。"声音对象不能与其发声体相混淆"，对发声
体而言，"可以提供各种各样的物体对象，但声音的差异不能完全由它们的
一般起源来解释"。

对于声景研究，这种临床方法的局限性是显而易见的，虽然声景研究者    *131*

希望熟悉此类工作，但我们同样关注声音的参照系，以及它们与声场环境的相互作用。当我们因为考察其作为信号、符号、基调或声标的相关意义而专注于个别的声音时，我建议称它们为**声音事件**（*sound events*），以避免与**声音对象**（*sound objects*）相混淆，声音对象是实验室样本。上述"事件（event）"一词与字典上的定义是一致的："在特定时间发生在特定地点的事物"——换言之，上下文隐含于其中。因此，同样的声音，如教堂的钟声，如果将其在实验室中记录和分析，就可被当作一个声音对象，如果是在社区中标记和研究，就成了一个声音事件。

　　即使专注于声音事件的组成部分，声景也是一个与其他研究相互作用的领域。在田野环境中考察声音之间（以及与人类之间）的影响和相互改变的方式比在实验室里对声音进行分解更加困难，但如今这一重要而又新颖的研究主题出现在了声景研究者面前。

## 空中声谱图

　　问题是哪些标注法将最有助于追求这些目标？目前，对于这一问题，我们没有什么解决办法，因为研究才刚刚开始。对于很多领域的专家，一种标注法或一种可阅读与可理解的标注法显然是有益的，特别是与声景研究联系最为密切的领域：建筑师、城市设计师、社会学家与心理学者，以及音乐家与声学家。

　　了解一个领域的最好方式是超越它。中世纪的制图师通过攀登最高的山峰来绘制地图，而文艺复兴时期的人文主义画家同样通过攀登高峰来扩大他们的绘画视野。毫无疑问，人类最伟大的发明之一是地图的空中投影，它比那些最终导致飞行的探索更能体现超越想象力边界的飞跃。

　　一个应用于声音强度测量空中投影的例子是伊泽贝尔等高线图（isobel contour map）。假设观察者位于所研究区域的上空，伊泽贝尔地图来自地理学家与气象学家的等高线图，由从一个声级计读取的成百上千个读数的平均值所产生的一系列等强度直方图组成。在此地图上，可以确定一个地区最安静和最吵闹的区域。*

　　另一个空中声谱图的例子是事件地图，即观测声音事件出现的分布。通

---

　　* 伊泽贝尔轮廓与声音事件地图见附录Ⅰ。

过事件地图，可以对两个地点（如城市不同部分的两个街区）进行比较，将持 *132*
久或更具特色的声音揭示出来。事件地图的材料必须限定在特定的时间段内，
并通过在选定位置的上方或周围走动进行采集。（对于城市街区，采集活动可
能是一次独立的街区游览。）

迈克尔·索斯沃思（Michael Southworth）在他的文章《城市的声环境》
（The Sonic Environment of Cities）中用到了另一个能够发挥价值判断的空中
声谱图实例。在这一实例中，许多观察者在给定的区域自由行走后，被要求
对他们听到的声音发表评论，并将他们的观察结果汇集在一起进行展示。并
由此产生了一幅波士顿市（Boston）中心区的地图，声学设计师可以根据此地
图展开有利的工作。

这样的图表只是一种提示，但也许所有的这些都期待着声音的可视
化——一些耳朵可以按其自身方式聆听的提示。对于缺乏经验的人，从这些
图表吸收突出信息比其他方式更容易，这就是图像解析的优势。然而坏习惯
的诱惑无疑仍然隐含在对图像的依赖中，正是出于这个原因，我在这一章结
束时要提醒的是永远不存在声景的突出映射图像。第一规则必须始终是：如
果您听不到，就怀疑它。

**9 分类法**

为什么要分类？对信息进行分类可以发现相似性、对比度和模式。像其他所有分析技术一样，只有对它进行调整才能使其感知、判断和创作得到改进。

例如字典——根据声音的激励特征可减轻按上下文排列单词的随意性。然而，如果使用得当，字典有助于语言的改进，甚至可以为我们提供语言的早期思想与审美特征。

任何分类系统或分类法都是超现实的，超现实艺术将不协调或不合时的元素汇集在一起，或多或少以此来激发新的关系。第一个这样做的艺术家是大百科全书的编撰者（encyclopedists），他们为获得超现实的族群特征而引入了奇怪的动物与植物分组。

声音可以根据多种方式进行分类：根据其物理特征（声学特征）或其被感知的方式（心理声学特征）；根据其作用和意义（符号学和语义学特征）；或根据其情感或感情素质标准（美学）进行分类。虽然习惯上将这些分类法分开处理，但对于孤立的研究有明显的局限性。我的同事巴里·托阿克斯（Barry Truax）这样描述该问题：

> 将一个总体的声音印象分解成其组成参数似乎是一项必须掌握的技术，虽然对于声学设计它可能是必要的，但一个声景不能仅仅被理解为这样一组参数，即使这种分解是可能的，但这仅仅是基于记忆、比较、分组、变化和清晰度等功能的形成上的心理表征。

本章介绍一些关于声音的分类系统——这些系统似乎有助于处理各式各样的声景——同时本章将以讨论尚未解决的主要问题而结束。这些问题主要与分类系统的整合有关。如果将声景研究作为一门交叉学科，就必须要发现其缺口，并将迄今孤立的研究统一至一个新的共同体中。这不是由任何其他人或团队能够完成的任务。它将只会由新一代的经过声音生态学（acoustic ecology）与声学设计（acoustic design）训练的艺术家与科学家来完成。

**按物理特征分类**

让我们首先考虑声音对象的物理分类。皮埃尔·舍费尔花费了很多精力去设计这一系统。舍费尔关心的不是真正的声学，而是心理声学。他试图找出一个将所有音乐性声音对象进行分类的范式，以便帮助学生清楚地感知它们的重要特征。他称之为"视唱艺术品(solfege des objets musicaux)"。在其著作中，他在一张覆盖四页纸的表格中展示了这一范式。表格中有近 80 个方格，其中许多有待进一步细分，表现出了令人眼花缭乱的法国式复杂性。如果没有舍费尔几百页的解释和理由，复制这张表将是徒劳的。应该强调的是，这一范式只处理单一的音乐性的声音对象。要处理复合的或更长的声音序列，要么必须延长这一图表，要么必须将声音分解。

该系统可能有利于详细分析独立的声音对象，但我建议对它进行改进，以使其可能更适用于声景的田野调查工作。这一想法的核心是如何快速地将所听到的声音的突出信息进行标记并与其他声音做比较。符合预期的是，把声音理解为事件以及对象[p. 131(译者注：原书页码)]，首先提供一些关于设置的一般信息将会很有帮助：观察者与声音的距离，声音的强度，声音突出于背景环境还是几乎无法察觉的，正在考虑的声音在语义上是独立的还是更长的上下文或信息的一部分，环境的一般质地是否相似或不同，是否会产生混响、回声或其他影响，如漂移或位移等。*

然后，可以生成一张图表，其中包括对这些问题的回答，以及声音的一般物理描述。为此，可以使用二维图像。在水平方向上，将保留前一章所讨论的声音对象的三个分量：*激励*(attack)、*主体*(body)和*衰变*(decay)。在垂直面上，将确定声音的相对*持续时间*(duration)、*频率*(frequency)和*动态*(dynamics)，同时引入对任何瞬时的*内部波动度*(internal fluctuations)的观察[技术上称为瞬态特征(transients)]和两个来源于舍费尔的新特征：*聚量*(mass)和*粒子*(grain)。

对最后两个特征必须做出的一个解释是：聚量与频率有关。虽然有些声音由明确定义的频率或音高组成，有些由不明确的频率簇组成。这种情况可能是交通的宽带噪声、鸟群或海浪的冲击声。声音有时会占据相当窄的频带，

135

---

\* 大气干扰如风雨等易于引起漂移(渐弱)或位移(相对于模糊的原点)。

有时则为宽带。白噪声的频谱将横跨整个可听声频率范围(20～20000Hz),尽管也可能将它滤波至一个相当狭窄的范围,以至于甚至可能出现"调性(tuned)",使它几乎可以被哼唱或吹成口哨。声音的聚量在于频率的聚集程度,被认为是声音的主导带宽。事实上,聚量和频率都经常出现在环境声当中,有时会在频谱上占据相当独立的位置,就像声音由低频搏动声或高频颤动声所组成。由于聚量是频率簇的聚集,它可由在图表中的频率块附近绘制其近似形状来表征。

同样,粒子是一种特殊类型的内部波动,一种有规律的调制效应。因此,它与孤立的不规则的瞬态特征相反。粒子给出了声音的织体,它使声音的表面变得有粗糙度,并且其作用包括颤音(tremolo,振幅调制)或抖动(vibrato,频率调制)。这些调制的速度可能因慢脉冲效应(slow pulsing effects)与快速颤音效果(rapid warble)而异,在每秒16～20个脉冲之间,这一速度会使粒子效应消失。因此,粒子是一个表达触觉的词,我们又再一次将触觉与听觉融合在了一起,即独立的脉冲从它们的闪烁状态转换成了平滑的有调声的轮廓。

为此,我已经设计了自己的符号系统,以表明这些不同的效应,如以下图表所示。

设置

    1. 估计观察者的距离:＿＿＿＿＿米。

    2. 估计原始声音的强度:＿＿＿＿＿分贝。

    3. 听得清楚( ),比较清楚( ),或相对于环境声清楚( )。

    4. 环境声的质感:hi-fi( ),lo-fi( ),自然声( ),人类社会声( ),技术性声音氛围( )。

    5. 独立声( ),重复声( ),或较长上下文或消息的一部分( )。

    6. 环境因素:无混响( ),短混响( ),长混响( ),回声( ),漂移( ),位移( )。

| 物理描述 | 激励 | 主体 | 衰变 |
|---|---|---|---|
| 持续时间 | 突进 适中 缓慢 倍增 | 不存在 简短 适中 长 连续 | 快速 适中 缓慢 倍减 |
| 频率/聚量 | 非常高 高 中等 低 非常低 | ⟶ | ⟶ |
| 波动/粒子 | 稳态 瞬态 多次瞬变 快速颤动 中等脉冲 缓慢波动 | ⟶ | ⟶ |
| 动态 | *ff* 非常响亮<br>*f* 响亮<br>*mf* 中等响亮<br>*mp* 中等柔和<br>*p* 柔和<br>*pp* 非常柔和<br>*f>p* 响亮到柔和<br>*p<f* 柔和到响亮 | ⟶ | |

⟵ 事件的估计总时长 ⟶

**声音事件的描述**

图表中所使用的符号不是精确的模拟图形，而是作为耳朵训练练习中为快速标记声音的重要物理特征而便于使用的索引记号。对于不同声音的主要特征的比较，也可有助于揭示声音象征意义所独有的特征。当然，该图表仅适用于独立的声音事件，但尽管有其局限性，我们在进行一些简单的分类时，它也能够把独立声音的许多最明显的特征体现出来。

犬吠

1. 20 米
2. 85dB
3. 清楚
4. Hi-fi，人类社会声
5. 重复声，无规则
6. 短混响

鸟鸣

1. 10 米
2. 60dB
3. 清楚
4. Hi-fi，自然声
5. 鸟歌的一部分
6. 无混响

雾号

1. 1000 米
2. 130dB
3. 清楚
4. Hi-fi，自然声
5. 间隙性重复
6. 长混响，有位移

教堂钟声

1. 500 米
2. 95dB
3. 比较清楚
4. Lo-fi，技术性声音
5. 间隙性重复
6. 中等混响，有漂移

电话声

1. 3 米
2. 75dB
3. 清楚
4. Hi-fi，人类社会声
5. 重复声
6. 无混响

摩托车声（在高速公路上驶过）

1. 每驶过 100 米
2. 90dB
3. 不清楚—清楚—不清楚
4. Lo-fi，技术性声音
5. 独立的
6. 无混响

| 狗吠 | | | | 鸟鸣 | | |
|---|---|---|---|---|---|---|
| 激励 | 主体 | 衰变 | | 激励 | 主体 | 衰变 |
| | | | 持续时间 | | | |
| | | | 频率/聚量 | | | |
| ? | | ? | 波动/粒子 | | | |
| f | | f | 动态 | mf | mf | mf |
| ← 1秒 → | | | | ← 3秒 → | | |

| | 雾号 | | | | 教堂钟声 | | |
|---|---|---|---|---|---|---|---|
| 激励 | 主体 | 衰变 | | 激励 | 主体 | 衰变 |
| ∠ | □ | ◺ | 持续时间 | ∟ | ¦ | ＞ |
| | | | 频率/聚量 | | | |
| ⋀ | | | 波动/粒子 | ⋀ | | |
| mf ＜ | f ＞ | mf | 动态 | f | | |
| ← 2秒 → | | | | ← 10秒 → | | |

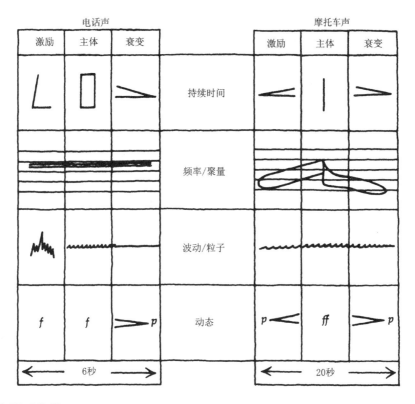

**按参照系分类**

我们接下来必须考虑用于研究声音的功能与意义的框架。大多数环境中的声音都是由已知的对象产生的，其中最有效的方法是根据它们的参照系进行分类。但用于组织如此众多的指定声音的系统将是随机的，因为声音不具有任何客观意义，并且观察者对于事物具有既定的文化上的态度倾向。即使是具有程式化风格的图书馆编目系统，也会反映图书管理员和图书馆使用者的兴趣与阅读习惯。唯一足以顾及所有人类平等客观性的框架是垃圾场。

在这里提出的框架是我们一直在世界声景项目中的一个子项目所使用的，是一个来自于文学、人类学与历史文献的关于声音描述的扩展卡片编目系统。获得过往声景信息的唯一方法是通过当时在场人员的耳证。本书的第一部分，读者已经了解到我从这个编目中所获得的大量信息，现在已经拥有了数千张卡片。目录的标题虽然是人工编制的，并已根据经验建立起来了，但它们至少满足了我们迄今遇到的所有声音描述。

I. 自然声 NATURAL SOUNDS

A. 创世纪的声音 SOUNDS OF CREATION

B. 末世毁灭的声音 SOUNDS OF APOCALYPSE

C. 水声 SOUNDS OF WATER
1. 大洋、大海与湖泊 Oceans，Seas and Lakes
2. 河流与小溪 Rivers and Brooks
3. 雨水 Rain
4. 冰雪 Ice and Snow
5. 蒸汽 Steam
6. 喷泉等 Fountains. Etc.

D. 空气声 SOUNDS OF AIR
1. 风声 Wind
2. 风暴与飓风 Storms and Hurricanes
3. 微风 Breezes
4. 雷鸣闪电等 Thunder and Lightning. Etc.

E. 大地的声音 SOUNDS OF EARTH
1. 地震 Earthquakes
2. 山体滑动与山崩雪崩 Landslides and Avalanches
3. 开矿 Mines
4. 开岩洞与隧道 Caves and Tunnels
5. 岩石 Rocks and Stones
6. 其他地下震动 Other Subterranean Vibrations
7. 树 Trees
8. 其他植物 Other Vegetation

F. 火燃烧之声 SOUNDS OF FIRE

1. 大型火灾 Large Conflagrations

2. 火山 Volcanoes

3. 炉火与篝火 Hearth and Camp Fires

4. 火柴与打火机 Matches and Lighters

5. 蜡烛 Candles

6. 气焰 Gas Lamps

7. 油焰 Oil Lamps

8. 火把 Torches

9. 节庆或仪式之火 Festival or Ritual Fires


G. 鸟鸣声 SOUNDS OF BIRDS

1. 麻雀 Sparrow

2. 鸽子 Pigeon

3. 双胸斑沙鸟 Killdeer

4. 母鸡 Hen

5. 猫头鹰 Owl

6. 百灵科鸣禽等 Lark. Etc.


H. 动物的声音 SOUNDS OF ANIMALS

1. 马 Horses

2. 牛 Cattle

3. 羊 Sheep

4. 狗 Dogs

5. 猫 Cats

6. 狼 Wolves

7. 囊地鼠等 Gophers. Etc.


I. 虫鸣 SOUNDS OF INSECTS

1. 苍蝇 Flies

2. 蚊子 Mosquitoes

3. 蜜蜂 Bees

4. 蟋蟀 Crickets

5. 蝉等 Cicadas. Etc.

J. 鱼和海洋生物 SOUNDS OF FISH AND SEA CREATURES

1. 鲸 Whales

2. 海豚 Porpoises

3. 龟等 Turtles. Etc.

K. 季节之声 SOUNDS OF SEASONS

1. 春季 Spring

*141*

2. 夏季 Summer

3. 秋季 Fall

4. 冬季 Winter

Ⅱ. 人类的声音 HUMAN SOUNDS

A. 人声 SOUNDS OF THE VOICE

1. 说话 (Speaking

2. 呼喊 Calling

3. 低语 Whispering

4. 哭泣 Crying

5. 尖叫 Screaming

6. 歌唱 Singing

7. 哼鸣 Humming

8. 笑声 Laughing

9. 咳嗽 Coughing

10. 咕哝 Grunting

11. 呻吟等 Groaning. Etc.

B. 身体 SOUNDS OF THE BODY

1. 心跳 Heartbeat

2. 呼吸 Breathing

3. 脚步 Footsteps

4. 手(击掌、抓挠等) Hands (Clapping，Scratching，etc.)

5. 吃 Eating

6. 喝 Drinking

7. 排泄 Evacuating

8. 性交 Lovemaking

9. 神经系统 Nervous System

10. 梦境之声等 Dream Sounds. Etc.


C. 衣物 SOUNDS OF CLOTHING

1. 衣服 Clothing

2. 烟斗 Pipe

3. 首饰等 Jewelry. Etc.


Ⅲ. 社会的声音 SOUNDS AND SOCIETY


A. 乡村声景的一般描述 GENERAL DESCRIPTIONS OF RURAL SOUNDSCAPES

1. 英国与欧洲 Britain and Europe

2. 北美洲 North America

3. 拉丁美洲与南美洲 Latin and South America

4. 中东地区 Middle East

5. 非洲 Africa

6. 中亚 Central Asia

7. 远东地区 Far East


B. 乡镇声景 TOWN SOUNDSCAPES

1. 英国与欧洲等 Britain and Europe. Etc.

C. 城市声景 CITY SOUNDSCAPES

1. 英国与欧洲等 Britain and Europe. Etc.

D. 海上声景 MARITIME SOUNDSCAPES

1. 舰 Ships

2. 船 Boats

3. 港口 Ports

4. 海岸线等 Shoreline. Etc.

E. 家庭声景 DOMESTIC SOUNDSCAPES

1. 厨房 Kitchen

2. 起居室与卫生用房 Living Room and Hearth

3. 餐厅 Dining Room

4. 卧室 Bedroom

5. 盥洗室 Toilets

6. 门 Doors

7. 窗和百叶窗等 Windows and Shutters. Etc.

F. 贸易、职业与生计 SOUNDS OF TRADES, PROFESSIONS AND LIVELIHOODS

1. 铁匠 Blacksmith

2. 磨坊主 Miller

3. 木匠 Carpenter

4. 洋铁匠等 Tinsmith. Etc.

G. 工厂与职场 SOUNDS OF FACTORIES AND OFFICES

1. 造船厂 Shipyard

2. 锯木厂 Sawmill

3. 银行 Bank

4. 报社 Newspaper

H. 娱乐 SOUNDS OF ENTERTAINMENTS

1. 体育赛事 Sports Events

2. 广播电视 Radio and Television

3. 剧场 Theater

4. 歌剧等 Opera. Etc.

I. 音乐 MUSIC

1. 乐器 Musical Instruments

2. 街头音乐 Street Music

3. 室内乐 House Music

4. 乐团与交响乐队等 Bands and Orchestras. Etc.

J. 节日庆典 CEREMONIES AND FESTIVALS

1. 音乐 Music

2. 烟火 Fireworks)

3. 游行等 Parades. Etc.

K. 公园与花园 PARKS AND GARDENS

1. 喷泉 Fountains

2. 音乐会 Concerts

3. 鸟鸣等 Birds. Etc.

L. 宗教节日 RELIGIOUS FESTIVALS

1. 古希腊 Ancient Greek

2. 拜占庭 Byzantine

3. 罗马天主教 Roman Catholic

4. 藏传佛教等 Tibetan. Etc.

IV. 机械声 MECHANICAL SOUNDS

A. 机器(一般描述) MACHINES (GENERAL DESCRIPTIONS)

*143*

B. 工业与工厂设备（一般描述）INDUSTRIAL AND FACTORY EQUIPMENT（GENERAL DESCRIPTIONS）

C. 交通机械（一般描述）TRANSPORTATION MACHINES（GENERAL DESCRIPTIONS）

D. 战争器械（一般描述）WARFARE MACHINES（GENERAL DESCRIPTIONS）

E. 火车与电车 TRAINS AND TROLLEYS
1. 蒸汽火车头 Steam Locomotives
2. 电气火车头 Electric Locomotives
3. 柴油火车头 Diesel Locomotives
4. 转轨与作业场 Shunting and Yard Sounds
5. 车厢 Coach Sounds
6. 街车等 Street Cars. Etc.

F. 内部燃烧引擎 INTERNAL COMBUSTION ENGINES
1. 自燃机车（汽车）Automobiles
2. 卡车 Trucks
3. 摩托车等 Motorcycles. Etc.

G. 飞行器 AIRCRAFT
1. 螺旋飞机 Propeller Aircraft
2. 直升机 Helicopters
3. 喷气飞机 Jets
4. 火箭等 Rockets. Etc.

H. 拆建设备 CONSTRUCTION AND DEMOLITION EQUIPMENT
1. 压缩机 Compressors

2. 手提钻 Jackhammers

3. 钻机 Drills

4. 推土机 Bulldozers

5. 打桩机等 Pile Drivers. Etc.

I. 机械工具 MECHANICAL TOOLS

1. 锯 Saws

2. 刨 Planes

3. 打磨器等 Sanders. Etc.

J. 通风设备与空调 VENTILATORS AND AIR-CONDITIONERS

K. 战争毁灭仪器 INSTRUMENTS OF WAR AND DESTRUCTION

L. 农场机械 FARM MACHINERY

1. 打谷机 Threshing Machines

2. 捆缚机械 Binders

3. 拖拉机 Tractors

4. 联合收割机等 Combines. Etc.

144

Ⅴ. 安静与沉默 QUIET AND SILENCE

Ⅵ. 指示声 SOUNDS AS INDICATORS

A. 钟与锣 BELLS AND GONGS

1. 教堂(译者注：教堂钟声)Church

2. 时钟 Clock

3. 动物等(译者注：某些动物叫声可作为指示声出现，类似钟声的功能)Animal. Etc.

B. 号与口哨 HORNS AND WHISTLES

1. 交通 Traffic

2. 船舶 Boats

3. 火车 Trains

4. 工厂等 Factory. Etc.

C. 时间 SOUNDS OF TIME

1. 时钟 Clocks

2. 表 Watches

3. 晚钟 Curfew

4. 巡夜人等 Watchmen. Etc.

D. 电话 TELEPHONES

E. 其他警报系统 (OTHER) WARNING SYSTEMS

F. 其他愉悦信号 (OTHER) SIGNALS OF PLEASURE

G. 未来事件警示声 INDICATORS OF FUTURE OCCURRENCES

这个系统的其他类别包括神话的声音、乌托邦的声音和梦境与幻觉的心理声音。系统中也有睡眠之前最后听到的声音、苏醒时首先听到的声音等连接声学经验与其他感觉(通感，synaesthesia)的声音类别。该目录的最后一节表明报告者对所描述声音的特定态度，即它是否被认为是一种信号声、噪声、痛苦或愉悦的声音等？

由于声音可能在不同语境中起的作用不同，因此在该系统中能够索引的所有描述性卡片都互为参考。因此，对于任何给定的声音，其索引可能出现在多个类别中，这也使我们有机会从多个角度来对它们进行研究或与其他类似的集合进行比较。

使用这个索引是一个精彩的听力练习。拿出几张卡片来处理脚步声，你就会明白我的意思。之前我已经提到过《日瓦戈医生》中有着俄罗斯冬天风情的靴子似乎在雪地里"愤怒地尖叫(screech angrily)"。试着将它与以下这些声音做一个比较：

- "拍打，奶奶地毯上拖鞋的拍打声"(艾米莉·卡尔，Emily Carr)
- 焦炭镇里"木屐作响"(狄更斯，Dickens)
- 摩洛哥人"宽松轻快"的脚步(汉斯·盖兹，Hans Ganz)
- 法国省城"喧闹的谈笑……木底鞋打在学校的石板上"(阿兰-弗尔， *145* Alain-Fournier)
- "赤脚的平缓、松软的步伐"(W. O. 米切尔，W. O. Mitchel)
- 牛津修道院和四合院中"脚步……顽皮的回声"(托马斯·哈代，Thomas Hardy)
- 或贝奥武夫(Beowulf)式强壮粗鲁的脚步在"木质地板上发出的隆隆声"

注意到索引中每个声音发生的日期和地点，可以测量世界声景的历史变迁及其社会反应。然后可以了解，如维吉尔、西塞罗(Cicero)和卢克莱修不喜欢锯的声音，这一声音在他们的时代相对较新(公元前 70 年)，但直到工业革命爆发后的 100 年[狄更斯(Dickens)与左拉(Zola)的时代]后，才有人抱怨工厂的噪声。

我们也会注意到一些有趣的比例变化，如自然声与技术性声音的描述数量之间的对比变化。将以下观察限制在一个仅有几百张卡片样本的时期。(建立可为所有时间和地点提供可靠指示的索引将会花费很长的时间。)比较一下欧洲和美国的十九世纪与二十世纪可注意到，在十九世纪英国的所有声音描述中，48％提及了自然声，而在二十世纪这一数据下降到了 28％。在欧洲的作者中，这两个世纪的跌幅是相似的：由 43％下降到了 20％。有趣的是，在北美没有观察到这种下降趋势(样本足够大到无须怀疑这些统计结果)；在这两个世纪中，仅有超过 50％ 的引述样本提及了自然声。人们可能会认为，北美人仍然更易于接近自然环境，或者至少比欧洲人更容易，因为对于欧洲人，自然环境明显正在消失！

但事情并不是那么简单。除了第一次世界大战期间，技术性声音的数量急剧上升后又再次下降外，索引并没有显示出在同样两个世纪中技术性声音感知的对应增加。(第二次世界大战没有类似的效应。)事实上，虽然在欧洲和英国(约占观察到的样本的 35%)技术性声音的感知量仍然保持不变，但在美国它实际上是下降的！

不过我们也注意到，在文学描述中，安静和沉默的数量下降了。在 1810—1830 年这二十年中，所有文学描述中提及安静或沉默的数量为 19%，于 1870—1890 年下降至 14%，并且在 1940—1960 年下降至 9%。因此，虽然作家并非有意识地感到技术性声音的积累，但在无意识的层面上，他们会注意到安静和沉默的消失。所有这些完全与之前我所描述的技术噪声的基调声特征有关。

在翻阅卡片时，我被现代作家将沉默(silence)描述为消极方式所震动。这是不恰当的。以下是最近一代作家所使用的一些修饰语：庄严(solemn)、压迫(oppressive)、死寂(deathlike)、麻木(numb)、怪异(weird)、可怕(awful)、阴郁(gloomy)、沉思(brooding)、永恒(eternal)、痛苦(painful)、孤独(lonely)、沉重(heavy)、绝望(despairing)、僵硬(stark)、焦虑(suspenseful)、痛苦(aching)与警觉(alarming)。这些描述沉默的话语并不是积极的。这些词语不足以形容沉默的内容，也不是本书对沉默所持的观点。

## 按美学标准分类

根据其美学标准对声音进行分类可能是所有分类法类型中最难的。声音对个体的影响不同，单个声音往往会激起各种各样的反应，以至于研究者很容易变得困惑或者沮丧。因此，对这一问题的研究被认为过于主观而无法产生有意义的结果。然而，在现实世界中，往往会对不断变化的声景做出重要的美学判断。莫扎克(Moozak)工业毫不犹豫地决定了公众最有可能容忍哪种音乐，而航空工业在进入超音速飞机的制造之前，也没有征求公众的意见。声学工程师也成功地在现代建筑中引入了越来越多的白噪声，并在其过程中引入了美学概念，称之为"声学香水(acoustic perfume)"效果。*

当我们几乎每天都在做出这些愚蠢的决定时，声景美学的系统研究还能继续被忽视吗？如果声景研究者有助于开发与改善未来的声学环境，那么必须开发出测量声音审美反应的测试方法，而首先这些方法必须尽可能简单。

---

\* 声学工程公司也已经接管了我们的声景业务，所谓"声景办公室"指的是同样的白噪催眠术。

由于其最简单的形式，美学关注的是美与丑的对比，因此好的开始可能是简单地要求人们列出他们最喜欢和最不喜欢的声音，这将有助于了解对于不同文化背景的人，哪些声音是愉悦的和不愉悦的。对于这种分类，可能被称为"声音罗曼史（sound romances）"与"声音恐惧症（sound phobias）"，它不仅考虑了声音象征意义具有不可估量的价值，而且明显地可以为将来的声景设计提供有价值的方向。如果与减噪法案一并阅读的话，声音恐惧症亦会给人一个好的印象，即某一特定的法律是否公平地反映了当代公众对不良声音的意见。

世界声景项目的一个子项目已经为尽可能多的国家提供了这样的测试。 *147* 我们试着将这一测试分为两个部分。首先，被试者大多是高中生或大学生，他们只被要求分别列出他们听起来最喜欢的五种声音与最不喜欢的五种声音。接下来，让他们在周围的环境中进行短暂的"声景漫步（soundwalk）"，返回时，他们被要求以在散步时听到的声音为参照重复这个测试。希望有空间将完整的测试结果打印出来，因为他们在想象力和感知方面完成了一个有趣的练习。将结果减少到必要的能——列出的程度，以便于根据所产生的一般模式支持这一假设，即不同的文化群体对环境声音具有不同的态度。*

某些一般观察是有序的。首先，在相当大的程度上，气候和地理对声音的喜好与厌恶有显著影响。例如，我们注意到的是，在那些沿海国家，海浪的声音很受欢迎，而在像瑞士这样的内陆国家，溪流和瀑布的声音更受人喜爱。热带风暴可能突然从海上吹来，因此强风是不受人喜欢的（如在新西兰与牙买加）。同样显而易见的是，对自然声的反应受到与其因素接近程度的影响。当人们从户外生活转向城市环境时，他们对自然声的态度变得良好。将加拿大、新西兰和牙买加做一个比较：在前两个国家，动物声几乎从未被发现是不受欢迎的；但对于每一个受访的牙买加人，他们都不喜欢一种或更多的动物或鸟类的叫声，特别是在夜间。鸣叫的猫头鹰、蛙、蟾蜍和蜥蜴是经常被提到的动物声。犬吠和猪的叫声也令人很不喜欢。最为普遍喜欢的动物叫声是猫的呼噜声。

虽然牙买加人对于机器声有些无所谓，但在加拿大、瑞士和新西兰，这些都是强烈不受欢迎的声音。牙买加人接受了飞机噪声，而其他国家的居民却没有。毫无疑问的是，对于除牙买加以外的所有国家，交通噪声尤其令人

---

* 国际声音偏爱度调查参见附录Ⅱ。

反感。从目前以及类似的测试来看，似乎很清楚的是相较于较小的其他族群，在技术先进的国家里，技术性声音是强烈地不受欢迎的，而在世界上一些觉得它们更新奇的地方，技术性声音可能确实受欢迎。我强调这一发现是因为在试图对抗当代噪声污染的问题时，我经常听到政客和其他反对者认为我们只代表了少数人，他们的理由是喜欢好的马达声的机械师或者喜欢听飞机噪声的飞行员。但毫无疑问，持这种态度的人形成了一个少数群体，至少在年轻人中是这样的。

　　其他引人注目的文化差异是瑞士人对钟声的强烈喜爱，而这在其他国家几乎没有被提及。对于恐惧的声音，牙医的钻头声在除牙买加（这一地方对牙医的钻头不太熟悉）之外的所有国家都有提及。但指甲或粉笔在石板上刮擦的声音在所有国家都被提及，并被认为是一种声音恐惧症，这是我们目前有待处理的一个问题。

　　这一测试需要进一步更详细地进行。需要更精确地找到如何以及为什么不同的人群对声音的反应不同。在多大程度上是文化的不同？在多大程度上是个体的不同？声音在何种程度上能够被完全感知？该领域需要在国际范围内进行仔细设计的测试。

## 声音语境

　　贯穿本章的所有声音样本都是在分开孤立的范畴划分中被考虑的。声学和心理声学已经脱离了语义学和美学。这在声音研究领域是一种传统的划分方法。物理学家和工程师研究声学；心理学家和生理学研究心理声学；语言学家和通信专家学习语义学；而美学领域则留给了诗人和作曲家。

| 声学 | 心理声学 | 语义 | 美学 |
| --- | --- | --- | --- |
| 是什么声音 | 他们是如何被感知的 | 他们是什么意思 | 他们是否有吸引力 |
| 物理学家 | 生理学家 | 语言学家 | 诗人 |
| 工程师 | 心理学家 | 沟通者 | 作曲家 |

　　但是我们不会这样做。太多的误解和歪曲是沿着这些孤立的范畴的边缘产生的。它们之间的接口丢失了。让我们通过几个声音样本来理解问题的本质。首先考虑下表中的声音样本对。

| 声音样本 | 声学 | 心理声学 | 语义 | 美学 |
|---|---|---|---|---|
| 警钟 | 猛烈抨击；快速调幅稳态；中心频率为 6000 赫兹的窄带噪声；85 分贝 | 突然的觉醒；连续的颤音；高音；响亮的；减少兴趣；受制于听觉疲劳；敏感音高区 | 报警信号 | 可怕的；令人不快的；丑陋的 |
| 长笛音乐 | 中断转移频率调节；近似纯音；有一些均匀谐音的音调；在 500 到 2000 赫兹之间；60 分贝 | 主动变换音高的模式化声音；旋律轮廓；纯音；高音域；中等响亮 | 巴赫的奏鸣曲；诱使他们坐下来聆听 | 音乐的；愉快的；美丽的 |

*149*

　　这里显然没有问题。这两种声音在物理上有很大的不同，因此具有不同的意义，并得出不同的审美反应。但即使在这一实例中，语境也会产生不同的效果。因此，在不改变声音物理参数的情况下，如果只是用于测试，警铃的意义就会改变。清楚这一点，聆听者就不会因为听到这样的警铃声而放弃一切并逃生。或者不改变巴赫的长笛奏鸣曲的物理特征，如果聆听者不喜欢长笛或不关注巴赫的音乐，审美效果可能会有很大的不同。

　　当得到这样的差异时，我们对依赖放之四海皆准的模式产生了怀疑，同时会意识到这样一个谬论，即一个既定的声音总是会产生一种既定的效果。让我们考虑某些更多的差异。两个可能相同的声音却产生出不同的意义和审美效果。

| 声音样本 | 声学 | 心理声学 | 语义 |
|---|---|---|---|
| 汽车喇叭 | 稳态，重复；主要频率为 512 赫兹；90 分贝 | 给我走开！我刚结婚！ | 烦人的；令人不快的节日；令人兴奋的 |

　　或两个具有相当不同的物理特性的声音却可能具有相同的含义和审美效果：

| 声音样本 | 声学 | 心理声学 | 语义 |
|---|---|---|---|
| 同上 | 同上 | 同上 | 烦恼 |
| 同上 | 同上 | 同上 | 快乐 |

150　　　但假如正在给加拿大的总理打电话，他的名字也是皮埃尔(Pierre)。玛格丽特(Margaret)是他的妻子，而我不是。其他因素都一致，但美学效果却是不同的：

| 声音样本 | 声学 | 心理声学 | 语义 |
|---|---|---|---|
| 我说："皮埃尔，你好吗?" | 我敏巴巴的男中音 | 被称为皮埃尔 | 友谊 |
| 玛格丽特说："你好，皮埃尔。" | 玛格丽特美妙的女低音 | 被称为皮埃尔 | 友谊 |

现在考虑以下两个声音：

| 声音样本 | 声学 | 心理声学 | 语义 | 美学 |
|---|---|---|---|---|
| 水煮沸的声音 | 有色噪声；窄带噪声(8000 赫兹以上)；稳态；60 分贝 | 高音的嘶嘶声 | 茶水已煮开 | 令人愉快的 |
| 蛇发出嘶嘶声 | 有色噪声；窄带(7500 ＋赫兹)；稳态(偶尔间断)；55 分贝 | 高音的嘶嘶声 | 蛇准备攻击 | 可怕的 |

这两个声音很相似，但不相同，对物理特征的感知似乎是相同的，但仍然没有混淆其意义，因此有不同的审美效果。它们的语境让它们各自的意义保持清晰。但是，当被从磁带录音的语境中删除时，它们可能很快就失去了自己的身份特征，连耳朵也不能敏锐地分辨出它们的物理结构中可能存在的任何差异。然后水壶可能变成蛇，或者可能成为火中的绿色原木。

总让我惊讶的是，为什么一个普通的声音可以完全被听众误解，从而戏剧性地影响他们对该声音的态度。如一个由磁带重放的电咖啡研磨机的声音被一个受试小组描述为"丑恶(hideous)""恐惧(frightening)""来势汹汹(menacing)"，而一旦声音被确定，他们的态度就变得平静了。有一个著名的上文提及的声音似乎是这一界限困境：粉笔或指甲在石板上刮擦的声音。如上所述，这是一个国际性的声音恐惧症。然而物理分析却仍然无法揭示为什么它会让人背脊冷得发抖。这一声音并不是特别高亢或响亮，也不会有任何伤害行为。它甚至没有什么特别指定的名称。没有一个独立的规律能够预测其显著的作用效果。像这样神秘的声音之谜能够被解释时——而不是在这之前——我们就将知道丢失之环终于回归其位了。

**10 感知**

注意到现代西方文化的视觉偏见，听觉感知心理学相对被忽视并不奇怪。我们已经完成的大部分工作都涉及双耳听觉和声音定位——这也与空间有关。其中，相当的工作是关于掩蔽(一个声音覆盖另一个声音)和听觉疲劳(sound fatigue，长期暴露在相同声音下所导致的效应)。但作为一个整体，这样的研究离我们的目标还有很长距离，即*探讨不同历史时代的个人和社会在听觉差异上的重要表现*(to determine in what significant ways individuals and societies of various historical eras listen differently)。

因此，不可想象的是，音乐或声景的历史学家在实验室准备工作中应该得到完全相同的快感，正如其激励了艺术史学家，如鲁道夫·阿恩海姆(Rudolph Arnheim)和贡布里希(E. H. Gombrich)，其工作在视觉感知心理学的研究上有重大贡献。在这类人员的工作中，至少在西方世界里，人们已经开始有可能理解视觉的历史。声景历史学家只能试探性地推测听觉习惯变化的性质和原因，并希望心理学家朋友们回应更多的实验研究需要。

**图形与背景**

这些在视觉感知中使用的某些术语可能确实对于听觉感知同等重要。至少它们可能值得仔细地考察。例如，像辐射这样的现象——一个明亮的发光区域似乎在扩散——其中一个类比是一个响亮的声音听起来似乎比一个安静的同时长的声音要长。目前还不清楚像*关闭*(closure)这样的术语——指的是通过填补空白来完成不完整模式的知觉倾向——是否可用于带有类似于视觉模式感知刺激的声音，尽管语音学的实验表明，对于语言至少有惊人的相似之处。

本书将从视觉感知中借用另一组概念：图形(figure)与背景(ground)。根据格式塔心理学家介绍的区别，图形是兴趣的焦点，而背景是基础设置或语境。为此稍后增加了第三个术语，即*场所*(field)，指观察发生的场所。现象心理学家指出，事件被认为是图形或背景主要由场所与主体的关系决定。

这三个术语之间的一般关系与一直在本书使用的设置现在显而易见：对应于信号声或声标的图形与对应于背景的环境声——这可能往往是基调

声——场所对应于声音发生的场所，这就是声景。

在视觉的图形—背景感知测试中，图形和背景是可逆的，但不能同时被感知。例如，看着池塘清澈的水，你可以看到自己的倒影或池塘的底部，但无法同时感知到两者。如果在听觉感知的层面来研究这个图形—背景问题，我们就会在声学图形被忽略成为可觉察的背景或背景突然翻转成一个图形——即一个声音事件、一个声标、一个难忘的或重要的声学体验时，修正这一点。历史上充满了这样的例子，本书将对其中一些实例进行讨论。

将一个声音判断为图形或背景部分与文化适应(训练习惯)有关，部分与个人心态(情绪、兴趣等)有关，部分与个人和场所的关系(本地人还是外地人)有关。它与声音的物理维度无关，因为如前所述，即使是非常响的声音，如工业革命中的声音，直到其社会重要性开始受到质疑时仍然相当不明显。另一方面，即使是微小的声音也会被看作是新奇的或被外人觉察到的声音图形。因此，当帕斯捷尔纳克(Pasternak)从乡下移居至城市时(《日瓦戈医生》)，劳拉(Lara)注意到了莫斯科电灯的噪声，或每次作为一个城市中的游客时，我注意到了巴黎咖啡馆瓷砖地板上沉重的金属椅子的刮擦声。

术语图形(*figure*)、背景(*ground*)与场所(*field*)为组织行为经验提供了一个框架。由于其适用性，则像本章开始那样认为它们是相互孤立的假设是不妥的，因为它们本身是一套文化和感知习惯的产物，是沿带有前景、背景和遥远天际线的往昔而自组织起来的经验倾向。如何准确地将这一框架应用于遥远的另一个社会，是我们想要回答的重大问题。

153

### 声逻辑能力

心理学家研究感知的过程，但他们并没有试图改善被试的这一能力。要进行测试实验，心理学家必须假设其被试具有一定的能力。作为一名音乐教师，我的直觉告诉我为什么至今为止还没有什么成就。要报告某人对声音的印象，必须使用声音作为媒介，任何其他方法都是错误的。就像我们指责声学家把声音变成图像一样，我们也指责心理学家把声音测试变成了叙述故事。这是声音关联测试的局限性，其中，听众被要求在联合叙述中描述对录音样本的印象。无论这种测试的目的是什么，都很难提供对感知的描述。检测感知的唯一方法为听者设计准确重现其所听内容的技术路线。这就是为什么音乐的视唱练耳训练是如此有用。舌头的声模仿是另一种检查听觉感知的方法。

作为听觉净化计划的一部分，我们设计了许多这种类型的练习。例如，用你的声音模仿铲子挖沙的声音，然后变为挖沙砾，然后是黏土，再然后是雪。这个练习部分是记忆练习，部分是发声练习。模仿另一个人的声音，例如重复一个人的名称，是另一项为提高声学事件报告能力而设计的练习。

在"2 生命之声"一章中，我注意到不同的语言是如何对其熟悉的动物、鸟类或昆虫的声音形成特殊表达词语的。除了语言的语音限制外，这些词语的明显差异也***必然表明了某种事实***（*must indicate something*），即不同文化对同一声音的表达方式不同——还是说动物与昆虫也会说方言？

印象只是感知的一半，另一半是表达。联合这些而得到精确的感知观察很重要。有了印象，我们就能够适应从环境中获得的信息。\* 描绘与确定印象；获得表达并做出设计。也许我们对于某些环节还不那么确定，但综合这些活动就构成了奥托·拉斯克（Dr. Otto Laske）所谓的"声逻辑能力（sonological competence）"。拉斯克指出，声逻辑能力并非仅仅是对感官信息的接收。"如果是这样，（心理）声学知识将足以用于设计，但事实并非如此。心理声学知识与声逻辑能力的区别正是'知识（knowledge）'或'关于（about）'及'实践知识（knowledge-to-do）'的区别，也就是说，在声音属性知识与其设计能力之间的差别。"拉斯克坚持认为，声逻辑能力适用于大多数最基本的感知水平，因此，它是所在声景设计可能的基础。

当然，某些社群有可能拥有比其他社群更好的声逻辑能力。本书的证据比假设更重要的是，当耳朵成为更重要的信息收集器官时，就像《圣经》（*The Bible*）与《一千零一夜》（*The Thousand and One Nights*）所描述的那些精心设计的耳证（earwitness）一样，它们是由声逻辑能力高度发达的社会所产生的。相比之下，当今西方民族的声逻辑能力较弱。我们忽略了耳朵，因此噪声污染成了严重的问题。但除了耳朵与声音，我们如今有一种工具可以用来帮助恢复听觉辨别能力——我指的是磁带录音机。这种装置的声音最后可以被暂停、分解与仔细考察。更重要的是，它们可以进行合成，正是这一点，磁带录音机的充分潜力让其成为一种有着团结印象、想象力与表达能力的工具。磁带录音机有可能合成某种声音。以地震为例，我遇到过的最好的描述之一是一位无线电广播音效师所做的陈述。

---

\* 皮亚杰以"容纳（accomodation）"与"同化（assimilation）"描述两种互补感知，但我更喜欢将其称为"表达（expression）"。

一次又一次，我听到这个事物被描述成惊天动地之声与震耳欲聋之尖叫的突然混合。事实并非如此。地震效果分为四个独立的部分，每隔几秒钟暂停一次。从低频颤抖的隆隆声开始，慢慢地提高增益，保持一两秒钟，然后再把它降到几乎为零。在纸板箱中摇动两个橡皮球，并使用双速录音，或者，如果你能做到的话，以15ips的速度进行录制，并以 $3\frac{3}{4}$ ips的速度进行回放。这样就记录了"地震声"的第一部分[或其众所周知的"前奏（prelude）"]，然后用一两个封闭的陶器进行撞击，再一次混合成音量较大的隆隆之声。

现在制作带有金属"环（ring）"撕裂感的突发闪电与撞击声。这可以通过将少量小石子扔到纸板箱的斜盖上来实现。盖子应置于顶端高出桌子表面上方一英尺以上的斜板顶端，在斜板的末端放置一玻璃果酱罐（靠在它的一侧）。因此，声音序列是石头击打盒盖使其顺斜板滑下，并撞击桌子表面一侧的果酱罐。以绝对最大增益录制该声音。双速录音方法仍可以进一步改善该声音，它可以既使声音延长，又使其音品质"更厚重（heavier）"。最后，声音再次于隆隆的噪声淡出，保持一段时间后，渐弱为零。

顺便说一句，一种获得冥想沉默之印象的最离奇但有效的方法是，以非常（very）微弱的增益录制各自独立部分的活动以获得孤独的遥远之声音。如果需要"恐慌（Panic）"噪声，如尖叫声与呼喊声，最好也录制**地震声**（ehind）的第三个"碎片下落（falling-debris）"部分，它可能会与上述恐慌之声进行叠加。

*155*

我在教学中经常发现，让学生进行感知表达练习的最好方法之一是使用磁带录音机进行声音合成来设置类似练习。然后，那些总体声音中复杂而被忽略或不易察觉的特征立刻会变得引人注目。

### 音乐是听觉感知的关键

任何世界声景的研究者都会从其音乐史知识中获益。它为我们提供了声音史实（sounds-in fact）的大量信息，即过去声音的最大信息（不排除那些由于语言的拼写方法和语音变化而不值得信任的口述与文学）。音乐风格的比较研究有助于说明不同时期或不同音乐文化背景下，人们的实际聆听方式也不相同。音乐的经验表明，不同的特征或参量似乎描绘每个时代或学派的特征，因此，阿拉伯音乐以节奏与旋律而被关注，西欧音乐——至少在过去 350 年——则强调了和声与动态。在任何文化中，拥有好的耳朵、拥有音乐经历就意味着此后在选定领域的胜任能力，任何音乐文化的听觉训练决定了人们的将来。

从来没有进行过音乐表达与听觉感知的跨文化研究，但这一研究不应该长期滞后。回答这样的问题有着重大的价值：一个社会如何看待频率、时间与强度的关系？连续性和中断的关系？冲击声与稳态声的关系？前景声与背景声的关系？信号和噪声的关系？或噪声和沉默的关系——也就是活跃与静止的关系？

**透视与动态**

我将给出一个单一文化音乐表达与听觉感知互补发展的例子，并将试图展示它是如何发展成为一种具体的聆听态度。我想要考虑的维度是动态，一个适当的视觉类比是透视。透视在十五世纪被引入欧洲绘画，并且在马萨乔（Masaccio）与安塞罗（Uc-cello）的作品后成为主要风格。观看透视画只有一个理想点，即视点。透视在画框的窗口前，透视将观察者固定在了某个位置。

当乔瓦尼·加布里埃利（Giovanni Gabrieli）创作他的《钢琴强音奏鸣曲》（Sonata Pian' e Forte，字面上听起来柔和而响亮）时，他将透视思维引入了西方音乐。在这一时期之前，我们没有发现音乐动态对比的记录，虽然不能推断它不存在，但可以推断之前它没有成为明确的表现手法。加布里埃利**钢琴曲**（piano）的**强音**（forte）是向声级定量迈出的第一步，正如英尺与弗隆（furlong）早有定量空间一样。正如物体在透视画中的排列顺序视其与观察者距离而定一样，因此音乐中的声音也是通过在虚拟空间中的动态来强调其排列位置的。这是一个同样蓄意的幻觉，几个世纪的训练让它变成了一种习惯。古典西方作曲家将声音定义在了耳之前的眼睛上。

正如透视聚焦是西方艺术的独特性一样，音乐沿各种动态进行组织也是西方音乐的特征。事实上，在许多音乐文化中，动态的缺乏令人震惊。凡·

贝克思(Von Bekesy)报告说，在他的响度判别实验中，

> ……其中一位被试是吉卜赛小提琴手。在实验的早期，他的差别阈限巨大，远远超过其他被试的范围。然而，他的音高阈限为正常值。经过大量的研究终于发现，他很少注意到响度变化，原因是在吉卜赛音乐中认为只有音高是重要的变量，而响度却保持相对统一。当被试理解了这一情况时，他有意识地进行了响度感知训练，然后他的响度阈限下降到了正常值。

同样的情况也发生在了凯瑟琳(Catherine)和马克斯·埃利斯(Max Ellis)与澳大利亚原住民合作的作品中。当要求他们演奏得更柔和些时，他们干脆停止了演奏。

相较之下，夸张的西方音乐动态平面允许作曲家象征性地将声音从遥远的地平线移动到前景中。巨大的空间和无限的外延在瓦格纳与德彪西的作品中表现得最为引人注目。但现在的重要问题是：我们能否同样观察到具有透视信息的聚集性声景的西方感性传统中的这些先进的动态实践呢？

如果重读本书前述部分的一些引文，读者将会发现这个问题的答案。在这里，虽然引人注目的是实例来自于个人，他在工作过程中不得不面对声音环境，但这个进一步的例子已经足以说明——声音影响了技术人员。

> 面对令人眼花缭乱的声音，问题是如何优选那些能够说明场景及其评论或对话的声音。为此，我推荐所谓的"三段式结构（three-stage plan）"。解释的话，它听起来容易有相当的限制性，但实际上，它所做的就是对任何一个场景中所包含的影响因素进行实际模仿，并决定每个场景的贡献程度。

> "三段式结构"将整个声音场景（sound-scene，所谓的"场景"）分为三个主要部分。它们是："即时场景（Immediate）"、"支持场景（Support）"与"背景（Background）"。注意到的最重要的是，"即时场景"的效果是要能够**聆听**（*listened*），而"支持场景"与"背景"的效果只是能够听到。……

> "支持场景"效果指的是在即时性声音事件发生时在其附近对其直接

*157*

作用的影响，"背景"效果则是让即时性声音事件正常发生的一般场景。

举个例子，在嘉年华（fun-fair）上录制一篇评论。"即时场景"效果将是评论员的声音。直接在他背后的游乐场将是"支持场景"效果，再往后，而碰巧强度略低的音乐与人群的喧闹组成了"背景"效果。

电台技术员的三段式结构确切地对应于管弦乐配器的古典布局，即独奏、协奏声部与合奏伴奏声部。它对应于从前景至地平线的听觉动态平面，使聚焦聆听成为可能。此外，尽管必须谨慎，但三段式结构与（西方）心理学家的图形/背景/场所（figure/ground/field）的划分有相似之处。

许多其他社会从未养成过透视观察的习惯。对爱斯基摩（Eskimo）、中国与拜占庭（Byzantine）艺术的研究显示了这些民族是如何看待不同空间的。中国人把物体散布在整个绘画的图面上，显示出广泛的散点视觉——透视聚焦的反面。更令人好奇的是拜占庭式的反透视视点，在太空中，随着物体的消退，它们经常被放大。正如埃德蒙·卡朋特（Edmund Carpenter）所显示的那样，爱斯基摩人通常会将图画表面边缘上的图像放在材料的背面，并将其考虑为同一个表面的一部分。卡朋特写道：

> 我不知道埃维里克人（Aivilik）主要以视觉描述空间的例子。他们不认为空间是静止的并因而可以测量。因此，就像没有统一的时间划分一样，他们也没有用于空间测量的正式单位。穴居人对光学视觉的需求也漠不关心，他们以每一片事物都填满自己的空间，创造自己的世界，没有参照背景或任何如声音的外在事物，每个穴居人都能够创造自己的空间与自己的身份，并强调自己的臆想。

卡朋特认为爱斯基摩人的空间意识是声学的。

> 听觉空间没有偏爱的焦点。它是一个没有固定边界的球体，由事物本身所创造的空间而决定，并不包含其他空间事物。它不是封闭的影像空间，而是动态的，总是不断变化的，在瞬间中创造出了自己的维度。它没有固定的边界；它对背景漠不关心。眼睛在背景上聚焦、锁定、提取物理空间中定位的每个物体；然而耳朵却偏爱任何方向的声音。

如果卡朋特是正确的，爱斯基摩文化提供了一个与欧洲文艺复兴相反的实例，爱斯基摩人的声学空间观念甚至已经影响了主导的视觉空间。

### 姿态和织体

我们已经注意到了好几次聚焦听音距离是如何在现代世界的声墙前将听者从瓦解的声音事件中分离出来的。现代的低保真声景没有视角；相反，声音以其持续的稳态性在不停地按摩着听者。随着世界声音的数量增加，独立的姿态被聚集的织体所取代。织体和人群相关联。每日景象中快速移动的人群必然首先使感官与其相适应。只有在掌握了新的视觉技术之后，人群才不会再迷惑，城市居民才能学会悠闲地审视它们，并寻找机会展示其有趣的身影。波德莱尔(Baudelaire)的许多诗歌揭示了这种感性习惯，这在他的时代也许是一种新的现象。"在城市震耳欲聋的交通中"——因此波德莱尔的十四行诗以"一位路人(À une passante)"开篇——偶然在人群中出现了行人，即一位让诗人注意到了其美貌的女人。

这一切都在我们身上发生过。我们并不是在寻找某些东西，但我们却找到了它。我们听不到什么，但突然却出现了骚动，一个声音向前跳跃成了前景图像。如果说在过去不存在这种"无聚焦(unfocused)"聆听现象是不恰当的，但也许可以说，后工业声景的纹理更易出现这种情况。

如今统计的增长也许在理论上说明了所有的问题可能都来源于这种拥挤，并不令人惊讶的是，正是在这一历史时刻，统计已作为一种作曲技术进入了音乐。艾尼斯·泽纳基斯(Iannis Xenakis)将随机性作为他的作曲理论。"随机性(stochastics)，"他解释说，"即研究与确定大数定律。"更关键的是，泽纳基斯已经从当代声景的观察中直接找到了他的创作灵感。他写道：

> 但其他路径也导致了相同的随机岔口——首先，例如冰雹或降雨与硬表面的碰撞，又或在夏季田野的蝉鸣等自然事件。这些声音事件从数以千计的孤立声音中独立了出来。从整体上看，这些众多的声音成了一个新的声音事件。这一总体事件被阐明后形成了时间上的整形模子，其本身遵循偶发与随机定律。如果想形成大量的点状音符，比如拨弦(pizzicati)，你就必须知道这些数学定律，在任何情况下，它们都只是

一个严密而简明的逻辑推理链表达。每个人都能够观察到几十上百或上千人的政治集会人群的声浪现象。人群的洪流以统一的节奏呼喊着同一则标语。然后又有一则标语从游行队伍中凸显出来,并向尾部扩散,取代了第一则标语。因此,一波过渡声浪从头部传到尾部。喧嚣充斥着城市,声音与节奏的抑制力达到了高潮。这是暴行中的强力与美丽的事物。然后示威者与敌人之间发生了冲突。最后一句口号的完美旋律在一大群混乱的呼喊声中破裂,并蔓延到了队伍的尾部。另外,想象一下,数十台机枪及子弹与汽笛声增加了这场骚乱的标点符号。然后,人群迅速散开,在历经声波和视觉的地狱之后,充满了平静与绝望、灰尘与死亡。这些事件的统计规律与它们的政治或道德背景无关,而与蝉鸣或雨相同。它们以连续或爆炸性的方式遵循了从完全有序到完全无序的规律。这就是随机定律。

有时只能听到一个声音,而有时会听到许多事件的声音。**姿态**(*gesture*)就是我们可以给出的独特、独立、具体而引人注目的事件;**织体**(*texture*)就是广义的聚集物,斑驳的效果,不精确而矛盾混乱的状态。

织体可以说是由无数不确定的示意组成的。它们就像一个单细胞细菌,仅在肿块或团簇中可见。因此,现代世界的许多城市在噪声污染失控的情况下所进行的无数次声级调查表明,这些声音事件在某种程度上被认为具有统计学意义。

但对于声景研究者,总体永远不应该与个体相混淆,因为它们根本不是同一回事。声景研究者必须永远记住芝诺(Zeno)的悖论:"如果一蒲式耳玉米掉落在地板上发出噪声,那么每粒谷物与每粒谷物的每一部分都必须发出同样的噪声,但事实上并不是这样。"

织体的聚合声不仅仅是许多简单的个体声音的总和——它是**不同的声音**(*something different*)。为什么声音事件的精心组合不能成为"总和(sums)"而成了"差异(differences)"呢?这是最为有趣的听觉错觉现象之一。

在宽带织体中存在另一种听觉错觉,因为在这样的声音中经常会听到其他声音。我记得当布鲁斯·戴维斯(Bruce Davis)和我一起创作作品《海洋》(*Okeanos*)时,将海洋的自然复合噪声(polynoise)与电子声音及海洋诗歌之声结合在了一起。在与海浪的磁带样本一起工作了几小时之后,我们经常会在节目的其他部分听到 e 音，时而被淹没，时而又浮现于感知水平之上，然后又再次被水声掩盖而消失。

心理学家意识到了这种听觉错觉。彼得·奥斯特瓦尔德（Peter Ostwald）在他迷人的小书《声音制作》（*Soundmaking*）中，报告了被超过其九分贝的白噪声所掩蔽的婴儿哭声对一组精神病院病人的影响。听者听到了不同的婴儿哭声，如

> "一个呼喊声，试图听到某人的声音，一个激动的声音"
> "……有人在大声叫喊及其回声"
> "一座嘈杂的工厂，有人锤打"
> "巨大的机械、发电机与……人们互相的喊叫声"
> "一个高喊声，啊呀，啊呀，像小号。"

海的复合噪声类似于实验室的白噪声。因此，没有两个声音一样的海浪波，即使是同一个海浪，在磁带上反复播放时，每次聆听的时候也会继续带来新的想象。赫拉克利特（Heraclitus）说："你从来不会两次跨入同一条河流。"

许多其他声音似乎也有这样的神奇力量。例如，风在恶作剧方面甚至可以超过大海，作为见证人，我们想起在"1 自然声景"一章中引述的赫西俄德（Hesiod）的《神谱》（*Theogony*）中台风（typhoeus）的声音。在《画论》（*Treatise on Painting*）中，达·芬奇评论道："……对于钟声，在他的笔触中，你可以找到你能想象到的每一个词。"同样的情况也被发现存在于词汇的反复重复至心灵被催眠时，在这一时刻，被催眠者可能会感知到新词汇的声音。这就是咒语的功能。也许某些声音产生幻听的原因永远不会得到令人满意的解释。也许它不该如此，解释会减弱其作为声音符号的魅力。

## 11　形态学

　　形态学是对形态与结构的研究。这是一个十九世纪的词汇，第一次被进化论者用于研究生物形态的发展。但到了 1869 年，它也被哲学家用于指示语调的变化模式与构词的方式。

　　正如我将使用的这一术语，我打算将它用于不断变化的声音的时空形态。如果类型学是根据声音的各种形式与功能进行分类的系统，那么形态学允许我们以一定的时间序列或地理序列将形态或功能类似的声音进行聚类，以使其变化或进化趋势变得尽可能清晰。因此，形态学为我们提供了纵深与横向比较的技术。换句话说，我们可以用形态学的方法来研究进化，例如，工厂的哨声——显示了声音的物理参数随时间的演进，或者可以比较不同社会为了类似目的对工厂哨子使用的演进，这也将是一个形态学的研究。* 在某种意义上，本书的第一部分是关于声景的一般形态学的文章，但对于一个真正的形态学调研，绘制像尖锐声这样的特殊组群是必要的。

　　哈罗德·尼斯（Harold Innis）在《帝国与传播》（*Empire and Communications*）一书中被一个事实绊住了，即他的古腾堡（Gutenberg）式的偏见让他部分表述为："强调时间的媒质具有耐用的特征，如羊皮纸，黏土和石

头。……而强调空间的媒质在性质上较轻而且不耐用，如纸莎草和纸张。"他可能更能取代"比声音更不具耐用性的特征"，因为在塑造社会时，声音的真正特征是其在空间中的传播，正如当我们作为社区的描述者研究其声学特征时，将清楚地理解这一点。真正的矛盾在于虽然发声具有及时性，但也会被时间抹掉。这是获得声景形态学的时间轴特征的困难之处。可靠的过往声音文物太少，就像参观乐器博物馆时会发现所有乐器都坏了或已经不能演奏。声景形态学——至少在磁带录音机发明以前——很大程度上是猜想工作。但即使缺乏一个符合彻底进行形态学研究要求的大型数据库，该技术也可大致以一种一般方法论进行概括。**

---

　　* 我知道这两种类型的研究有一定的相似性，结构主义者称之为聚合系列（paradigmatic series）和组合链（syntagmatic chain），但我认为最好不要使用类似锈铁舌音的表达法。

　　** 在更受限制的专业领域的研究中，可以更为系统地使用形态学方法。我们的特别研究参见《五个乡村的声景》，温哥华，1976 年。

### 从木材到塑料

要考虑的第一件事是不同文化与社会的物质基础。地球上的每一个地理区域都有着丰富的用于建造住宅、器皿与器物的物质材料：木材、石材、竹子或金属。切割、刨刮、锯断、锤击或粉碎这些材料时会给它们带来各自特有的声音。我已经注意到，在中欧，原始的建筑材料是木材；然后在土地被清理之后，使用了石材；今天则使用无休无止的混凝土将房屋、街道、城市和国家紧紧联系在了一起。相比之下，北美西海岸正从木材时代直接进入灰色混凝土的现代时期，而没有经历"石材"时代。

现在人类是如何处理木材的呢？在诗作《农事诗》(Georgics)中，维吉尔记录了一个木材修整技术的重要闪光点：

> 然后钢铁的刚强与锯锋的尖叫到来了
> （原始人惯于用楔子劈开木头）。

在维吉尔的时代(公元前 70 年)，刺耳的锯木声是一个相对较新的声音，并且第二行的插入语表达了对处理材料的老方法的怀旧情绪。维吉尔的同龄人，西塞罗和卢克莱修也不欣赏锯木声的音质。西塞罗指出"锐鸣(stridor serrae)"是令人不快的噪声，同时，罗切斯的记录是"刺耳的锯木声建起了一道严苛的栅栏(the harsh grating of the strident saw)"。木材的下一步发展也记录于一个现代诗人，埃兹拉·庞德(Ezra Pound)挑剔的耳朵里，他将这一声音铭记于他那首令人战争般疯狂的诗歌《以斯拉记第十七章》(Canto XVII, 1930)中：

> 当他到达那里时，戴夫做的第一件事是
> 嗡嗡地开始锯木，
> 然后他把木材锯成了一个个乌木段：唏，嗒，
> 三分钟就完成了两天的工作。

我已经注意到的是，德黑兰(Teheran)的塔赫特依加希德(Takht-e-Jamshid)的石匠锤子提醒了我，随着碎片飞散的撞击声让位于水泥搅拌机的稳态咆哮，

对石材的处理也有着类似的演变过程。(不过当金属钉子替代木销子时,铁锤金属钉夹声就恢复了;同时只要用现浇混凝土结构来填充缝隙比预埋件更经济,那么手提钻就成了必不可少的声音。)

对金属引入的研究将会让我们了解许多有关声音材料形态学的知识。例如,大约在公元前5000—前4000年,铜和锡的熔合产生重要的新的青铜声,这是后来在加农炮与教堂的钟声中发现的最为英勇的声音。青铜是欧洲、中东和中国(在商代之前,公元前1523—1027年)原始的金属材料。在印度,产生了不同的合金:黄铜,即铜与锌的熔合。即使在今天,也可测试出在这一次大陆所制作的精致的盘片和铃铛上音调的差异。

约在公元前1000年,当铁冶炼开始时,它在制作过程和产品中提供了新的声音。一本查理曼(Charlemange)的传记让从九世纪起打铁响铃声的描述真正地变得不甚清晰,它连接了男性的金属声与进步的战争器械艺术。

> 然后,看到那个铁人查理曼,他顶着铁盔,拳头套在铁手套里,戴着铁胸盔,他那柏拉图式的肩膀穿上了铁甲。他的左手高高地举着一把铁矛,而在他的右边,他握着他那把征服剑。为了更容易骑马,其他人让他们的大腿裸露于盔甲之外;查理曼就像被绑在铁盘子里。至于他的护胫甲,像他所有的士兵一样,它们也是用铁做的。他的盾牌全是铁的。他的马铁般的闪光与勇气都如铁一般刚强。所有在他之前的骑兵,那些在侧翼随从,那些紧随其后的士兵,也穿着同样的盔甲,可以想象,他们的装备就像是他自己的复制品。铁填满了田野和所有的空地。太阳的光线被这条铁的战斗线抛回。这场行军的人们比铁更坚硬,向铁的坚硬致敬。在被诅咒的牢房里,苍白的面孔在明亮的铁线上变得更加苍白。"哦!铁!唉,铁!"这就是帕维亚公民的喧闹。坚固的墙壁在铁的触摸下颤抖。年轻人的革命在这些年长人的铁器面前变得脆弱。

164    玻璃提供了另一种独特的声音范畴。玻璃在十二世纪已经被引入了欧洲,到1448年[据埃涅阿斯·塞尔维乌斯·皮克罗米尼(Aeneas Sylvius de' Piccolomini)的记载]一半维也纳房子的窗口采用了玻璃。对应于铁器,玻璃提供了女性气质的声音。在品酒仪式的混合媒质体验中,触摸高脚杯时所产生的声学口音中将听到它扬琴般的音调;以及玻璃口琴般柔和闪光的色调,就像浪漫主义者吉恩·保罗(Jean Paul)借此唤起他的**奇美拉大陆**(*pays de chiméres*)。当玻璃破碎时，它心中的流泪就像一个女人的抽泣。

作为欧洲的基调声，随着木材的消失玻璃承担了更多的作用，玻璃制造与金属一同冶炼，这些使它的必要产量达到了森林般无限广阔的面积。

在二十世纪，玻璃开始被替代，首先是赛璐珞，然后是塑料——全能的举世无双而又低调的现代材料，其声"砰(thud)"然而来。

### 从脚步到空气轮胎

交通运输的声音也可组织为形态学调查，并考虑到每人每天参与此交通活动所花费的时间，由此产生的基调声可被提升至前景声，因此这些声音对日常生活的影响也许开始受到关注。此前，我已经提到了各种脚步声，从赤脚到不同材质的鞋的声音——木制的，皮的，金属的……脚步声往往在步行与舞蹈时得到展示。一些能够想到的例子是，波斯和阿拉伯妇女穿戴象征穆罕默德警示的小脚踝铃铛，或澳大利亚原住民男子在跳舞前系在膝盖上的大束叶子。*

可测量的社会脉搏不是心跳，而是脚步声的舞蹈。温和的意大利人行走时的脚步声好似音乐的**行板**(*andante*)。与此相反的是，侍臣敏捷的**库兰特舞步**(*courante*)或驼背而又饥饿的乡下人沉重的**佩桑特舞步**(*pesante*)。是的，在这里，可以其公民脚步声量度了解社会的动力。这些脚步声是有目的的吗？鲁莽的？金属的？沉重拖沓的还是迟缓笨拙的？有时脚步声会形成与社会流行节奏的对抗。在这方面，生活在可能是有史以来节奏最快的社会中的北美人，已经成为世界上最为缓慢的行人。事实上，汽车速度的提升降低了美国的步行节奏。

脚步的离散撞击声统一于车轮的连续线上。试想第一个轮子——在凹凸不平的地面上发出的笨重的木质声音。然后想象它演变至那些与金属剥离的轻轮辐车轮、加农炮或蒸汽引擎的喷汽车轮——它处于连续平滑的线与脉冲声之间——直到内燃机的发明，在最后高速而高亢的噪声中，节奏完全脱离了运动。但即使是空气轮胎产生变化：如雨中车轮的嘶嘶声或雪中更沉重的嗡嗡声，轮胎与螺柱的咣当作响之声也依然存在。

165

---

\* 毛利妇女的亚麻色裙子(piu piu)产生的自然沙沙声如耳语(susurration)般美丽。

### 从号角到电报机

通信系统也已经历了惊人的声学变化过程。所有的声学通信系统都有一个共同目标：将人类的声音传播至更远处。它们还有另一个目标：提升信息的精度并将其传播至远方。第一个为人类延长声音的声学设备是号角。第一类号角是具有侵略性的，听起来令人惊骇的乐器，它用于吓唬恶魔和野兽。但即使在这里，我们也能注意到乐器的良性特征，即表示善良的权力将战胜邪恶，即使当它开始在军事战役中用作信号装置时，这一特征也从来没有被遗弃。众所周知，希腊人和罗马人在战争中使用各种各样的号角与喇叭，但我们还没有准确地了解他们是如何使用这些乐器的。我们所熟悉的第一个用于对话的号筒是木制长号角（alphorn），这是欧洲的第一部电话。

但是在纯粹现代的复杂设备中，木制长号角被非洲的电报信号鼓点所超越。两种信号声（高音和低音）用于通信的目的，虽然有时使用不同类型的点触声，但更常用的是采用严格的二进制代码。也许这样的限制使复杂信息的传递成为可能，但情况并非如此。当信息存在歧义时，会引入冗余量来理清信息。如：若*月亮*（*moon*）一词和*家禽*（*fowl*）一词的信号是相同的，均包括两个高音信号点触[使用刚果（Gongo）的洛克勒（Lokele）部落信号声的情况]，意义将通过在每个单词中添加一个解释短语来表达。

> 月亮低头看地球
> songe li tange la manga
> 高高低高高低低低低低

> 小鸡咯咯叫
> koko olongo la bokiokio
> 高高低高高低低高低高低

拥有了等高轮廓与脉冲特征，非洲的谈话鼓点可以在安静夜晚传播远至 60 英里，旋律与节奏的融合，可能曾经是最优雅的信号系统设计。相比之下，罗兰（Roland）强大的奥列芬特（Oliphant）系统则是一种简单粗陋的通信系统。

随着巴洛克*狩猎追步信号*（the baroque, *cor de chasse*）、图尔恩信号

(Thurn)与邮政车信号等节日装饰信号的引入，在欧洲的通信系统中，旋律超
越了节奏，只是莫尔斯(Morse)电报密码进行了平滑处理。约在 1930 年，就
像最后的邮政号角渐渐在德国消逝，这一电台信号的引入也如室内音乐会取
代室外音乐会、商业的出现与街道喧闹的移动市场的同步消失一般。(当然，
吵嚷声的长距离传播已经通过电话成为可能。)

通信系统中音乐声的引入与消失(或至少是对旋律或节奏的偏好)是一个
声学设计师应该关注的主题，当各种系统以序列相继发声时可以从这一视角
进行研究。

### 从棘轮到警报器

就像仅仅通过标注最高建筑物就足以推理出不同社区的重要社会机构
一样，研究最显著的社区信号声的变化就可形成一个有趣的形态学研究主题。
首先，如果可以测量一组社区的历史信号强度，就可以准确地获得社区的环
境噪声水平。*

以不同时期的社区火灾信号声为例，这项工作真正要揭示的是应该在
一种文化中局限于一个单一深度的研究，或者以某一个时间剖面的形式比较
同时代的多个文化的同一性质的信号声。但目前我还没有这样做，所以只能
用一般的方式去研究这一主题。

在莫扎特的时代(1756—1791 年)，维也纳非常安静，以至于可以由侦察
员在圣斯蒂芬大教堂(St. Stefan's Cathedral)塔顶上的喊声来传递火灾信号。
在北美早期，消防大厅也有侦察高塔。早在 1647 年，新阿姆斯特丹州(New
Amsterdam)州长就任命守卫在曼哈顿街道的夜晚巡逻，并手持拨浪鼓或棘轮
来发出警报(此后一个有趣的例子是，在战时的伦敦，每个民防典狱长都配备
了这一相同的棘轮武装设备，在发生德国毒气袭击时，这些设备所产生的声
音惊人的响亮，经测量，在 3.5 米远处高达 96dBA)。

英国的消防车最初使用了锣。随着电机驱动电器的问世，钟在二十世纪
早期就开始使用了。

---

* 比找声学工程师便宜很多，参见 14 节"聆听"。

　　警笛于第二次世界大战后由一些军队引入，但钟声继续用于英国火警服务的可发声的火灾消防器具中……然而，在二十世纪六十年代，由于交通条件的日益恶化与大型柴油发动机商用车的日益增多……采用了四种不同的报警装置……经测试，决定对消防器具使用两音调警报声进行标准化。随后这一标准被其他紧急服务车辆使用，如警车与救护车，并且其使用现在仅限于紧急服务的车辆。

1964年，这一熟悉的两音调警报声的强度被调整为在安静条件下，50英尺的距离不少于88dBA。

文档中的两个剪报显示，早期加拿大城市从钟声向警报声过渡。

　　铛！铛！看，消防设备响了，水花从一个个淋浴喷头冲出；消防员匆匆戴上头盔，穿上橡胶大衣，他们心跳加速，而生活变得温暖，心中充满了光明的希望和期待！

　　野性充斥着街道，马速疯狂，司机紧靠在座位上，消防员们紧紧地抱着水管推车、云梯车和像飞鸟一般上紧了引擎！

以上是1899年温哥华（Vancouver）第一辆消防马车的记录。但是自1907年机动消防车出现后景象大不相同。

　　随着一声狼嗥般的长啸，交通戛然而止，机动消防车尖叫着沿街而驰，留下一道明显的车痕，人们与车辆如红海泄水般随着以色列人一同苏醒。司机搬动转向轮，在他身边蹲着一个人旋风般地拉开警报器的曲柄，向前方发出恐惧而颤抖的呼喊。

在北美洲，所有紧急车辆都使用旋转圆盘警报器，包括：消防设备、救护车和警车。欧洲则依赖于两音调警笛，调谐至一个小三度（通常用于瑞典）、一个纯四度（通常用于德国）或一个大二度（通常用于英国）。自从北美洲引入碟形警报器以来，主要的变化在于声音输出的音量。经测量，1912年老式汽车的警笛声于3.5米远处为88~96dBA。到1960年，警笛强度已经上升至5米远处为102dBA。近年来，一种新型的警报器已被引入了紧急车辆，在同

一距离的测量值为 114dBA。美国现正在为警察部门制造于 3.5 米处测量值为
122dBA 的警报器以供其车辆使用。有了这样的威吓装置，警察几乎不可能变
得更可爱了。

### 结论，形态学研究的价值

我希望形态学的主题研究能够足以最终激发更系统的研究。磁带录音机
使当代声景的形态学研究完全可行，且结合实验室分析，录制的声音可按顺　*168*
序重组，很容易分析其物理变化。

有时，变化似乎按一种相当有序的方式进行，而有时会突然中断而突变。
钟声被警报器所替代就是一个例子。鉴于一些熟知声音的沉重的象征意义，
声学设计师应该非常仔细地权衡这些因素，然后才能用全新的声音取代一个
传统的声音。

现今，许多国家的雾号（foghorns）正在自动化，它们的声音特征正在完全
改变。熟悉的大振膜和台风式的丰富低音正让位于电动喇叭，它有着更高的
音调与更低的驱动力。加拿大渔民说，他们不喜欢这种电动喇叭，也不想听
到这种声音，但交通部已经开始拆除大西洋和太平洋沿岸的旧号角了。

有时，新的技术只是部分地改变了熟悉的声音，电动警报器就属于这种
情况，它保持了与旧圆盘警报器相同的声音轮廓，以瞬时开闭的方式截断了
圆滑音的弧线。老式警报器的节奏增加了约四倍以获得新式电模型的尖叫声，
原来设备声音的粒状效果已经消失，这样，一个新的声音信号就由旧的声音
中逐渐形成了。

判断声景的变化是否有着如在语言发展中观察到的形态学规则还为时尚
早。同样有价值的是，作为研究成果，将被发现的东西可能会被称为矩阵声
音（matrix sounds）。我在思考的是，具有不变物理特征的声音，发生于不同
的文化或复发于整个历史时，总会有相同的意义。关于矩阵声音的知识有助
于声学设计师以几何形式形成可视化的设计方法。这样的声音也将会带有巨
大的象征意义。

## 12　象征意义

环境中的声音具有参考意义。对于声景研究者，它们不仅是抽象的声学事件，而且必须作为可考察的声学符号、信号与象征。符号是物理现实的表征(音乐乐谱中的音符 C、收音机上的开关等)。符号仅是标识而无法听到。信号则是具有特定含义的声音，它经常激励一个直接响应(电话铃、警报器等)。然而，一个象征往往具有更丰富的内涵。

"一个字或一幅图是具有象征性的，"荣格(C. G. Jung)写道，"它隐含着比直接显现更多的意义。它有着更广泛的无法精确定义或充分解释的'无意识(unconscious)'层面。"当它激起了超越其机械感觉或信号功能的情绪或想法，并且在心灵深处激发起神圣性或共鸣时，声音事件就具有了象征性。

在他的《心理类型》(*Psychological Types*)一书中，荣格谈到某些类型的"象征，这可能独立自主地出现在地球的每一个角落，并且它们没有什么不同，只是因为它们来自于同一种世界范围内人类的无意识，其内容比起种族与个人的变化较少"。对于这些"第一形式(first form)"的象征，荣格给出了"原型(archetypes)"这一称谓。这些象征具有继承性，是可追溯至时间原点的原始经验模式。它们自己无法表现，但可以在梦境、艺术作品与幻觉中表达。

本章将尝试展示某些具有强烈象征特质的声音，以及一些最古老的声音象征是如何激发原型象征意义的。

### 回到大海

在所有的声音中，水这一原始的生命元素具有最为斑斓的象征意义，因此我们将回到第一章的主题——自然声景。雨、小溪、喷泉、河流、瀑布、海洋，每一个声音都是独特的，但它们都具有一个丰富的象征意义，即表征了清洁、纯净、活力与更新。

海洋历来是人类文学、神话与艺术作品的主要象征符号之一。它是永恒的象征，即它永远地存在。它也是变化的象征：潮起潮落与波浪的流动。赫拉克利特(Heraclitus)说过："你无法两次跨入同一条河流(You never go down to the same water twice)。"它解释了能量守恒定律：水从海洋蒸发成为雨，然后雨落成为小溪与河流，它们最终又回到了大海。水还是转世轮回的象征：

水永不消逝。水也不遵守万有引力定律，因为它向下流动，却向上蒸发。当水愤怒时，它的象征隐含在奥登（W. H. Auden）的话中，"文明以外的野蛮、含糊与无序的状态已经出现，并且反复无常，非神与人的努力而无法拯救"。奥登继续说："大海是决定性的事物，永恒的选择，诱惑的时刻，潮起潮落。"

"你将投下深渊，就是海的深处；大水环绕我，你的波浪洪涛都漫过我身。"（约拿书 2：3）。将约拿从腐败和混乱的魔掌中拯救出来，总是会被解释为重生；水的奇迹是它既是永恒的毁灭者，又是伟大的救赎者。荣格评论道："水是无意识的最常见的象征符号。……因此在心理上，水意味着失去知觉的精神。……下降到深渊似乎总是在上升之前。"

希腊人能够区分波图斯（Pontos），地图上可通行的航线，以及安诺斯（Okeanos），这一水的无限宇宙。波图斯对应于欧几里得（Euclidean）几何的闭合世界，安诺斯则对应于神秘与风暴——未知海域上的风暴可能毫无征兆地吞噬船只。大海的风暴声很好地表征了安诺斯的原始混沌状态。当海洋愤怒时，它拥有相当于整个可听声频谱的能量；是一种全频（full-frequencied）白噪声。但其频谱似乎总是在变化；时而深沉，时而高亢，虽然两者总是同时存在，但所有的变化都表现在了它们的相对强度上。其印象是一种巨大而压迫的力量，表现为连续的声波能量的流动。在海上的风暴中，声音没有被表达成波浪。只有在船上，才可以听到波浪的运动，当船只翻滚与颠簸时，舱壁呻吟着猛烈地颤抖。（我曾经在 6～11 秒的时间内于太平洋的大风中感受过这种声音。）

大海象征着野蛮；土地则象征安全与舒适。它们之间的标志在于破碎时发出的可听声响。没有任何声音如此具有一致性和离散性。因此，当我们回到海岸线时，力量让位于有规律的拍打，海洋以一种奇迹般的方式建立起了它的对立面——有序的节奏。当大海变得柔和的时候，节奏取代了混沌。最后，大海挂在地平线上，变成了一些即将逝去的与音乐柔和的情绪相混合的低吟。以下是出生于波罗的海（the Baltic）的托马斯·曼（Thomas Mann）在其小说《托尼奥·里尤兹》（*Tonio Kröger*）中的描述：

> ……他正在演奏小提琴——音调如他往时所知的那般柔和，夹杂着花园中喷泉飞溅的水花在老核桃树的枝叶下翩翩起舞。喷泉，老核桃树，他的小提琴，远处的北海，在夏季的低声细语中，他度过了他的假

*171*

期——这些都是他所爱的，在它们的怀抱中，他敛气凝神，在它们的怀抱中，他的内心随其所愿。

现代人正远离大海。海上旅行已经让路于航空旅行。大海，无处不在的大海已经成为倾倒污染物的垃圾场。为了逃避"海的绿色哭泣之塔"，身居内陆的现代人怀着平静的心，想象着大海的浪漫。[我们的声音偏爱度调查清楚地显示了这一点；请参阅第147—148页与附录Ⅱ（译者注：原书页码）]。他们认为，潮起潮落的夏日海浪只存在于放松呼吸的韵律中。然而现代人类正在失去与超生物（suprabiological）节奏的触碰，让海洋变成了如古老艺术与仪式之岌岌可危的存在一样声名狼藉。所有的记忆都变成了罗曼史？如果是这样，大海是第一个例子。

## 风的虚幻

与海洋的野蛮挑衅相比，风是狡诈和模棱两可的。离开它触碰脸或身体的压力，我们就无法感受到它的方向。因此，风并不可信。"风随着意思吹，你听到风的响声，却不晓得从哪里来，往哪里去。"（约翰福音 3：8）荣格说风是灵魂的气息。

> 为了唤起生命的奇迹，人类需要浸洗于水中。但灵魂的气息冲过深邃的水是非同寻常的，就像一切都是我们所未知的——因为它不是我们自己。它暗示着一个看不见的存在，一种圣神，它既不是人类所期望的存在，也不是既定生命的阴谋。它是生活本身，一种在人们脑中闪过的不寒而栗的幻象，人们认为"灵魂"仅仅是它信仰什么，它让自己成为什么，那些书所说的，或是人们所谈论的。但当它自然发生时，它是一种幽灵一般的存在，是一种幼稚头脑中的原始恐惧。肯尼亚（Kenya）埃尔戈亚（Elgonyi）部落的长老给了我一个他们称之为"恐惧制造者（maker of fear）"的夜行神（the nocturnal god）的称呼。"他靠近你，"他们说，"就像一阵寒冷的狂风让你战栗颤抖，他在高大草丛中呼啸而过。"——一个非洲神灵在正午从芦苇丛中滑行而过，吹着他的风笛，吓唬牧羊人。

荣格所写的有一些词源基础。古德语"灵魂"一词为 saiwalô，这可能是一个与希腊语 aioΛos 同源的词，意为"快速移动，诡计多端的或鬼鬼祟祟的"。

风的虚幻性质在风竖琴（Aeolian harp）中有所体现，其若隐若现与难以捉摸的音调被浪漫主义者描绘得如此深情。诺瓦利斯（Novalis）写道："自然是一架风竖琴，一种声音来自我们心灵内部的高音弦所弹奏的乐器。"但有时风似乎也具有完全邪恶的特质。什么是我们由风所创造的，如德国的焚风（Fohn）与美国的奇奴克风（Chinook），已被证实会引起反常行为其至成为死亡的原因，通常是自杀？在一份令人感兴趣的未出版的报纸上，南安普敦大学声与振动研究中心（the Institute of Sound and Vibration Research at the University of Southampton）的菲利普·迪金森博士（Dr. Philip Dickinson）提到了一个企图自杀的老年妇女的案例。

> 她企图自杀的原因：她由于孤独仿佛能够听到低频振动噪声……而当地卫生部门根本无法听到或记录到任何这样的声音。此后他们发现许多其他人也听到过类似噪声，却害怕说出来。因此，引入了"专家（expert）"建议。一个经过医学培训的噪声顾问和他的妻子访问了那个地区，虽然他什么也听不到，也没有记录到"任何（nothing）"他能够听到的声音，而一台噪声分析仪却在 $30\sim40\,\mathrm{Hz}$ 的范围发现了一个显著的峰。随着这些测试报告的公布，陆续接到了来自于该国各地区的严重低频振动噪声的报告。……其中许多调查在所有情况下，在 $30\sim40\,\mathrm{Hz}$ 均发现了一个明显的峰值噪声范围。这一噪声主要在夜间可被听到，特别是在寒冷的冬天早晨的微风中以及温度转换的时候。这种噪声从来没有在无风或冽然微风的炎热夏日发生过。许多地区试图在电力传输线的噪声中找到根源。有些地区，这些电线木柱子震动得很厉害以至于痛苦得让人们的耳朵反感。但不是所有的地方都有电力传输线，换句话说，噪声被房屋，也可能是被薄树林放大了！

迪金森博士把这些低频振动归因于风。迪金森也提出了一个与他的研究有关的结论，即失控的低频振动已被认为是导致脑瘤的原因之一。

虚幻、无常与毁灭，风是人们在传统上最不信任和恐惧的自然声。我们记得堤福俄斯（Typhoeus）是一个狡猾的神，因为他用多个舌头说话。任何试图使户外磁带录音变得清楚的人都知道，风的诡谲多变一直延续到了现代。

173

## 曼陀罗和钟

也许没有哪一件人工制品像钟一样如此遍及各地，或与人类长期相伴。钟的大小各异，用途也令人难以置信地多种多样。概括地说，大多数的功能可以分为两类：集合（向心力，centripetal）功能和扩散（离心力，centrifugal）功能。这可由以下局部表格可知。

| 地点或部落 | 铃铛类型<br>（或锣） | 目的 | 功能 |
|---|---|---|---|
| 罗马 | 铜锣 | 驱走鬼魂 | 离心 |
| 维也纳（奥地利） | 教区钟 | 驱散风暴 | 离心 |
| 埃菲尔山脉（德国） | 小手铃 | 使恶鬼远离那将死的人 | 离心 |
| 普韦布洛印第安人<br>（亚利桑那州） | 小铃铛 | 来驱除女巫 | 离心 |
| 英格兰（中世纪） | 牧师将手铃带到病床上 | 赶走女巫 | 离心 |
| 温哥华（1895年） | 运载天花死者马车的小铃铛 | 警告过路人可能感染 | 离心 |
| 汤加和斐济群岛 | 钟声 | 召集信徒 | 离心 |
| 雅典 | 普罗塞皮纳牧师演奏的手铃 | 号召人们做出牺牲 | 离心 |
| 日本 | 报童的小铃铛 | 为了吸引顾客 | 离心 |
| 波斯人、阿拉伯人、以色列人 | 女性佩戴的脚踝铃铛 | 为了吸引男性 | 离心 |

并非所有的铃声都易于按功能分类。在中世纪的欧洲，骑士们戴着附着在盔甲上的小铃铛，而妇女则戴着附着在腰带上的铃铛。这些功能是向心力吗？那么怎么解释宫廷的弄臣呢，他们的帽子上装饰着同样的铃铛？而且为了通知主人其方位，或识别动物的首领，全世界动物的身上都系着无数的铃铛。

铃铛挂在最愿意戴着它的马脖子上，从那时起，它就是头马。直到它移动时，几乎不可能让任何其他的马走到它的前面。如果你让这匹马保持在队伍的末尾一英里或两个三月后，再让它担任铃马，它会疯狂而渴望地赶上其余的马。当你想在早上开拔，抓住铃马并敲响其颈铃时，其他所有背着包的马就会很快地聚集在一起。

在同一档案里，我们将了解到头马的铃声信号是如何指挥一列马队通过落基山脉（Rocky Mountains）狭窄的小径的。连着马的挽具的那叮当作响的铃铛，听起来就像埃德加·爱伦·坡（Edgar Allan Poe）在其一首著名的诗歌中所描绘的节日的音符。

> 它们如此叮当，叮当，叮当，
> 在夜晚冰冷的空气中！
> 而那些轻轻撒落的星光哟
> 让整个天空似乎都在闪烁
> 以一种水晶般的喜悦，
> 让时间，时间，时间静止，
> 在某种符文的韵律中，
> 叮叮咚咚，如音乐的源泉
> 来自于那些铃声，铃声，铃声，
> 铃声，铃声，铃声，铃声，
> 来自于那些叮当作响的铃铛！

这样的铃声曾经是世界上许多地方的声景的装饰，直至内燃机的发明让它们消亡了。在一些地方，它们的消亡也来自于条例法规。一条萨斯喀彻温省（Saskatchewan）的法规（No.10，1901）写道："马和奶牛不得在阿尔伯特亲王的限制范围内佩戴铃铛。"而至于俄罗斯，我们记得托尔斯泰（Tolstoy）的《战争与和平》（*War and Peace*）中的古怪的王子尼古拉·博尔孔斯基（Nikolay Bolkonsky）将其领地中所有的动物铃铛都绑上或塞满了纸。

教堂的钟声最初同时保持了向心与离心的功能，它的设计既要吓走邪灵，又要吸引神的耳朵与信徒的注意。古代教堂的钟声被许多基督释经者赋予了丰富的象征意义。

　　　　钟声代表传教士的嘴，根据圣保罗（St. Paul）的话语："我成了响亮的铜管乐器或叮当作响的钹""我给你的额头比它们的额头更硬"，金属的硬度象征着传教士刚毅的心灵。通过击打发出的铁的敲击声表征了传教士的言语，象征着学习《圣经》的回响。钟声的敲响警醒着传教士应当首先罢黜并纠正自己的恶习，然后再预先警醒别人。钟的连续撞击声也与冥想相联系；连续击打表示对言语舌头的节制。悬挂钟的木架子标志着主的十字架。将铁器系于木质十架上表征着传教士的慈善，传教士与十字架上的救赎密不可分："我与荣耀是如此遥远，除了主的十字架。"先知的神谕钉在了木质的十架上。十架上被敲击的钟声意味着传教士确信的心灵，他自己拥有快速传递神谕，以及经常向信徒之耳灌输的能力。

175

　　下面是另一种对钟声的解释，同样的真诚却相当不同，这一解释在时间上与我们自己更接近：

　　　　所有的空气似乎还活着。就如那些伟大而清醒的话语一样，金属般坚硬的器物变得鲜活而愉悦。它们所迸发出的愉悦的尖叫让城市震动。那些它们无言的述说触动了你的内心深处并让你泪如雨下。其中一些是为了纪念死者。这是一个精彩鲜活的纪念馆，鲜活的声音为死者述说。如果有人死去，而你被允许瞻仰或聆听，我认为这将是听到他们气息的最好方式。

而当代教堂钟声可能仍然是重要的社区信号，甚至是一个声标，它与基督教象征意义的精确联系已经减弱或消失，因此它的原始目的体验也受到了削弱。

　　钟声和锣声的重要区别必须加以解释。在相当大的程度上，这些区别对应于东西方文化的根本区别。钟是一种中空的杯状金属体，通常为青铜器。中国的钟声于外部敲击，通常用木槌，而欧洲的钟则被悬吊在其里面的金属槌所撞击。事实上，欧洲人将击槌的尺寸发展到了相当可观的地步，其重量有时达到了1500磅，如科隆大教堂（Cologne Cathedral）的大钟。由于需要时间以击槌的击打克服金属的惯性，因此其钟声包含了一个锐利的激励声以及紧随其后的圆球膨胀的声音。锣则或多或少是锤击延展的平面金属体，通常用软槌敲击。和中国的钟声一样，东方的锣声中没有击槌的尖锐激励声。锣声因此更加醇厚，也更具扩散性，不过如果乐器由薄质金属制成则会发生抖动，并产生丰富的瞬态全频噪声畸变。这两种乐器的声音大致比较如下图。

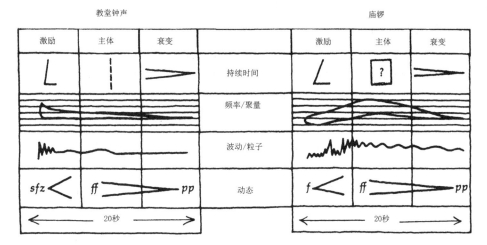

<table>
<tr><td colspan="4" align="center">教堂钟声</td><td></td><td colspan="4" align="center">庙锣</td></tr>
</table>

| 激励 | 主体 | 衰变 | | 激励 | 主体 | 衰变 |
|---|---|---|---|---|---|---|
| | | | 持续时间 | | ? | |
| | | | 频率/聚量 | | | |
| | | | 波动/粒子 | | | |
| *sfz* < | *ff* | *pp* | 动态 | *f* < | *ff* | *pp* |
| | 20秒 | | | | 20秒 | |

**钟**（*bell*）与**锣**（*gong*）二词也恰恰暗示了以上两种声音的差异。钟声通常有更坚实的激励声，即词头声母 b，与更短的衰变时间，即词尾 ell；锣则有着更柔和的激励声，即词头声母 g，和更长的衰变时间，即词尾 ong。Gong 是马来语（Malay word）拟声词的词源，但 bell 则来自于盎格鲁-撒克逊语（Anglo-Saxon）的 bellam 一词，意思为波纹管（bellow）。坎德鲁语系（Kindred words）则是冰岛语（Icelandic）的 belja 一词和德语（German）的 bellen 一词，意思是吼叫（bark）。钟声更具有侵略性。如果实际上没有激发西方的攻击性，钟声至少与其相关，因为西方历史见证了同样的青铜由铜制大钟到加农重炮的再铸造过程。例如在 1940 年间，纳粹（Nazis）从德国和东欧教会中没收了 33000 口大钟以重铸为武器；而在第二次世界大战之后，不计其数的教会和大教堂[如维也纳（Vienna）的圣斯蒂芬大教堂（St. Stefan's）]接收了由加农炮重铸的大钟。在欧洲历史上，这两个看似对立的器物之间有着明确而长久的联系。

然而，对相当多的人来说，遗留下的一个令人着迷的事实是：许多人在教堂的钟声中不再能发现其明确的基督教意义，但其钟声继续唤起一些深刻而神秘的心理反应，并发现其在视觉上与轮回的完整性或曼陀罗（Mandala）相联系。在要求被试绘制所听到的磁带录音样本的声音印象的测试中，我们能够清楚地了解到这一点。教堂钟声往往会形成圆形图案。根据心理学家荣格(C. G. Jung)，曼陀罗象征完整、完整性或完美。也许有一天我们能够在东方人中进行类似于教会钟声的测试时，即以锣声为测试对象。其不太突出的激励声似乎更适合唤起曼陀罗的形象。*

*177*    随着现代城市环境噪声的上升，教会钟声的声学外展影响减弱了。虽然被无情的交通噪声所淹没，但钟声仍然拥有一种无法言表的宏伟感，而宣教神谕的教区现在已经萎缩到它曾经强大区域中的一小部分。通过比较某一区域教堂钟声的耳证档案，即如今其可听范围的轮廓，可准确地测量这一衰退强度。我们已经对温哥华(Vancouver)圣玫瑰大教堂(Holy Rosary Cathedral)的钟声与德国比歌根村(Bissingen)的教堂钟声做了这样的比较研究。通过另一种方法，我们还证实了斯德哥尔摩(Stockholm)教堂钟声的消失。1879 年 5 月的一个晚上，奥古斯特·斯特林堡(August Strindberg)爬上莫斯柏克(the Mosebacke)，并写了对这个城市的景观与声音的详细记录。在这些声音中，他特别关注了城市中的七座教堂的钟声，相当准确地描述了它们的响声。近一百年后的一个晚上，一个来自于世界声景项目的录音师也爬上了莫斯柏克，从同一个地点录制了现代斯德哥尔摩的声音。录音中仅有三座教堂的钟声，其中一个几乎已经听不清。

在基督教世界的许多地方，教堂钟声已经完全消失。而在英国的巴斯市(Bath，人口 10 万)有 60 座教堂与 109 口钟，我们的研究还表明，在温哥华(人口 100 万)的 211 座教堂里，156 座已不再有钟。而那些有钟的教堂里，虽然 20 座拥有电动钟琴(electric carillons)或使用录制的音乐，却只有 11 座教堂仍然会敲响钟声。有足够证据表明，这些教堂大钟沉默的原因之一是，它们已经成为噪声污染的一部分。

## 号与警笛

随着钟声数量的下降，它被号与警笛所取代。钟声与号声之间的根本区别是，前者声音一致地辐射于所有方向，而后者则聚焦或指向一个具体方向。每种声学仪器都完美地遵循其固有的作用规律，号最有效的声学形状是对数曲线，它能将声音输出至无穷大，而不发生自反馈，钟的形状则类似于正态

---

* 许多人测试的事实(在加拿大)是，响应稳定状态像空调产生的声音，生产了圆的图画，也许如我如下所解释的，因为人类在人为控制的室内环境中撤退时，会遵循自然声音的驯服。

或高斯分布曲线。因此，钟的形状适用于社区，而喇叭隐含着权力的对外输出。这是罗兰（Roland）的奥列芬特（Oliphant）式扬声器，是军队的号角或工厂的口哨。

早在号演变成家庭乐器以前，它就被视为一种神奇的装置，被早期人类用来吓唬恶魔。这是一个具有侵略性与超自然能力的丑陋发声装置。从一开始它就代表着善良战胜邪恶的力量。因此，虽然它仍然是一个具有说服力的指挥乐器，但也体现了胜利和成就的愿望。包含在其男性阳刚气质与闪光的曲线中的是具有女性气质的对立面：大钟里黑暗消退的中心。

178

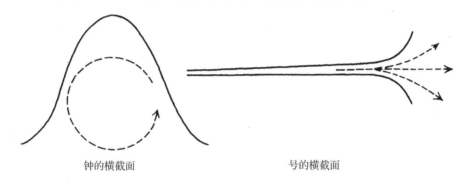

钟的横截面　　　　　　　　　　　　号的横截面

我们不知道是谁发明了号，但警笛则是于十九世纪前半叶在塞贝克（Seebeck）发明的。在穿孔的圆盘上进行操作，警笛像钟一样，将声能均匀地辐射于各个方向。事实上，因为警笛传播的是痛苦的情绪，所以如果没有被用于其他相当不同的用途，它可能具有与钟同样的宗教色彩。警笛声是一种离心式的声音，旨在将人们分散于其各自的道路中。

在希腊神话中，塞壬（Siren）是以歌声摧毁那些试图驶过她们岛屿的人的仙女，歌声划过如蜂蜜般悦耳。喀耳刻（Circe）让奥德修斯（Odysseus）警惕塞壬，让他用蜂蜡堵住耳朵并将自己绑到船的桅杆上以躲避塞壬致命的歌声。因此，塞壬对于人类意味着致命的危险，并且这一危险以唱歌形式传出警告。有确信的证据表明希腊语的**警笛**（*Siren*）一词可能与黄蜂（wasp）和蜜蜂（bee）二词的词源有关。现代人用类似黄蜂鸣叫的声音来重新定义危险。一个明显的相似之处是，原始警笛的滑音哀号与人类的痛哭或悲吟极其相似，不过自从引入了使用突开突闭技术的吹声式警笛后，这种滑音就消失了。

警笛与教堂钟声属于同一类声音：它们都是社区信号声。这样的声音必须足够响亮，以清晰地从社区的环境噪声中凸显出来。但是，对于社区，教堂钟声是一种保护性的语言，而警笛则由内散发出一种不和谐。

**转化中的象征意义**

所有的声学象征意义，甚至与原型相关的象征意义，都是缓慢而稳步地产生变化的。现代人试图摆脱风和海洋，把自己封装在人工的环境中。正如试图在喷泉中控制海洋一样，人们已经在空调系统中驯服了风，现代建筑的通风系统只不过是一种让风以适当的力量在所需的方向进行的技术。这些转化无疑将改变这些原型的象征意义。事实证明，虽然如矿石般古老的海洋与风的描述总是强调它们可怕的一面，而在如今的审美偏好测试中，这两种自然元素的声音都成了浪漫之声，而不是声音恐惧症——除了突然猛烈的风暴，如牙买加。

在《技术与文明》（*Technics and Civilization*）一书中，刘易斯·芒福德（Lewis Mumford）指出了有多少项发明首先用于矿产业（电梯、自动扶梯、铁路、人造光与通风系统），以及后来这些技术来到了地表并被投入更广泛的用途。这是另一个本章现在可以添加的议题，因为现代人再次沉浸在了他们的地下工事与无窗环境中，那么考察人类试图将多少项户外效应引入其人工合成的伪装外表中将是一项有趣的研究。这一清单列表很长，从喷泉与空调开始……到使用塑料树与火烈鸟标本……但还没有人知道这一清单会在哪里结束。

其他富于象征意义的自然声音也经历了转变。因此雷声，原来的雷霆之声（vox dei）和神圣之音，首先移进了大教堂，然后到了工厂和摇滚乐队。鸟歌（bird-song）则已纳入与其主题相统一的中世纪花园中，其目的是营造爱的氛围，但最终转化成为晶体管收音机，当代特里斯坦（Tristan）和伊索尔德（Isolde）在郊区的后院和公园纵情地演奏着"至圣五十（top fifty）"之乐。

在大约 200 年前，当人们意识到机器可以释放人类自古以来依附于土地的束缚时，机器声就开始具有了快乐的象征意义。在传统上，机器象征着两个事物：力量与进步。技术已经在工业、交通和战争中带给了人类前所未有的力量，超过自然和其他人的力量。自工业革命爆发以来，西方人一直迷恋于机器的速度、效率和规律，以及随着机器的延升给个人与团体所带来的力量；而这种对技术噪声的热情如今在世界其他地方也正在萌芽。

詹姆斯·瓦特（James Watt）曾指出，对于大多数人，噪声和力量携手并进，虽然他并不喜欢这一主张。如今，于周围环境所能听到的持续的马达硬边界性搏动已经成为当代文明的基调声，每当它已如图像一般显现至前景时，就已被美化成为权力与繁荣的象征。

但也有不祥的征兆。我们才刚刚开始（至少在西方）意识到，无限制的地球资源技术开发的余波比起初预料的还要可怕。由于这个观点获得了更普遍的接受，我们发现机器声的象征意义正向不舒适的倾向转变，随着这一变化，目前国际上正在进行减噪的立法与实践。

对于越来越多的人，流行的声景是城市生活。但随着城市对于新发明之愤怒的增长，它本身正在以不断扩张的速度改变其基调。其结果是将我们推向了对于消失而逝去的声音的怀旧情绪当中。对年逾四十的我来说，许多关于加拿大城市的美好记忆已经听不到了（牛奶瓶，蒸汽机的汽笛，自行车的响铃，用金属钉子钉马掌）。每个人都会有这样的清单。让我们回过头听一听《寻找失去的时间》（*à la recherche du temps perdu*），并留意有多少声音已经流逝殆尽。而哪里？哪里可以找到逝失声音的博物馆呢？在它消失以后，即使是最普通的声音也会被深深地记住。它们的平凡把它们变成特殊的声音纪念品。

被困于一生中唯一的怀旧时刻时，阿尔伯特·加缪（Albert Camus）的小说《囚徒》（*L'Étranger*）生动地回忆起了他的故乡阿尔及尔斯（Algiers）的声音。

> 坐在我摇晃车厢的黑暗中，我意识到，在我疲惫的大脑的回响中，所有富于特质的声音都来自于我喜欢的一个小镇，以及我一直特别享受的某一天的某个时刻。在懒洋洋的空气中报童的呼喊里，在公共花园里鸟儿的最后的鸣叫中，在三明治小贩的叫卖中，在新城区陡然拐角处尖叫的电车上，以及微微沙沙作响的黑暗笼罩着的海港旁……一桩小事正在发生……我听到了街头冰淇淋小贩的号声，这一微小的、刺耳的声音切断了人来人往的语流。

也许所有美好的声音回忆都将变成罗曼史。新的声音会越来越快地将我们抛回记忆的深井中，那是富于吸引力的对于过去声音的虚构，同时将它们平滑为了平静的幻想。

**13  噪声**

当我与几个出版商第一次讨论这本书的大纲时，他们相当热情。他们说："一本关于噪声污染的书是非常及时的。"不过，我指出我已经在另一出版物中\*提及了噪声污染，无论如何，已经有许多有关这个问题的好书了。当我继续讨论想在这本书中所写的问题时，他们变得坐立不安。我坚持认为，解决噪声污染问题的唯一现实方法是将整个声景作为综合声学设计的前期工作来研究。他们以为我的兴趣在于学术。我进一步建议，大量的市民（最好是儿童）需要接触听觉净化（ear cleaning）练习，以提高整个社会的声逻辑（sonological）能力，并继续解释，如果可以实现这样的听觉文化，如何让噪声污染问题消失？他们认为我是一个梦想家。然而，经过多年噪声污染问题的研究，我已经认识到只有两种方法可能解决这一问题：我的方式如前所述，另一个方法是全球能源危机。当今世界最为大量的噪声是技术噪声，因此，技术的崩溃将消除这一问题。

这一章将广泛地借鉴世界声景项目来研究世界各地超过 200 个社区的法律与反噪声进程。在此诚挚地感谢那些对我们的研究需求做出回应并提供详尽信息的无数市政官员的帮助。调查的目的不是要起草一个示范法例（虽然我
们可能会这样做），而是尽可能多地研究不同文化中噪声的构成。噪声具有大量的声音恐惧症的象征意义，而且事实上，可行的噪声法的测试似乎在于是否能有效地处理法律中所提及的给定区域中的最令人不快的声音。而在介绍这项调查之前，必须首先讨论一些初步的问题。

**噪声定义的演变**

人类现代世界声音的增长已经扩大了**噪声**（*noise*）一词意义的变化。该词的词源可以追溯到古法语单词 noyse 与十一世纪普罗旺语（Provencal）中的 noysa、nosa 或 nausa 等词，但无法确定它的确切起源。而它可能是起源于拉丁词语 nausea 或 noxia 的观点则已经被否定。**噪声**（*noise*）有各种各样的意义和隐喻，其中最重要的是：

---

\* *The Book of Noise*，Price Milburn Co.，Wellington，New Zealand，1973.

1. **不需要的声音**(*Unwanted sound*)。《牛津英语词典》(*The Oxford English Dictionary*)所包含的对**噪声**(*noise*)一词作为**不需要的声音**的引文可追溯到 1225 年。

2. **非音乐性的声音**(*Unmusical sound*)。十九世纪物理学家赫尔曼·赫尔姆霍兹借用**噪声**(*noise*)一词来描述非周期的声音振动(如树叶的沙沙声),以与音乐这一由周期性振动组成的声音相区分。在这个意义上,**噪声**(*noise*)一词惯用于表示"白噪声(white noise)"或"高斯噪声(Gaussian noise)"。

3. **任何过于响亮的声音**(*Any loud sound*)。在如今的一般用法中,*noise*(**噪声**)一词往往指特别响亮的声音。从这个意义上说,减噪法律将禁止某些过于响亮的声音或将其限制于允许的分贝范围内。

4. **任何信号系统的干扰**(*Disturbance in any signaling system*)。在电子和工程学中,**噪声**(*noise*)一词指任何不代表有用信号部分的干扰,如电话中的静态电磁干扰或电视屏幕上的雪花点。

而噪声问题比这些定义更复杂。如**噪声**(*noise*)一词最早在英文中用于暗示"不需要的声音(unwanted sound)",但它却往往有着丰富的含义,有时甚至用来暗示"愉快或悠扬的声音(an agreeable or melodious sound)"。乔叟(Chaucer)在《罗马的玫瑰》(*Roman de la Rose*)一诗的英文翻译中采用了这种方式。

> 夜莺鸣唱着它的夜晚
> 用它欢畅的鸣叫(noyse)与歌唱。(11. 78—79)
> 水流趟着,
> 发出欢愉的声响。(11. 1415—1416)

詹姆斯王(The King James)钦定版的《圣经》也使用了广义上的**噪声**(*noise*)一词:

> 普天下当向耶和华欢呼。(诗篇 100:1)

*183* 虽然这一更广义的内涵已经消失在今天的英语词汇中，但它仍然于法国的
*bruit*（**杂音**）一词中存在；法国人可能仍然指的是鸟鸣中的**杂音**（*bruit*），或波
浪的**杂音**（*bruit*），以及交通的**杂音**（*bruit*）。处理噪声问题的难点之一是，在
国际上，"噪声"一词于每种语言中的意义略有不同。我已在"神圣噪声（Sacred
Noise）"一词中于广泛的语境里借用了"噪声"一词[见第 51—52 页与第 114—
115 页（译者注：原书页码）]。

在以上四种一般定义中，令人最为满意的可能仍然是"不需要的声音
（unwanted sound）"。这使**噪声**（*noise*）一词成为主观术语。一个人的音乐可能
是另一个人的噪声。同时有着这样的可能性，即在一个既定社会中，更多的
应该是赞同哪些声音成分，而不是对不需要声音的否定。"扰乱公众（to
disturb the public）"则意味着扰乱公众中的很大一部分人，传统的立法通常正
是以这种方式来处理噪声问题的。由于涉及民意，因此这类噪声立法可称为
定性法案。

这种法案与另一种称为定量的立法形成了鲜明对比。定量立法规定了特
定不受欢迎声音的分贝限制值。例如，若一个法规制定了汽车噪声的允许水
平是 85 分贝，汽车噪声达到了 86 分贝为噪声，而 84 分贝则不是噪声——法
律让我们相信这不是噪声。因此，对声音的定量测量会使噪声的意义成为"响
亮的声音"。这是不准确的，因为众所周知，并非所有刺激性的噪声都是响亮
的，或者响亮至足以有效地显示在声级计上。由于听力损失的风险，噪声已
经可以定量评估，而问题是是否已经建立了足够明确可知的预防标准。这是
一个应该清楚地理解的议题。

**噪声损伤**

医学已经证明连续长时间地聆听超过 85 分贝的声音会造成危害，并对听
力构成严重威胁。其导致的疾病通常被称为锅炉工人症（boilermaker's
disease），因为已知最早的受害者是在工厂进行金属锅炉铆接的工人。长时间
接触超出这一水平的声音可能会首先导致临时的阈值位移（或有时称为 TTS）。
TTS 是一个听觉阈值水平，经历过非常嘈杂环境后，听到的所有声音似乎比
以往的微弱。几个小时或几天后会恢复正常听力。而进一步暴露于高噪声环
境时，可能发生永久耳蜗损伤，导致永久性的阈值位移。当这种损伤发生于

内耳时，是不治之症。

工业卫生当局如今正尝试修复及执行预防这一听力风险的标准。当
1969 年的《沃尔什-希利法案》(the Walsh-Healey Act)规定，不遵守这一法案
的企业将不授予政府合同时，美国向前迈出了一大步。其中的一些规定值超
出了美国耳科协会(American Otological Society)的标准，代表了理想和立即
切实可行的折中方案。这些建议值并行标准已经在许多欧洲国家施行。 *184*

**允许噪声级**

**根据《沃尔什-希利法案》颁布的规定(1969)**

| 每日时长 | 声压级 |
|---|---|
| （小时） | （dBA） |
| 8 | 90 |
| 6 | 92 |
| 4 | 95 |
| 3 | 97 |
| 2 | 100 |
| 1.5 | 102 |
| 1 | 105 |
| 0.5 | 110 |
| 0.25 或更短 | 115 |

工业听力损失的威胁如今正在受到抵制，因此这不是本章将要关注的问
题。不过 PTS 与 TTS 都毫无例外地设立了警戒区。例如，一些研究人员发
现，每天 16 小时接触低至 70dBA 的噪声水平就可能足以引起听力损失。这
一水平大大低于交通繁忙街道的路边噪声。"社会性听力损失症(sociocusis)"
一词的提出是指非工业听力损失，并可举出大量的例证。如听力测试已经表
明，使用平均噪声在 97dBA 的电力割草机 45 分钟后会暂时失聪。之前已经提
及了由雪地车(见第 5 节"工业革命")和音乐功放(见第七节"音乐，声景与变
化中的感知")引起的类似问题。当乔治·辛莱顿博士(Dr. George T.
Singleton)为佛罗里达州的 3000 所公立学校的孩子进行测试时发现，六年级
至十二年级的学生存在高频听力损失，在这一时间段的学生已经接触了摇滚

乐队、摩托车与其他"娱乐性的(recreational)"噪声。辛莱顿博士与其他研究者还发现，参加摇滚音乐会的大学新生的听力往往已经恶化至了 65 岁。

由于声音是一种振动，因此它也会影响身体的其他部位。强烈的噪声会导致头痛、恶心、性无能、视力衰退、心血管受损以及胃肠道和呼吸功能损伤。但不需要太激烈的噪声就能够影响人在睡眠期间的身体状态。俄罗斯研究人员发现，"35 分贝的噪声水平可被认为是最佳睡眠条件的阈限……"当"噪声水平达到 50 分贝时，深度睡眠相当短……其次，在醒来时伴有心悸的疲劳感"。

185　　每个人的听力都会随着年龄的增长而退化。这一过程发生得非常缓慢，首先从高频开始，这是老年人时常抱怨"如今每个人都在喃喃自语"的原因。这种由于年龄而逐渐丧失听觉敏锐度的现象被称为老年性耳聋(presbycusis)。像灰白头发与皱纹一样，是自然老化的结果，现在正面临着挑战。而在非洲苏丹(Sudan)马邦(Mabaan)部落的研究显示，由老年性耳聋引起的听力损失非常小。60 岁的非洲人的听力比北美洲 25 岁青年人的平均听力要好。纽约耳科医生塞缪尔·罗森博士(Dr. Samuel Rosen)指导下的研究表明，非洲人的良好听力归因于他们的无噪声环境。马邦人所听到的最响亮的声音就是他们自己在部落舞会中的歌唱和呼喊。

**环境噪声水平上升的速度有多快？**

在第三部分第 5 节"工业革命"中，我们看到了技术噪声掠夺般地进入城市与农村生活，以及它们如何被褒奖为"进步(progressive)"的。至 1913 年，路易吉·罗索尔(Luigi Russolo)欣然指出，人们的新感性取决于对噪声的口味。今天，当机器在我们的城市心脏日夜旋转、摧毁、建设，再摧毁，现代世界的重大战场已经成为邻居的闪电战(blitzkrieg)。另一个让人想起康斯坦丁·道萨迪斯真相(the truth of Constantin Dox-iadis's statement)的明证是，我们在历史上第一次感觉到在城门内比在门外更危险。

准确地说，已经很难估计现代城市的环境噪声水平是如何快速上升的。经常给出每年一个分贝的数字，但这似乎太高了，曾记得，分贝是一个对数术语，仅仅 3 分贝就大约等于声音能量的倍增。近年来，各个城市都在进行大量的声学工程调查，以确定目前的噪声水平，正确地获得这一数据是一项昂贵的工程，数以千计的读数必须由熟练工人使用昂贵的设备而得出。

为了指出这类调查的缺点，我只会提及典型的一项。1971 年，温哥华政府委托进行了此项广泛的调查，其中数以千计的读数配置到了横跨整个城市区域的网格上。该报告的结论（在几乎唯一的一个一般公众可理解的段落中）是："交通噪声在任何时候都是最重要的噪声源。日间时段，本地交通占所有噪声源的 40％，而远处的交通构成约占 13％。晚间的对应值是 30％ 和 26％。"相较于他们的发现，在其他地方也进行了类似的调查，研究人员得出的结论是，温哥华的噪声比 1954 年的一些美国城市高约 6～11 dBA，每年约增加半分贝。但这不是特别有意义的比较，而若于稍后日期在温哥华以相同的方式进行重复测量才是有用的。然而，鉴于测量技术的快速改进，是否会进行这样的重复测量是值得怀疑的。即使如此，如果社会调查没有整合以发现公众对声景变化的看法，任何工程勘察的价值将继续受到怀疑。

*186*

　　当问题的简单解决方案存在时，管理人员通常会选择一种弹性方案。我已经建议用一种更简单的方法来计算环境噪声的增加，即衡量社区的信号声。而前提是假设环境噪声水平将会随着必须始终保持于前景的社会信号声的增加而上升。针对温哥华，我们以测量不同消防车警笛声级的方法进行了此项工作，从 1912 法国式设备（88～96 dBA）开始，至最新的 1974 式警笛（114 dBA）为止，所有的测量距离在 3.5～5 米。此项工作表明，紧急车辆的信号在 60 年内上升了 20～25 分贝，或平均每年半分贝。这项研究补充和扩展了声学工程师同事的工作成果，并把对情况的了解扩展到了过去五年。但是，唉，在这个过程中，很少能有人填饱自己的肚子。*

*182*

## 公众对环境噪声上升的反应

　　如果现代城市的环境噪声以每年半分贝的速度上升，公众对此将有何看法呢？其中的一项调查结果是，我们让世界各地的市政府官员列出了接收到的大部分市民投诉的噪声源类型。下表显示了每种一般类型的噪声源被提及的次数。

---

　　* 能够指出的是，在一些偏僻的城市，噪声水平实际上已经因严格的减噪进程而降低。因此，当莫斯科在 1956 年禁止汽车鸣笛时，环境噪声响度下降了 8 至 10 方（phons, Constantin Stramentov, "The Architecture of Silence", The UNESCO Courier, July, 1967, p. 11）。由于新的公共汽车、压缩机和垃圾处理车标准的严格限制，哥德堡（GÖteborg，瑞典）的噪声水平近期也下降了 7dBA［数据来自于与摩尔斯特德博士（Dr. B. Mollstedt）的私人沟通］。

| 噪声类型 | 提及次数 |
| --- | --- |
| 一般交通 | 115 |
| 建造 | 61 |
| 工业 | 40 |
| 收音机/功放音乐 | 29 |
| 飞机等 | 28 |
| 电动车/摩托车等 | 23 |
| 卡车 | 21 |
| 动物 | 20 |
| 乐队/迪斯科舞厅 | 12 |
| 聚会 | 9 |
| 电动割草机 | 7 |
| 邻居/人群 | 7 |
| 铁路 | 6 |
| 造船厂 | 4 |
| 扫雪机 | 3 |
| 雪地摩托 | 3 |
| 教堂的钟 | 2 |
| 其他 | 19 |

187

更有趣的是以区域作比较，看看这些投诉是如何变化的。由众多相关部门，我们获得了各种投诉中有关声音干扰类型的详细数量报告。虽然使用的类别名称有很大不同，但从三大洲的六个不同城市来看，显示出了一些可观察到的引人关注的数据差异。

| 伦敦（英国）1969 | | 芝加哥(美国) 1971 | |
| --- | --- | --- | --- |
| 噪声类型 | 投诉数量 | 噪声类型 | 投诉数量 |
| 交通 | 492 | 空调 | 190 |
| 建筑工地 | 224 | 建造 | 151 |
| 电话 | 200 | 垃圾车等 | 142 |
| 办公室设备等 | 180 | 其他卡车 | 125 |
| 垃圾车 | 139 | 工厂噪声 | 113 |
| 街道维修 | 122 | 乐器 | 109 |
| 卡车（货车） | 109 | 排气扇 | 97 |
| 警报器 | 86 | 扬声器 | 95 |
| 通风机械 | 69 | 摩托车 | 82 |
| 声音 | 59 | 汽车 | 80 |
| 摩托车 | 52 | 号 | 77 |
| 飞机 | 42 | 振动 | 55 |
| 门 | 34 | 加油站 | 34 |
| 收音机 | 10 | 教堂的钟声 | 25 |
| 铁路 | 9 | 火车 | 23 |
| 工厂机器 | 5 | 杂项 | 214 |
| 杂项 | 81 | | |

资料来源：《安静城市运动报告》，伦敦港口和城市卫生委员会，伦敦市政厅，1969 年。

资料来源：伊利诺伊州芝加哥市环境控制部。

| 约翰内斯堡(南非) 1972 | | 温哥华(加拿大)1969 | |
|---|---|---|---|
| 噪声类型 | 投诉数量 | 噪声类型 | 投诉数量 |
| 动物和鸟类 | 322 | 卡车 | 312 |
| 放大器/收音机 | 37 | 摩托车 | 298 |
| 建造 | 36 | 功放音乐/收音机 | 230 |
| 人群 | 34 | 号和口哨 | 186 |
| 机械等 | 29 | 电锯 | 184 |
| 家庭作坊 | 25 | 电动割草机 | 175 |
| 空调/冰箱 | 19 | 警报器 | 174 |
| 交通 | 18 | 动物 | 155 |
| 乐器/乐队 | 15 | 施工 | 151 |
| 警报器 | 9 | 汽车 | 138 |
| 牛奶配送 | 5 | 喷气式飞机 | 136 |
| 割草机 | 2 | 小型飞机 | 130 |
| 巴士 | 1 | 工业 | 120 |
| 垃圾收集 | 1 | 气垫船 | 120 |
| 供应商 | 1 | 居民 | 95 |
| | | 雾号 | 88 |
| | | 火车 | 86 |
| | | 儿童 | 86 |
| | | 办公室噪声 | 81 |

*188*

资料来源：约翰内斯堡市医疗卫生部门噪声控制处。

来源：噪声社会调查，世界声景项目，西蒙弗雷泽大学，伯纳比，不列颠哥伦比亚省，加拿大。

| 法国(巴黎) 1972 | |
|---|---|
| 噪声类型 | 投诉数量 |
| 居民与邻里噪声 | 1599 |
| 建筑和道路作业 | 1090 |
| 工业和商业噪声 | 1040 |
| 餐厅和歌舞表演 | 553 |
| 杂项 | 90 |

| 慕尼黑(德国) 1972 | |
|---|---|
| 噪声类型 | 投诉数量 |
| 嘈杂的餐厅 | 391 |
| 工业噪声 | 250 |
| 建造 | 87 |
| 交通 | 29 |
| 居民噪声 | 27 |
| 航空噪声 | 11 |
| 杂项 | 2 |

资料来源：防噪委员会（Bureau de Nuisances），巴黎，法国。

资料来源：慕尼黑州府(Landeshauptstadt Mvinchen)的环境保护官员。

虽然这些统计数据经过不同程度的整理，但出现了一些非常令人感兴趣的发现。例如，伦敦与芝加哥的主要投诉类型；约翰内斯堡与温哥华的主要投诉类型——这两个城市有着大致相同的人口并且均属温带气候。还需要注意的是，海洋和森林对温哥华投诉类型影响的相似性。令人感兴趣的是这六个城市不同的交通噪声投诉发生率。作为一般世界范围内的调查，具有攻击性的声音无疑都出现在了列表的顶端，有必要对其原因做出一些解释。

一个人对某一声音进行投诉还是选择忍受部分取决于投诉是否可以获得预期的结果。这至少是芝加哥的经验。1971 年，新的芝加哥条例生效。这是世界上最严厉也是最全面的法案之一。新法案的即时反应是投诉数量的急剧增加。在 1970 年，市政府仅收到约 120 起噪声投诉。而在 1971 年的前六个月（新法案生效后）数字上升到约 220 起；但在下半年飙升至 1300 起，并一直稳步攀升至今。

189

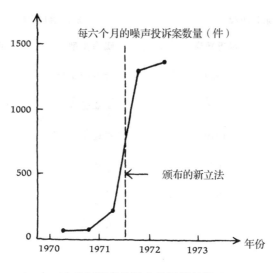

芝加哥市的噪声投诉增长量

## 噪声立法的几个方面

唯一真正有效的噪声立法的形式是适当的惩罚措施。在公元前 3000 年的《吉尔伽美什史诗》(*The Epic of Gilgamesh*)中可以读到:

> 在那些日子里,世界繁盛,人口成倍地增长,世界如一头野牛般怒吼,伟大的神从喧哗中被唤醒。恩尼尔(Enlil)听到世间的喧嚣,他就在议会中向众神说:"无法忍受人类的喧嚣,睡眠也不再可能由巴别塔(the babel)而引起。"所以,众神的心灵被撼动而让洪水于世间泛滥。

有关噪声的现代意义上的法规(by-law)的第一个法案是公元前 44 年由尤利乌斯·恺撒(Julius Caesar)在他的元老院法令(Senatus Consultum)中通过的。"从此以后,从日出至黄昏前的一个小时,轮式车辆不允许在城市范围内行驶。……那些在夜间进入并在城内逗留至黎明的,必须暂停行驶并清空,直至指定的时间。"由于狭窄街道的拥挤,货车只允许在晚上通行,几乎不可能有助于睡眠。在他的第三部小说《讽刺》(*Satire*)中,朱文利(Juvenal,117 年)说:"绝对不可能在这个城市的任何地方睡觉。周围街道永远充斥着的货车……它足以唤醒死者。"

到了十三世纪，英国的许多城镇已经颁布了限制铁匠的法律，特别是那些由于打铁恼人的噪声而备受干扰的地区。同样在这个国家，在伊丽莎白一世的统治期间，街头音乐受到两个英国议会法案（Act of Parliament）的压制，而且之前已经提到1864年迈克尔·贝斯（Michael Bass）纪念1864比尔事件（1864 Bill）的活动也违反了同样的法例。类似的立法在欧洲各个国家相当普遍。选择一个城市，就可以获得中欧在这一立法进程中的历史概况。

### 伯尔尼市（Bern，瑞士）\*

| 通过年份 | 法规 |
|---|---|
| 1628 | 反对节日期间在街道或房屋中唱歌和喊叫 |
| 1661 | 反对在周日大喊大叫或制造滋扰 |
| 1695 | 反对同一 |
| 1743 | 为了尊重安息日 |
| 1763 | 防止夜间干扰噪声 |
| 1763 | 反对夜间吵闹行为，制定守夜人规章制度 |
| 1784 | 反对吠叫的狗 |
| 1788 | 防止教堂附近的噪声 |
| 1810 | 防止一般噪音滋扰 |
| 1878 | 防止医院和病人附近的噪声 |
| 1879 | 禁止晚上十点半以后播放音乐 |
| 1886 | 反对夜间作业的木工行业 |
| 1887 | 反对吠叫的狗 |
| 1906 | 为了在星期天保持安静 |
| 1911 | 反对嘈杂的音乐，在圣诞节和新年聚会上唱歌，反对晚上不必要的噼啪声 |
| 1913 | 防止不必要的机动车噪音和夜间吹喇叭 |
| 1914 | 防止拍打地毯和吵闹的孩子 |
| 1915 | 防止拍打地毯和床垫 |
| 1918 | 反对地毯式敲打和音乐制作 |
| 1923 | 为了在周日保持安静 |
| 1927 | 反对吵闹的孩子 |

---

\* 感谢斯梅兹博士（Dr. G. Schmezer）提供市政档案信息。

| 1933 | 防止商业和家庭噪声 |
| 1936 | 反对小贩的钟声、喇叭声和叫喊声 |
| 1939 | 防止节假日噪声过大 |
| 1947 | 为了在周日保持安静 |
| 1961 | 防止商业和家庭噪声 |
| 1967 | 为了在周日保持安静 |

*191*     显然，现在对所有当代噪声立法进行详细分析是不切实际的，因此在此我们只讨论其中一些方面的内容。

许多国家（如英国、法国、德国、波兰、瑞典、土耳其和委内瑞拉）都有国家立法，并或多或少有市政法规作为补充。例如在英国，1960 年的《减噪法案》(*the Noise Abatement Act of* 1960)与 1973 年的《隔声法规》(*the Noise Insulation Regulations of* 1973)在英格兰、苏格兰和威尔士当局都可强制执行。其他国家（如加拿大、澳大利亚和美国部分地区）的一般立法是由各省或各州起草，由市政府修订或润色。其他地区可完全由各自治区或各级政府部门制定。在国际范围内整理这些特殊案例极其困难，是不可能完成的任务，不过，这里尝试用以下图表列举各类立法的主要特点。为了尽可能显示一般差异，调研安排在大陆社区。*

## 世界上的城市减噪立法

○ 无反噪声立法

⊙ 某些条例提及噪声的零妨害或其他类型的法规

⊖ 某些规定针对噪声的州或国家的健康或环境保护法规

● 反噪声立法

□ 定性立法

■ 定量立法

⟶ 考虑或涉及新反噪声准备工作的社区立法

⊞▶ 计划中的定量立法

---

\* 为清晰起见，大量小城市提供的信息，特别是澳大利亚与加拿大的信息尚未列入。关于加拿大的详细评估读者可参见世界声景项目的文件(*A Survey of Community Noise By-Laws in Canada*，1972)。在国际调查中，不幸的是，我们未能从共产主义国家获得足够准确的信息。在下表中，只考虑作为高速公路法令一部分的机动车噪声，其他列为没有任何立法。

*192*　**非洲**

班珠尔(冈比亚)⊙

贝拉(莫桑比克)○

比塞大(突尼斯)● □

布兰太尔(马拉维)⊙

布拉瓦约(罗得西亚)⊙ ○ □

开普敦(南非)● □

德班(南非)⊙ ● □

东伦敦(南非)○

弗里敦(塞拉利昂)○

贾迪达(摩洛哥)● □

约翰内斯堡(南非)● □ ⊞▶

金伯利(南非)○

罗安达(安哥拉)○

蒙巴萨(肯尼亚)⊙

帕尔(南非)⊙ ━▶

比勒陀利亚(南非)○ ━▶

拉巴特萨莱(摩洛哥)● □

索尔兹伯里(罗得西亚)● □

塞孔迪-塔科拉迪(加纳)○

斯法克斯(突尼斯)● □

突尼斯(突尼斯)● □

乌姆塔利(罗得西亚)⊙

伍斯特(南非)○

**亚洲和远东**

孟买(印度)○

宿务(菲律宾)● □

大马士革(叙利亚)● □

德里(印度)○

槟城乔治市(马来西亚)⊙

函馆(日本)⊖ ■

广岛(日本)⊖ ■

香港(中国)● □

吉隆坡(马来西亚)⊙ ━▶

马尼拉(菲律宾)● □

那霸(日本)⊖ ■

大阪(日本)● ■ ⊞▶

静冈(日本)⊖ ■

新加坡(马来西亚)⊙ ━▶

东京(日本)■

日惹(印度尼西亚)○

三宝颜(菲律宾)⊙

**澳大利亚**

阿德莱德，南澳大利亚州(澳大利亚)⊙

新南威尔士州奥本(澳大利亚)○

奥克兰(新西兰)● □ ⊞▶

巴拉瑞特，维克(澳大利亚)⊖ ● □

新南威尔士州班克斯敦(澳大利亚)○ ━▶

维多利亚州本迪戈(澳大利亚)○ ⊖

布莱顿，维克(澳大利亚)⊖ ⊙ ⊞▶

布里斯班，昆士兰州(澳大利亚)⊙ ━▶

凯恩斯，昆士兰州(澳大利亚)⊙

坎伯韦尔，维多利亚州(澳大利亚)⊖ ⊙ ⊞▶

堪培拉，新南威尔士州(澳大利亚)○ ⊞▶

科堡，维克(澳大利亚)⊖ ● ⊞▶

富茨克雷，维克特(澳大利亚)⊖ ● ⊞▶

黄金海岸，昆士兰州(澳大利亚)⊙ ● □ ■ ━▶

海德堡，维克(澳大利亚)⊖ ⊙ ━▶

霍巴特，塔斯州霍(澳大利亚)⊙ ━▶

伊普斯威奇，昆士兰州(澳大利亚)⊙

卡通巴，新南威尔士州(澳大利亚)○ ━▶

朗塞斯顿，塔斯(澳大利亚)● □ ━▶

梅特兰，新南威尔士州(澳大利亚)○

马里昂，南澳大利亚州(澳大利亚)○

墨尔本，维多利亚州(澳大利亚)⊖

●□■田➡

米查姆，南澳大利亚州（澳大利亚）⊙

帕拉马塔，新南威尔士州（澳大利亚）○

彭里斯，新南威尔士州（澳大利亚）○

珀斯，西澳大利亚州（澳大利亚）○ ➡

阿德莱德港，南澳大利亚州（澳大利亚）●□➡

里士满，维多利亚州（澳大利亚）⊖■

罗克代尔，新南威尔士州（澳大利亚）○ ➡

萨瑟兰，新南威尔士州（澳大利亚）○ ➡

悉尼，新南威尔士州（澳大利亚）●□➡

图文巴，昆士兰州（澳大利亚）●■

安利，南澳大利亚州（澳大利亚）●□

韦弗利，新南威尔士州（澳大利亚）○

惠灵顿（新西兰）⊙

西托伦斯，南澳大利亚州（澳大利亚）●□

怀阿拉，南澳大利亚州（澳大利亚）○

伍伦贡，新南威尔士州（澳大利亚）○ ➡

**中南美洲**

阿卡普尔科（墨西哥）○

坎皮纳斯（巴西）●■

奇克拉约（秘鲁）●□■

马尼萨莱斯（哥伦比亚）●□

梅里达（委内瑞拉）●□■

里贝朗普雷托（巴西）●■

里奥格兰德（巴西）○

圣胡安（波多黎各）⊙ ●□

圣萨尔瓦多（萨尔瓦多）●□

圣保罗（巴西）●□■

**欧洲**

阿姆斯特丹（荷兰）●□■

奥胡斯（丹麦）⊖●■

雅典（希腊）⊙□

比亚里茨（法国）●□

伯明翰（英格兰）⊖●□

巴塞尔（瑞士）⊖●□■

伯尔尼（瑞士）⊖●□■

波恩（德国西部）⊙●■

波尔多（法国）⊖●■

布雷斯特（法国）●

比得哥什（波兰）⊖●

科隆（德国西部）●□■

哥本哈根（丹麦）⊖●■

科孚岛（希腊）○

科克（爱尔兰）●□

都柏林（爱尔兰）●□

埃森（德国西部）●□➡

佛罗伦萨（意大利）●□

弗莱堡（德国西部）⊙

法兰克福（德国西部）●□■➡

日内瓦（瑞士）●□■

热那亚（意大利）⊙

格拉斯哥（苏格兰）⊖●□

哥德堡（瑞典）⊖●□■

格拉茨（奥地利）○ ➡

汉堡（德国西部）⊙●□

赫尔辛基（芬兰）⊖●田➡

因弗内斯（苏格兰）⊖●□

伊兹密尔（土耳其）●□

卡尔斯鲁厄（德国西部）⊖●□

赫尔河畔金斯顿（英国）●□

洛桑（瑞士）⊖●□■

利兹（英格兰）⊖●□

列日（比利时）○ ➡

里斯本（葡萄牙）●□

伦敦（英国）⊖●□

193

卢森堡(卢森堡)● □ 田 ➤

马尔默(瑞典)⊖ ● □

曼彻斯特(英格兰)⊖ ● □

摩纳哥 ● □ 田 ➤

慕尼黑(德国西部)● □

南希(法国)⊖ □ ■

南特(法国)⊖ □ ■

新里斯本(葡萄牙)● ■

欧登塞(丹麦)⊖ ● ■

波尔图(葡萄牙)● □ ■

奥斯陆(挪威)● □ ■

巴黎(法国)⊖ ● □ ■

普利茅斯(英格兰)⊖ ● □

萨尔布吕肯(德国西部)● □

圣纳泽尔(法国)⊖ ● □ ■

谢菲尔德(英格兰)⊖ ● □

南安普顿(英格兰)● □ ■

斯德哥尔摩(瑞典)⊖ ● □ ■

斯图加特(德国西部)● ■

土伦(法国)⊖ ● □ ■

都灵(意大利)○

图尔库(芬兰)● □ 田 ➤

乌普萨拉(瑞典)● □ ■

威斯巴登(德国西部)⊖ ● □ ■

194 　 **北美**

奥尔巴尼,纽约州(美国)○ ➝

奥尔巴尼,北墨西哥州(美国)● ■ ➝

安克雷奇,阿拉斯加(美国)● ■

亚特兰大,佐治亚州(美国)● □

奥斯汀,得克萨斯州(美国)● □ 田 ➤

巴里,安大略省(加拿大)● □

巴吞鲁日,路易斯安那州(美国)● □ ■

波士顿,马萨诸塞州(美国)● ■

布兰登,曼尼托巴省(加拿大)⊙

布法罗,纽约州(美国)● □

本拿比,不列颠哥伦比亚省(加拿大)● □ ■

卡尔加里,亚伯达(加拿大)● □ ■

夏洛特敦,爱德华王子岛(加拿大)⊙

查塔努加,田纳西州(美国)● □ ➝

芝加哥,伊利诺伊州(美国)● □ ■

克利夫兰,俄亥俄州(美国)⊙ 田 ➤

达拉斯,得克萨斯州(美国)● ■

埃德蒙顿,阿尔塔省(加拿大)● □ ■

埃尔帕索,得克萨斯州(美国)● □

费尔班克斯,阿拉斯加州(美国)● □

沃思堡,得克萨斯州(美国)● □

弗雷德里克顿,新不伦瑞克省(加拿大)⊙

弗雷斯诺,加利福尼亚州(美国)● ■

大急流城,密歇根州(美国)● □

大瀑布城,蒙特(美国)● □ ■

哈利法克斯,新南威尔士州(加拿大)● □

哈特福德,康涅狄格州(美国)● □ ➝

海伦娜,蒙特(美国)● □ ■

印第安纳波利斯,印第安纳州(美国)○ ➝

杰克逊,密西西比州(美国)○

杰克逊维尔,佛罗里达州(美国)● □ ■

朱诺,阿拉斯加州(美国)○

堪萨斯城,密西西比州(美国)● □ ➝

小石城,密西西比州(美国)● □ 田 ➤

洛杉矶,加利福尼亚州(美国)● ■

麦迪逊,威斯康辛州(美国)● ■ ➝

迈阿密,佛罗里达州(美国)⊙

密尔沃基,威斯康辛州(美国)● ■

莫比尔,亚拉巴马州(美国)⊙

蒙特利尔,魁北克(加拿大)● □ 田 ➤

纳什维尔，田纳西州(美国)●□田→

俄克拉荷马城，俄克拉荷马州(美国)
●□

奥马哈，内布拉斯加州(美国)●□

渥太华，安大略省(加拿大)●□■

凤凰城，亚利桑那州(美国)○

皮埃尔，南达克(美国)●□

匹兹堡，宾夕法尼亚(美国)⊙田→

波特兰，俄勒冈州(美国)●□田→

魁北克市，魁北克(加拿大)●□■

罗利，北卡罗来纳州(美国)●□

里贾纳，萨斯克(加拿大)⊙→

里穆斯基，魁北克(加拿大)●□

圣奥古斯丁，佛罗里达州(美国)⊙田→

圣约翰斯，佛罗里达州(加拿大)○

圣保罗，明尼苏达州(美国)●■

盐湖城，犹他州(美国)●■

圣地亚哥，加利福尼亚州(美国)●■

圣达菲，北墨西哥(美国)○→

萨凡纳，佐治亚州(美国)⊙

西雅图，华盛顿州(美国)●□

苏城，爱荷华州(美国)⊙

斯普林菲尔德，伊利诺伊州(美国)●□

萨德伯里，安大略省(加拿大)●□

塔拉哈西，佛罗里达州(美国)○

桑德贝，安大略省(加拿大)●□

多伦多，安大略省(加拿大)●□■

图森，亚利桑那州(美国)⊙→

威奇托，堪萨斯州(美国)○

温哥华，不列颠哥伦比亚省(加拿大)
●□

维多利亚，不列颠哥伦比亚省(加拿大)⊙

温尼伯，曼尼托巴省(加拿大)●■田→

从列表可知，所有大洲都存在相当数量的反噪声运动。由下图可知，大部分是最近发生的，这里列出了各社区每年通过的立法总数。

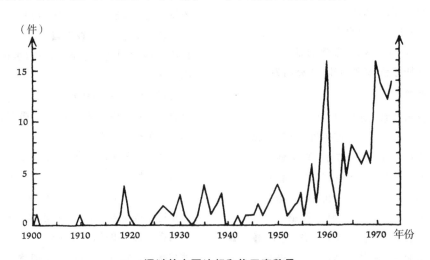

通过的主要法规和修正案数量

相比之下，以下是有关加拿大 90 个社区的另一图表，这表明最近对噪声的忧虑也延伸到了人口较少的城镇。

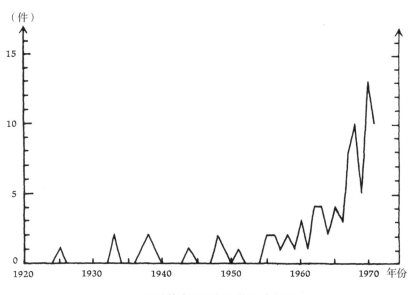

通过的主要法规和修正案数量

在这一点上，需要说明的是，不应该认为没有反噪声立法的城市就是落后的，也许这些城市只是更安静一些。例如，印度的主要城市没有反噪声立法，孟买许多地区的夜间环境声级都显著低于挪威规定的居住区夜间的上限值。* 195

虽然世界各地的社区噪声立法多种多样，但某些现象还是显示出了可预测的规律：

---

\* 孟买午夜凌晨 3 点。

| | | |
|---|---|---|
| 达达尔[Dadar (bb)] | 40dBA | 35dBA |
| 加特科帕尔(Ghatkopar) | 47dBA | 43dBA |
| 瓦达拉(Wadala) | 35dBA | 30dBA |
| 西维勒帕尔[Vileparle(West)] | 33dBA | 25dBA |
| 卡尔巴德维(Kalbadevi) | 50dBA | 45dBA |

在夏季，挪威本土居民小区的噪声水平为 55dBA，冬季为 60dBA，孟买的噪声水平由查特吉(S. K. Chatterjee)、森(R. N. Sen)与萨哈(P. N. Saha)提供(见注释 p.198)(译者注：指原书页码)。这些噪声水平中，大部分也低于东京法律的要求，即夜间居民小区为 45dBA。为进一步比较，瑞典夜间的噪声水平为 40dBA，以及里士满(澳洲)为 30dBA。

在公众场合大喊大叫或制造骚乱；

街头与房间音乐；

扬声器、收音机等；

吵闹的动物；

未消声的机动车辆；

住宅区内的工业噪声。

虽然这都是世界上许多地方的共同之处，但其压力往往不同。因此，狗在北方国家是一种特殊的噪声干扰，而在拉丁美洲这一干扰则是无线电和扬声器。在许多拉美城市，这是噪声法规所包含的唯一项，通常是为了限制在街头小贩及商业场所外部使用扬声器。[委内瑞拉（Venezuela）似乎是唯一的，如果发现乘客有异议即禁止在公交车与出租车上放音乐的国家。]

虽然立法的执行情况大相径庭，但许多地区的法规都限制汽车鸣笛。而像突尼斯（Tunis）这样的城市则是这样限制鸣笛的，"un ou deux coups brefs … en cas d'absolue nécessité seulement"，我们的研究者在各个国家的首都的几个主要交叉路口计量了汽车鸣笛次数，中东似乎是对汽车喇叭噪声最宽容的地方。以下是几个不同城市每小时鸣笛次数的平均值：

| | |
|---|---|
| 莫斯科 | 17 |
| 斯德哥尔摩 | 25 |
| 温哥华 | 34 |
| 乌得勒克 | 37 |
| 多伦多 | 44 |
| 悉尼 | 62 |
| 维也纳 | 64 |
| 阿姆斯特丹 | 87 |
| 伦敦 | 89 |
| 东京 | 129 |
| 波士顿 | 145 |
| 罗马 | 153 |
| 雅典 | 228 |
| 纽约 | 336 |

| | |
|---|---|
| 巴黎 | 461 |
| 开罗 | 1150 |

这些计量是在 1974—1975 年完成的，方法是在典型工作日的九小时工作时间内计量所有通过某一交叉路口的可听鸣笛声数量。特别有意思的是，以前在伦敦和巴黎的相同地点所产生的计量值远低于现在的实际鸣笛数量。事实上，这些城市的鸣笛数量在这四年里已经翻了四倍！这也许是一种更普遍的增长模式？

城市噪声立法分为定性立法与定量立法。同时还表明，相当多的社区期望通过或正在积极研究某种形式的定量立法。由于至少在技术发达国家，这似乎是一个趋势，需要对它有更多的研究与评价。定量立法将调查和举证责任转移到民政管理是一个令人鼓舞的变化，定性立法的困难是在法庭上证明噪声的摒弃，然而，定量立法的困难是昂贵的监督成本，即昂贵设备的购买以及必须由训练有素的工作人员妥善使用。

目前采用了两种方法来定量测量声音。第一种方法是如日本、斯堪的纳维亚（Scandinavia）和澳大利亚等一些地区在社区（住宅、商业、工业等）建立声学区域，以修复每个区域特定时间段内的一般声级。第二种方法是设置特定的攻击性噪声的限制，以将其保持在可控范围。这种方法在加拿大、美国以及欧洲与南美的部分地区比较可取。这些地区，即使在同一国家，州与州之间甚至社区与社区之间极少有统一的标准。如 1972 年，7 个加拿大城市对汽车的定量限制，其允许值为 20 英尺处不高于 80 分贝［伯纳比（Burnaby），不列颠哥伦比亚省］至 15 英尺处不高于 94 分贝［多伦多（Toronto），安大略省（Ontario）］。事实上，对许多国家定量立法的翔实调研得出的被迫结论是，很多指标确定有很大的随意性。

困难的是虽然颁布的限制等级也许能够应对物理破坏性的声音，但不能缓解心理上令人痛心的干扰问题。这一领域少有研究，在任何情况下，它可能并不像它本身那样易于量化。正是因为这个原因，如今最实用的反噪声立法应包括定量和定性两个方面，由于人类的本性似乎总是倾向于获得解决问题的方法，因此我们可能会忽视定性分析而重视定量方法，因为后者更适用于技术官僚的想法。

*197*

## 噪声立法研究揭示的文化差异

噪声法规并不是由个人任意拟定的，而是被社会所公认的。因此，可以研读这些法规，以揭示不同的文化对于声音恐惧症的态度。如以众所周知的条款所提及的噪声源为线索，在 1969 年的《市政警察条例》(*Regolamento di Polizia Comunale* 1969)中，热那亚市(Genoa，意大利)显现出了一些不同寻常的问题。第 65 条指出，从晚上 9 点至上午 7 点，必须尽可能安静地打开和关闭百叶窗。对于欧洲人，百叶窗的声音是户外的声音坐标。在这方面，同样地，我想起在埃蒂安·德拉博埃蒂(Étienne Cabet)的十九世纪的乌托邦(Utopia)小说《伊卡瑞尔的航行》(*Voyage en Icarie*)中，作者描述了一种奇妙的无声窗户，每个伊卡瑞尔人的房子都安装了这样的窗户。热那亚法案中的第 67 条限制了晚上 11 点至上午 7 点之间的家具移动噪声——这可能会引起一些困惑，而一个意大利人解释说，像在夜间移动家具这样的重体力劳动可减轻夏季的炎热感。第 70 条包含了按惯例对街头音乐的禁令，而第 73 条则解释说，不能在午夜后打保龄球(the Bocci)。令人惊讶的是，这一特殊的游戏被当成了噪声源，其实，户外保龄球经常在欧洲城市的反噪声法规中被提及。在卢森堡，晚上 11 点至早上 8 点禁止"打保龄球(jouer auxquilles)"。

在德国发现一项其他地方没有的奇怪立法，它是针对拍打地毯和床垫的。这一立法也涉及瑞士(第 190 页)。在波恩(Bonn，德国)，"拍打地毯、床垫或其他物件只允许在工作日上午 8 点至中午 12 点以及星期五下午 3 点至晚上 9 点进行"。在弗雷堡(Freiburg，德国)法律条文相同，但所规定的时间略有不同：为工作日上午 8 点至下午 1 点以及下午 3 点至晚上 9 点。*

午睡是需要放松身心的时间，许多法规限制在此期间进行喧闹的活动。然而有趣的是，午睡时间范围的扩大是因为越往南日照越强烈。在北欧日照通常是两个小时：下午 1 点到 3 点。而在意大利的城市则通常从中午 12 点延长至下午 4 点；在北非，延长至下午 5 点。突尼斯的这一法律条款非常典型："全年晚上 10 点至上午 8 点之间，包括 6 月 1 日至 9 月 30 日下午 12：30 至 5 点之间，禁止产生或允许产生可能扰乱宁静邻里的噪声。"有趣的是，该法案

---

*此外，弗雷堡当局亦允许晚上 8 点至下午 1 点及下午 3 点至 8 点于户外修剪草坪。在德国以外，我们仅从一个城市获得了一条与地毯拍打禁令有关的法规——阿德莱德(Adelaide，澳大利亚)：By-law No. IX，Paragraph 25b (1934)。

所规定的一些噪声包括："这一禁令特别适用于街道或私人财物上的汽车喇叭产生的噪声，汽油推销员使用的乐器、测试马达、排气噪声和喇叭[!]，冰淇淋供应商的叫卖或口哨，或任何其他呼喊声。"当提到他在北非的生活时，这是阿尔伯特·加缪(Albert Camus)能够记起的最后的声音："……一桩小事正在发生……我听到了街头冰淇淋小贩的号声，这一微小的刺耳的声音切断了人来人往的语流。"

某些强烈的地方噪声也许会被认为是声标——虽然是消极的声标。如埃森市(Essen，德国)投诉最多的声音是出售牛排(veal foi schnitzels)的餐厅噪声。在香港，主要投诉的噪声源是"麻将声(malh jons parties)"。码放麻将牌的声音也是温哥华与旧金山的中国城的特色，这是游客们喜欢的区域。

印度越来越关注夜间在建酒店的空调机噪声，这一问题吸引了像芝加哥 *199* 这样的富裕城市中最大数量的公众噪声投诉。在印度，有着这样在建酒店的地区，其夜间环境声级上升了15~20分贝。

在蒙巴萨(Mombasa，肯尼亚)，最常见的噪声是"铁皮搅拌器(tin-beaters)，鼓式搅拌器(drum-beaters)，铁匠和木炭炉制造商(charcoal-stove makers)"；而在港口城市奥克兰(Auckland，新西兰)，投诉的主要噪声源是"后院板材及造船厂"——有一项夜间禁令法规。在拉巴特(Rabat，摩洛哥)，首要的噪声是家庭聚会，而在伊兹密尔(Izmir，土耳其)则是公交车站的不规矩行为(一个土耳其的访客已经证实了这一点)，而处理这一问题的立法也是匪夷所思的："在公交车站与停车场应当行为妥当。任何可能扰乱公众的噪声——例如，喊叫、斗殴等——都将受到惩罚。任何称此类行为为玩笑的声明也不会改变其惩罚结果，即处以50土耳其里拉的罚款。"

法规还揭示了社会发展的不同状态。当1961年墨尔本市(Melbourne，澳大利亚)因已无必要而废止了一个古老的法规禁令，即"拍卖人的响铃(the ringing of auctioneer's bells)"禁令时，同年，在马尼拉(Manila，菲律宾)则发现有必要对此类活动进行立法："不允许使用响铃，或扩音器，或其他以噪声或表演吸引投标人的手段，须采用标志或旗帜。"

虽然在世界各地，反对使用扩音器与音乐功放的立法相当普遍，但重要的是需注意到各社会操作性的豁免条款。如马尼拉在禁止于外部使用无线电与留声机的同时，保留了"餐厅、茶点店、美容院与理发店……从上午7点至午夜12点的使用权利"。"冰激凌、水果、糖果、糕饼、报纸与甜品"商贩也允许从凌晨 5 点［!］至晚上 11 点使用扩音器（megaphone）或扩音话筒（magnavox）。马尼拉的另一条例规定，扩声禁令不适用于"任何基督的神圣场所或区域……以及重要国际或国家事件广播的情况"。

保持周日的安静是瑞士所特别关注的，不是所有的基督教国家都关注这一问题。例如，在圣萨尔瓦多（San Salvador），下列时间将允许使用扬声器，这表明宗教节日被视为了节庆假期。在下列时间允许使用扬声器：

> 周一至周六：中午 12 点至晚上 10 点，
>
> 周日及假期：上午 8 点至晚上 10 点，
>
> 12 月 24 日与 31 日：上午 8 点至第二天凌晨 5 点。

*200*   我已经看到，芝加哥教堂的钟声开始成为投诉的噪声源——如前所述。同样的声音也开始在德国受到关注，并在卢森堡成为增长的投诉噪声源。事实上，很多市政府已颁布立法限制教堂钟声敲响的时间。马尼拉限制白天不超过每小时三分钟，并于下午 8 点至上午 6 点完全禁止。在奇克拉约（Chiclayo，秘鲁）则于晚上 9 点至上午 6 点禁止。在热那亚，被投诉时则禁止，同时在哈特福德［（Hartfold，康涅狄格州（Connecticut）］则"禁止所有扰乱其附近的人的安静或养神处所的建筑物及其附属场地的钟声"。

这种立法在穆斯林城市大马士革（Damascus，叙利亚）也平行施行，在那里，"严格禁止在电台或任何公众场合，尤其是餐厅、夜总会和娱乐场所背诵《古兰经》"。

## 语言噪声

在基督教仍是统治力量的日子里，教会禁止自己的一些声音。亵渎神明的惩罚是可怕的。这个概念经常被带到民事噪声法规中，特别是在盎格鲁-撒克逊（Anglo-Saxon）地区。在加拿大的里穆斯基（Rimouski）与拉瓦尔［Laval，魁北克省（Quebec）］以及布兰登［Brandon，马尼托巴省（Manitoba）］的法律中存在这样的禁令。在阿德莱德（Adelaide，澳大利亚）的法规中，以及那些像布法罗（Buffalo，纽约州）和苏城（Sioux，爱荷华州）这样的美国城市也发现了类似条款。通常法规仅仅指"淫秽或亵渎的语言（obscene or profane language）"，但俄克拉荷马市（Oklahoma）则更明确地说："对于任何人，这些是违法的，是违法行为……嘲笑或亵渎上帝、耶稣基督、圣灵、圣事，或基督教或任何其他合法宗教，或任何必然导致破坏平静的事物或攻击。"这种法规至少在盎格鲁-撒克逊世界的一些地区仍然有效，事实证明，在索尔兹伯里[Salisbury，罗得西亚（Rhodesia）]，于 1972 年就收到了 1788 项街头噪声的起诉。在惠灵顿（Wellington，新西兰），存在一个引人注意的有趣的物理和声学空间的法律矛盾现象（直至被 1973 年的新立法所消除）。即对不规范语言的起诉是可能的，而犯罪者与申诉人必须均处于公共场合。"如果申诉人说他是在私人场所（如他的花园）或他的房子内听到了淫秽语言，警察就不能起诉在公共街道上使用淫秽语言的人。申诉人将不得不站在公共街道上陈述案情。"如果有一天语文学家仅用四个词汇就表达了一部国际史时，似乎可预见的是，随着时间的推移，某些神圣的话语被贬低成为公共喧嚣（vociferation）的表达。例如，1960—1970 年的十年间，在北美洲，神圣词汇"基督（Christ）""上帝（God）"与"耶稣（Jesus）"已经作为咒骂之语进入了公众谈话中。将神圣词汇作为对话声景中的咒骂之语有一个目的，即救赎（hock）。让他们震惊的是，至少直到习惯改变了，这些词汇才被委婉地改变了。[在这一括号的注解中，可能会说，许多神圣词汇将自己适当地借用给了这些恶劣的场合，因为它们的发音极具撞击力或震动性。"耶稣（Jesus）"和"基督（Christ）"也不能幸免；第一个词为刮擦声，第二个词则在舌头上裂出了清脆的响声。]

*201*

但亵渎神灵的问题比想象的更多，事实是，在一个社会中，总是存在禁忌的词语。没有哪一个社会有勇气将其灵魂的所有黑暗暴露在日光的自由中，永远也不会。因此，由于某些四词表达被释放到了大众俚语中，其他将作为吓人的淫秽言语。而英文中新的四词表达是"恩典（grace）""美德（virtue）""处女（virgin）"与"柔情（tenderness）"。

**禁忌之声**

我在本书中反复提到，反噪声立法的真正价值不是其有效性如何——至少自噪声泛滥（the deluge）以来，它从未发挥效用——而是它为我们提供了不同社会与不同时代声音恐惧症的比较目录。消逝的声音具有巨大而富于共鸣的象征意义。原始居民非常细心地守护着他们的禁忌之声，詹姆斯·弗雷泽爵士（Sir James Frazer）在他不朽的研究著作《金枝》（*The Golden Bough*）中，花了整整一章来讨论这一议题。在有些部落中，我们了解到，他们纯粹出于恐惧而不会说出某些人、敌人或已逝先祖的名字。在其他部落，说出一个人自己的名字则可能剥夺了其拥有者的重要权力。道出了最为私人的声音无异于把自己的脖子伸向了刽子手。

更有趣的是，从反噪声立法的执行角度看，在某些部落的传统上，限制特定时间所产生的特定噪声是出于害怕神的忿怒。

> 与白天相关的噪声在晚上总是被禁止的：例如，妇女可能在黄昏后不允许敲打谷物。……除了特定场合，嘈杂的工作似乎将使村庄陷入与森林相联系的危险之中。在白天，神灵总是睡在最远的森林深处，不会被打扰，但在余下的黑夜里，他们可能在附近的村庄出没。他们会因听到在森林里的砍伐声或村里的冲击声而发怒。

在安息日遵守静默的基督徒习惯可能有类似的思想基础。

传统上，如果不恰当地说出禁忌之声，总是跟随着死亡和毁灭。希伯来语 Jaweh 一词表明了这一传统的真实性，而中国**黄钟**（*Huang Chung*，一种黄铜色的大钟），如果由敌人敲响，则将足以造成帝国的崩溃。阿拉伯人也有很多关于阿拉（Allah）的话语拥有同样可怕的力量（你可以轻声读一读）：Al-kabid，Al-Muthill，Al-Mumi 与其他 99 个词汇。

在当代世界中，我们在哪里能够定位禁忌之声呢？可以肯定一种禁忌之声是几乎每一个现代城市都会拥有的，并在紧急情况下拉响，随后被听到，并预示灾难的来临。

减噪与禁忌之声之间存在着不能忽视的关系，目前列出一个禁止之声的有效清单是我们无上的荣誉。正是由于这个原因，社区法规的理想禁令永远不会成功，也绝不能成功。最后的力量是——**沉默**（*silence*），就像神的力量在于他们的隐匿一样。这是奥义和僧侣们的秘密，它将形成对任何正确声音之研究的最终冥想。

# 第四部分　走向声学设计

**14　聆听**

### 声音生态学与声学设计

二十世纪美学教育最为重要的革命是由包豪斯(Bauhaus)完成的。许多著名画家在包豪斯接受教育，但对于不能成为著名画家的学生，学校的教育目的是不同的。通过将美术与工业工艺的结合，包豪斯*发明*(*invented*)了整个工业设计这一新议题。

在声学研究的各个领域中，现在也需要一场同样重要的革命。这场革命需要将与声音科学有关的学科和那些与声音艺术有关的学科统一起来。其结果将是声音生态学(acoustic ecology)与声学设计(acoustic design)学科的发展。

生态学研究有机生物与它们的生存环境之间的关系。因此，声音生态学研究声音与生活及社会的关系。这一研究不能留待实验室来完成，只能通过研究声学环境对生活于其中的生物的影响来完成。本书自本章之前整体上都是以声音生态学作为讨论的主题，这是声学设计进行之前的基础研究。

理解我所说的声学设计的最好方法是把世界的声景看作一个巨大的不断围绕着我们展开的音乐作曲作品。我们作为它的观众的同时，也是演员和作曲家。这听起来是否需要我们保护、激励与繁衍这些声景呢？当我们意识到这一点时，令人烦躁或具有破坏性的声音将变得足以明显而让我们意识到为什么必须要消除它们。只有令人愉悦的声学环境能够让我们用以改善声景的

构成。声学设计不仅仅是声学工程师的问题。这是一项需要许多人的努力来完成的任务：专业人士、业余爱好者与年轻人——拥有好耳朵的任何人；这一全球性的音乐盛会始终在进行中，而观众厅的席位将为任何人敞开。

声学设计永远不可能成为自上而下的控制性设计。这是一个探索*有意义的听觉文化*(*significant aural culture*)的重要问题，是每个人的任务。然而，在激发这个设计的关注之前，某些图表数据有着重要的作用。特别是长时间对于社会保持超然态度的作曲家，现在应该是给予人类社会进程以回报的时候了。作曲家是声音的建筑师。他们对于获取特定听众的反应效果有着最为丰富的设计经验，同时他们也是调整这些效果以让听众获得复杂而丰富体验的大师，一些哲学家将这种体验描述为生活经验本身的隐喻。

但是作曲家们还没有为在世界环境的重建中扮演领导角色而做好准备。一些心性敏锐的仍然致力于成为帕纳索斯山（Parnassus）的神。而另外一些人，注意到了环境重建的重要性，却受经验或享乐主义的影响而迟钝或缺乏技艺。我记得遇到过一个年轻的澳大利亚作曲家，他告诉我，在沉迷于蟋蟀歌唱的美丽之后他已经放弃了音乐写作。但当提到何时及为何蟋蟀会吟唱时，他说不出来，他只是喜欢把它们录下来，并回放给更多的听众。我告诉他：一个作曲家应该需要了解像蟋蟀歌唱这样的事物。技艺是已知的可用于创作的材料。在这里作曲家需要成为生物学家或生理学家——他们自己就成了蟋蟀。

真正的声学设计师必须彻底了解他所处理的环境，他必须有声学、心理学、社会学与音乐学等方面的训练背景，有时也需要其他一些相关知识。学校无法进行这样的训练，但不能拖延，因为如今声景已经恶化到了一种低保真（lo-fi）状态，有线背景音乐发起人已经将声学设计作为一项*健康*（*贝耶萨，bellezza*）项目。

**声学设计模块**

模块是一种用于指导测量的基本单元。在人类环境中，人类本身构成了基本模块。当建筑师组织人居空间时，他们采用人体解剖学作为指南。门框容纳了人的架构，楼梯的尺度适用于人的脚，天花板的高度适合于人的伸展长度。为了证明人与为其创造的建筑空间的关系，勒·柯布西耶（Le Corbusier）做了一个可向上伸展的手臂这一他本人的模块化符号，并印在了他所有的建筑物上。

声学环境测量的基本模块是人耳与人的声音。在这本书中，我一直在强调的理论是，我们能够理解超人类声音的唯一方式是在关系中感知并产生人类自己的声音。以经验来了解世界是人类最想要的东西。超越那些谎言的精彩而富于想象力的实践包括——块状音乐、死亡音乐、球体音乐——但只有将它们与我们能听到的声音或自己的回音做比较时，才可以理解。

众所周知，在行为与耳朵及声音的容忍度之间存在妥协。当如今环境声到达了将人类的声音掩盖而不知所措的地步时，我们创造了一个不人道的环境。当耳朵被动听到的声音在物理或心理上可能造成了危害时，我们已经制造了一个不人道的环境。

在自然界中，很少有声音能够干扰我们的沟通能力，并且几乎没有任何声音能够对听觉器官构成威胁。有趣的是，可以将语音提升至相当高的声级（于几英尺远处约80分贝），但不能提升至可能损害耳朵的非正常人交流的阈值上（超过90分贝）。* 为了抵制低频声，人耳将过滤深沉的身体振动的声音，如脑电波与血液在血管中流动的声音。此外，人类的听觉阈值已设于刚刚超过一个空气分子连续运动的撞击声水平。所有身体振动的安静程度则是另一种天才性的设定。可判断的是，如果将耳朵放置在嘴的旁边，而不是头部的两侧，将是多么的不方便，在那里它们是不是会因距离近了四分之一而感受到滔滔不绝的话语声以及喝汤时发出的喷喷声呢？

　　上帝是一流的声学工程师。我们一直在不恰当地设计着我们的机器。由于噪声代表了能量的释放，则完美的机器将是无声的机器：所有能量的使用效率更高。因此，众所周知，人体的结构就是最好的机器，它应该是我们用以工程改进的范本。

　　与声音生态学的这些简单教训相反，我们生活在一个人类声音经常被压制，而机器喋喋不休的时代。当我们的一些学生在温哥华市中心的建筑工地测量噪声时，被一些哈尔·奎斯那教派（Hare Krishna sect）的成员干扰，这一东部运动致力于在街上用歌唱进行敬神崇拜。1971年，根据减噪法规法案，这个小组曾被拘捕并被判有罪，他们对定罪提出了上诉，但上诉没有成功。该法规法案明确禁止任何由建筑和拆卸设备发出的所有噪声——尽管学生们发现，这些噪声往往高达90分贝，这是哈尔·奎斯那教派歌手被逮捕的临界点。诚然，街头歌唱或叫卖令人烦躁，但当它消失时，人文主义也就消失了。

### 听觉净化

　　声学设计师的首要任务是学习如何聆听。在这里，**听觉净化**（*Ear cleaning*）是我们使用的表达方式。可以设计多个练习来帮助听觉净化，但最重要的首先是让聆听者尊重沉默。这在忙碌而紧张的社会中尤为重要。我们经常给学生布置的练习是暂停发声一天。即停止发声一段时间，而侧耳聆听别人的声音。这是一个具有挑战性的，甚至可怕的练习，并不是每个人都可以完成，不过对于那些宣称进行了此项练习的人们，此后这将是他们生活中

---

* 英格兰斯卡布罗传来一则消息，英国渔民以在3米远处将音量提高3分贝的成绩赢得了世界呐喊比赛（the World Shouting Competition）。

的一个特殊的事件。

在其他场合，我们将为聆听训练而进行放松准备或集中练习。需要一个小时准备，以便能够清晰地聆听下一个练习。

有时候，寻找具有特殊特征的声音是有用的。例如，尝试找到一个音高开始上升的声音，或一个由一系列短促非周期突发声组成的声音；或者尝试找到一个沉闷的砰砰声（thud）过后伴随着兴奋的叽喳（twitter）之声；又或嗡嗡声（buzz）和吱吱声（squeak）组合而成的声音。并不是每个环境中都能找到这种声音，当然，这要求听者在聆听搜索过程中仔细听取每一个声音。在我的音乐教育小册子中有很多类似的练习。*

有时只记录声景中的单一声音有利于发现其再现的频率与模式。任何人的耳朵都可以计量汽车鸣笛、摩托车与飞机噪声，而令人惊讶的是它是如何从众多声音中将这些噪声独立出来的。在进行社会调查的同时，可以让民众在给定的发生时间段内估计这些声音的数量。在这类反复练习中发现，估计的数量远远低于实际数量——往往高达 90% 的误差。例如，在 1969 年，当我们在西温哥华问及水上飞机在他们的家园上空飞行的噪声估计数量时，估计值为平均每天 8 次，而实际计数值为 65 次。1973 年，在同一区域被重复了同样的实验。这一次平均估计值已上升至 16 次，但实际数目亦上升至 106 次。像这样的听觉净化练习应当扩展至更大的公众范围。可以对再次听到的声音进行思考，而下一次则练习听取上次错过的声音。

磁带录音机可作为适用于耳朵训练的辅助设备。尝试避免使用高解析度的录音样本，以提醒耳朵于声景环境中仔细听取以前没有在意的细节。可将声音事件与声景进行录制以备后续分析，如果有价值则可在将来永久保存。*209* 毋庸置疑的是，为了此目的应当使用最好的磁带录音机。录制声音时，可用卡片记录以下信息：

编号：＿＿＿＿＿＿＿　　标题：＿＿＿＿＿＿＿

录制日期：＿＿＿＿＿　　录音师：＿＿＿＿＿

使用设备：＿＿＿＿＿　　7.5 i.p.s. 单声道＿＿＿＿＿

　　　　　　＿＿＿＿＿　　15 i.p.s. 立体声＿＿＿＿＿

---

　　* The Composer in the Classroom，Ear Cleaning，The New Soundscape，When Words Sing，Toronto，1965，etc.

_____ 其他四声道 _____

录制地点：_____  与声源的距离：_____

氛围条件：_____  强度：_____ dBA

                                        _____ dBB

                                         _____ dBC

历史信息：_____

社会信息：_____

其他信息：_____

本地受访者姓名、年龄、职业与地址：_____

应特别注意面临威胁与灭绝的声音，应在它们消失之前记录这些即将消逝的声音。应当将消失中的声音对象视为重要的历史文物，消失声音的详细记录档案将来会有很大的价值。我们目前正在建立这样一个档案。清单也非常广泛，但一些例子就足以说明问题。

    旧收银机的铃声

    衣服在搓板上的洗刷声

    搅动黄油的声音

    剃刀停止的声音

    煤油灯的声音

    皮革鞍的吱吱声

    手动咖啡研磨机的声音

    在马车上吱吱作响的牛奶罐

    关闭与栓上沉重的门

    学校的手铃

    木地板上的木制摇椅

    旧相机的安静曝光

    手动水泵

*210*      我们通过具体声音的记录来训练学生的声景录音：工厂的哨子，城镇的大钟，青蛙或燕子叫声。要得到"干净（clean）"而没有干扰的声音是不容易的。

有多少次，新的录音工作者经常在声音下降至完全低于环境声时就"完成(complete)"了飞机飞行声音的录制？甚至更有经验的录音师的生活往往充满危险。例如有一次，一个小男孩在观看到录音团队搭建用于测量和记录特定午间哨声的音响设备和录音机，正当录制开始时，这个男孩不经意间在离开时对着麦克风说："这就是你想要的哨声，先生？"

录音师面临的最大问题之一是在不干预的情况下记录声音的社会环境。设备是很显眼的，而在许多情况下录音师也是如此。彼得·休斯（Peter Huse）在他的诗歌《波浪》（*Waves*）中的几行里抓住了这一点。

我们摇摇晃晃地走进休息室。

布鲁斯在我的皮革风衣中尖叫

并以我的方式捏住了他的山羊胡子，

胶带修补的粗花呢口袋

松软的贝雷帽

缠绕着耳机与金色的扣子

纳格拉

扑进我的肩膀

将它分割成两条轨道，我

调整着手持麦克风的角度，如果

机器停止工作，这角度

就会设置在 83 度

开始**录音**并隐藏在皮夹里

苏格兰 206 绕过头顶

磁带卷动着，我们得到了

深夜重叠的心形

荧光渡轮的氛围，一个金色的警笛

向我们逼近。

（放大生涩，摇摆的框架。引擎隆隆作响。

门扇晃动。一个特写：她扭曲的脸让

中心向左偏移。洗刷并刮擦着椅子。在一些

口齿不清的声音里，她的声音最为响亮与刺耳。）

注意到她漂白的头发。闻到她
醉醺醺的呼吸。她喝醉了，而且难以站立。
（录制停止获得了整个样本：丁托列托/家庭影院
只有严酷的灯光，蓝色的滤光器。两个人笑了。）
她向我们挥手，她在歌唱

*211*　　"我想，想和你……"
我们记录下了这一场景。


## 声景旅行

　　声学设计的学生应该坚持撰写声景日记，习惯性地注意那些地区与地区之间以及时间上声音的有趣变化。在陌生环境中旅行时，耳朵似乎更加警觉，虽然其正文的内容对声学少有提及，但许多作家丰富的游记作品也证实了这一点。像梭罗（Thoreau）、海因里希·海涅（Heinrich Heine）和罗伯特·路易斯·史蒂文森（Robert Louis Stevenson）这些作家的记录至少是真实的。从里约热内卢旅行归来（1969），美国学生能够描绘出比他们所生活的城市更生动的巴西声景。

里约热内卢

街头小贩
市场的讨价还价
市场上的活鸡和鸟
在餐馆里打苍蝇的人
冰块从木块上剥落（没有碎冰）
鹅卵石上的汽车和马车
街头手工清扫的清洁工
奇怪的拨号音、忙音与电话铃声
40 至 50 s 旧汽车主导车流
在街上唱歌跳舞；音乐于功放中回荡在整个城市
（嘉年华）
老式手动电梯

在全国使用的蒸汽引擎

教师进入课堂时的沉默

没有电动机器设备的企业和银行

25 万人一起在体育场里大喊大叫

鹦鹉

猴子

砍伐加卡蓝达树

### 纽约

交通

出租车喇叭

村里街上的流浪汉

公交车

地铁列车

在街道和餐馆里的外国语言

偶尔夜间在街上遇到的醉汉

警笛

一个人旅行时，对新声音的捕捉意识将其提升为了前景图像。不过声学设计师必须接受训练，以准确无误地感知*任何*(*any*)声景，否则他怎么能够正确地做出判断呢？又怎么能够估计信号声与声标的效果，并了解基调声与背景声的功能呢？

在声景中保持一个游客的角色是不够的，但在训练中这是一个有用的阶段。它能够使一个人脱离正常生活环境，把声景看成是猎奇与审美的对象。就像旅游本身，这种感知类型是人类文明进化的最新发展。作为地理学家，美国人大卫·洛文塔尔(David Lowenthal)写道："对风景的感知只开放给那些没有真正在景观中玩耍的人。"洛文塔尔还以来自于马克·吐温(Mark Twain)和威廉·詹姆斯(William James)的引证解释了这一观察结果。

对于马克·吐温这位汽船旅行者，夕阳肆意地在银色的水面上荡漾。然而对于飞行员，"这种太阳景象意味着明天将有风……水面上倾斜的标志指示了一块暗礁，它可能会在某个晚上毁坏某人的汽船……在森林的阴影中，银

212

色条纹是新枝'断裂'的标志。"

　　威廉·詹姆斯，一个北卡罗来纳州（North Carolina）的早期游客，能够标记被农民所损害的美丽森林，"但是，当*他们*（*they*）看到可怕的树桩，他们认为这是个人胜利的标志。一段段木材、砍伐后的树木与卑劣的裂痕述说着诚实的汗水、执着的辛劳与最终的回报"。然而对于詹姆斯，"我头脑中的印象是不折不扣的肮脏。移居者……砍伐树木，并留下了烧焦的树桩。……他们还将砍伐着和杀害更大型的树木……在这场浩劫的现场设置了一个高高的锯齿围栏……森林被摧毁了；所谓的'进步（improve）'是一种丑陋的存在，一种溃烂，任何一种人为的努力都无法弥补自然美的损失。"

　　由于对视觉刺激的依赖性，现代人允许让旅游业相信旅游只是简单的观光（sightseeing）。但敏感的人类意识到环境不仅仅是被看见或拥有。好的旅游者会带着批判和审美纵览整个环境。他们从不仅仅是"观光（sightsees）"；他们能够聆听，闻香，尝味与触摸。声景旅游不需要*吸引物*（*Sehenswürdigkeiten*）但需要*聆听物*（*Hörenswürdigkeiten*）。随着休闲需求的增长，所有人都可能成为声景的游客，以深深地记住那些访问过的声景的欢愉。所有这些只需要一点点旅行经费与敏锐的耳朵。

### 声景漫步

　　聆听漫步（Listening walk）与声景漫步（Soundwalk）完全不是一回事，或者至少保持它们外延之间的区别是有用的。

　　聆听路径是专注于倾听的简单步径。应该是一种悠闲的步伐，如果是在一个团体中同时进行，最好将参与者分散开来，以免每个人都只能听到他前面的人的脚步声。不断听取前方的行人的脚步声可以使耳朵保持警惕，但与此同时隐私受到了侵犯。听取与错过的声音将在后文讨论。

　　声景漫步则是以评价得分为指引的某个特定区域的声景探索。打分包括一张地图，以助评价吸引听众注意的奇异声音与路径上的环境声。声景漫步可能还包含了耳朵训练练习。例如，不同收银机的音高或不同电话铃的持续时间可以作一比较。各自的音调（Eigentones）可以指示不同的房间和走道。*

---

　　* 德语 Eigenton 一词指由平行表面之间的声波反射而产生的房间的基本共振。在经验上，它可通过演唱不同音高进行定位。当正确的音高响起时，房间（尤其是空房间）会产生相当响亮的共鸣。

213

也可以探索不同材质的行走路面(木质、砾石、草、混凝土)。一个学生说:
"如果我能听到行走时的脚步声,就能知道我所处的生态环境。"当声景漫步者
被指示于声景聆听时,他是受众;当被要求参与其中时,他就成了作曲家和
表演者。在一项声景漫步实验中,学生要求参与者进入一家商店并敲击所有
罐头食品的顶盖,从而将杂货店转化成了一个加勒比(Caribbean)金属乐队。
在另一项声景漫步中,要求参与者比较城市街道上的排水管的音高;而又
一项声景漫步要求参与者唱出其周围不同调谐霓虹灯所组成的曲调。

一系列巧妙的声景漫步设计应该会引起旅游业的兴趣,将其引入学校的
听觉净化练习中也会有很大的价值。

这些练习是声学设计方案的根本,但并不需要昂贵的设备,也不需要用
图片、统计图表来解释简单的声学事实,它是一种无声的、**非声学信息**(*not
acoustic information*)的实践。

当一所有价值的声学设计学校终于出现时,听觉净化必须是它的基本
课程。

**15　声学社区**

**声学空间**

我们已经了解了视觉与听觉空间的矛盾。视觉导向的影响不仅在艺术作品中留下了深刻的印迹，而且更加强调规则。其属性以物理术语量度，以平方米或平方千米为单位。在其所属的领域范围内，允许所有者创造一个相对自由的理想环境。当世界更加安静时，隐私则由墙壁、围栏与植被进行保护。当视觉与声学空间更一致时，往往容易忽略后者。

如今，声学空间重要的环境和法律意义没有得到完全的认可。发声对象的声学空间是指，该声音的可听空间体积。一个人居住的最大声学空间区域将超过其声音可被听到的声学空间。无线电或电锯的声学空间也将是其声音的可听空间体积。现代科技已经给予了个人激活更大声学空间的工具。这一发展似乎与人口的增加及个人有效物理空间的减少相矛盾。

法律允许财产所有人限制他人进入自己的私人花园或卧室。但他有什么权利抵抗声音的入侵呢？例如，在过去几年里，在不扩大其物理空间的前提下，机场显示出了巨大的噪声分布范围，侵占了越来越多的社区声学空间。目前的法律并没有解决这些问题。在这种情况下，一个人可能只拥有地面，却没有能力拥有地表一米之上的任何空间环境，而且没有赢得其保护案例的机会。

　无论是从社会意义还是法律意义上说，需要重申的是声学空间作为一种不同的但同样重要的测量手段的重要性。以下历史视角的观察将有助于重树这一概念。

**声学社区**

可从许多方面定义社区：它是一个政治上的、地理上的、宗教上的或社会上的实体。但我要提出的是，也可以用声学线索去定义一个理想社区。

房屋，即家庭，可以看作为社区所设计的第一种声学事物。在它的内部可能会产生其围墙外部不甚感兴趣的私人声音。教区也是一个声学社区，而且它由教会钟声的可听范围而定义。当再也听不到教堂的钟声时，你就已经离开了教区。科尼大教堂社区(Cockneydom)仍然定义于伦敦东部听得见船头钟声(Bow Bells)的地区。这种社区的定义也适用于东方。在中东，它是指当宣礼人在光塔呼召信众进行祈祷时，其声音的可听区域。

一个来自于九世纪的有趣的声学社区例子显示了匈奴人(Huns)是如何在一系列九层同心圆式防卫圈中建造社区的。"这些壁垒、村庄与农庄之间以相互能够听到人们的呼喊声的方式进行配置，从一个圈层至另一个圈层，所有的农场与居住区都以这种方式建立，在任何位置发生的消息可以简单地以吹号的方式传达至其他位置。"

纵观整个历史，人类声音的传播范围提供了确定人类聚居群落的一个重要模型。例如，它制约了早期北美定居者农场的"长度(long)"，房屋间距配置于在意外遇袭时可听到呼喊声的距离之内，同时，这些房屋位于易于联络的狭窄区域。沿着圣劳伦斯河(St. Lawrence River)两岸仍然可以观察到这种声学农场，虽然其*存在的理由*(*raison d'être*)已经消失。

在柏拉图(Plato)的模范共和国中，他相当明确地限制了理想社区的大小为5040人，这种一位演说家可以方便宣讲的范围。这可能也是歌德(Goethe)与席勒(Schiller)时代的魏玛(Weimar)大小。魏玛式的600或700座房屋曾经是大多数城市的规模，但正如歌德所说，那是半盲守夜人的声音能够于城墙之内可以听到的区域，也是诗人对于这种小城镇的人性尺度之魅力的最佳描述。

声学社区的研究可能也包括考察社区以外的重要信息是如何传递至居民的耳朵里并影响他们的日常工作的。当我们在法国布列塔尼(Brittany)的南部海岸渔村莱斯科尼尔(Lesconil)进行声景研究时，有机会进行此项调研工作。莱斯科尼尔三面临海，受被称为"太阳风(les vents solaires)"的海陆风周期的影响，远处的声音以顺时针的顺序经过村庄，开始于夜间的北方，白天向东部和南部移动，最后于夜间停止于西部。清晨，渔民出海时，能够清楚地听到普洛巴纳莱克(Plobannalec)教堂的钟声和附近的农耕噪声。至上午9点是东北方向洛克蒂迪(Loctudy)的钟声；至上午11点，东海岸的"河豚(puffer)"浮标将关闭；至中午拖网渔船的马达声在南部海域响起。(在平静的日子，渔民的可听距离长达12千米远。)至下午2点，可听到西部浮标，至下午4点常常可听到在西方12千米远的托奇点(the blowhole at Point de la Torche)的鲸鱼头顶上的呼吸气孔。如果该天大雾，下午将能听得见同一海岸埃克莫尔（Eckmuhl）的雾号。到了晚上，返回来的农场声音与西北方特里菲加特（Treffiagat）的钟声混合在了一起。

这种模式的特征主要出现在天气晴朗、鱼况良好的夏季月份。声音的变化表征了天气的变化：例如，当某些浮标的声音出现的顺序混乱时，预示着将有飓风；或者当西边的海浪很强时，好天气将会随之而来。每个渔夫和渔夫的妻子都知道如何区分这些声学信号的细微差别，社区的生活由这些信号所调控。

声学社区最终发现了自己与空间社区的冲突，许多减噪法规也证明了这一点。当教区在交通噪声的摧残下萎缩时，这场冲突也记录在了基督教的衰落中，正如当挂在光塔上的扬声器已成为必要而预示着伊斯兰教消退，当魏玛城邦守望者的声音不再能传达至所有居民而预示着歌德时代的人文主义已经消亡一样。（魏玛人文主义消亡的进一步标志是十九世纪的法规法案的公开场合音乐禁令，除非这些音乐是门窗封闭的室内演出。）

现代人在室内继续保持了这种妥协，以避免室外环境的消亡。生活在现代大都市的低保真声景环境中，声学空间更加难以定义。警察警笛的输出声级（100＋dBA）可能已经超越了摇摇欲坠的教堂钟声（80＋dBA），但更多的失范现象与社会解体证明了纯粹产生一个新的秩序如今也是不合时宜的。现在，当城市的嘈杂与增长引入了更多喧嚣噪声时，在人文主义的框架下，声学设计师在整治残局与社会构建中的任务难度不会低于城市研究者与规划者，它们将会同样必要。重新定义声学社区的问题可能涉及分区规则的建立，但正如现今所看到的那样，将声学社区限制于地景区域中是错误的。只有了解217并且接受了声学特征的概况与相互作用，声学区划才能提升至合理的水平。

## 室外与室内声音

空间不仅通过反射、吸收、折射与衍射来改变其感知结构以影响声音，也影响声源的发声特点。地球上自然声学不同的地理区域可能对人们的生活产生重大影响。如在阿肯色州（Arkansas）的大草原上，托马斯·纳托尔（Thomas Nuttall, 1819）说："声音没有回声，它消逝于无边无际的起伏中。"另一方面，不列颠哥伦比亚省（British Columbia）的广袤森林富于混响感。"茂密的森林及其周围似乎回荡着说话人的声音，并成为赞美之声中的一员，那些树木的摆动又似乎成为了旋律的节奏。"

即使是相同的声音随空间的改变而改变时,室外声也与室内声不同。人类在室外会提高自己的声音。如果用便携磁带录音机由室内房间来到室外进行录制,同一麦克风距离所录制的稳态说话声的播放音量会增加。这个结果来自于更高的环境噪声,以及混响的减少让相同音量的回话需要更多的声音能量。而且在心理上,公共场所也以取代了私人空间,人类的本能往往更倾向于在公共场所展示自己。我们可以注意到[见第 64 页(译者注:原书页码)],生活在炎热气候的户外的人们比住在室内的人说话声音更大。同样重要的是,北方人民似乎比南方更易受到噪声的干扰。

在封闭空间中说出的任何声音或多或少都是私密的,又或多或少与崇拜活动有关——无论这种崇拜是来自于情人的床头、家庭、宗教节庆或秘密的政治阴谋。原始人沉迷于所居住洞穴的特殊声学特性。阿瑞格(Ariège)的特里斯·弗雷雷斯(Trois Frères)与突克德·阿多伯特(Tuc d'Audobert)洞穴中包含佩戴动物傩面具、手持原始乐器的蒙面男子的壁画。人们可以想象在这些黑暗混响空间所进行的神圣的狩猎准备仪式。

在马耳他(Malta)海波甘姆(Hypogeum)的新石器时代洞穴(公元前2400 年)中,一个类似神社或先知的房间也具有显著的声学性能。在一面墙上有一个水平的眼睛形状的大洞,其形状像一个大的的赫尔姆霍兹共振器(Helmholtz resonator)*,共振频率约为 90Hz。如果一个人以低沉的声音缓慢说话,其话语中的低频分量将会被放大,深邃而响亮的声音不仅填充了神社本身的空间,而且也以一种极具神性的声音充满了周边的房间。(儿童或女人的声音无法产生这一效果,她们的声音基频太高,无法激活这一共振器。)

早期的声音工程师乐于在巴比伦塔与基督教的大教堂与地下室中追求上述特殊的声学效果。回声与混响能够形成强烈的宗教象征意义。但是回声与混响并不意味着相同的封闭空间类型,混响暗示着一个巨大的单一空间,而回声(反射声以重复或部分重复原始声音作为区分)则显示了无数遥远表面的声音反射。因此,它的产生条件往往来自于多空间的宫殿和迷宫。

*218*

---

　　* 赫尔姆霍兹共振器是一种空腔型共振器,所以其构造只会于特定频率产生振动。它是由德国物理学家赫尔曼·赫尔姆霍兹于十九世纪分析复合声的谐波分量时发展出来的。

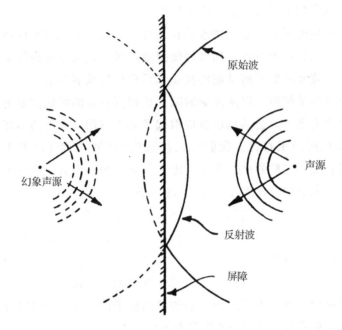

但是回声有着更深层次的暗示。声学家将会解释到，远处表面的声音反射是原始声音波动反射的简单例子，反射角等于入射角。为了理解这个效果，可以在反射表面后方的深处设计一个原始声音的镜像声源，其至该反射表面的距离和角度与原始声源完全相同。换言之，每一个反射声都有一个原始声源自身的幽灵隐藏在反射面的另一侧。这是世界的自我改变、追随与趋步于现实世界后，对其愚蠢的瞬间的嘲讽。因此，比水仙（Narcissus）倒映在水中的图像更具讽刺意味的，是从岩石后面看不见的地方传来的嘲弄声。卢克莱修，一位将其哲学与科学及诗歌巧妙地融合在一起的哲学家，在回声描绘中抓住了这个神奇的性质：

一个声音突然被驱散成许多声音。……我甚至看到当你说出一个声音时，返回了六个或七个地方的喊叫：所以是不是山峰与山峰自己留下了话语和重复的混响。邻居们想象着这样的地方会有山羊脚的萨特（Satyr）和仙女出没……他们让乡间的农民知道如何倾听他们的话语，即神灵潘（Pan）摇晃着盖过半个人头的松树叶子，奔跑在开敞而弯曲的芦苇丛中，演奏着可能永远不会停止的森林音乐。……如此，整个大地充满了话语，周围隐藏着远离视线的沸腾而弥散的声音。

混响与回声给声音以持久的错觉，也给人以声学权威的印象。因此，这些声学效果将旋律的音高顺序转换成了能够同时听到和声的和弦。在开放的希腊剧场中，几乎没有混响（"从来没有超过十分之几秒"），其音乐系统中也没有和声。和声理论在西方之所以发展缓慢，可能是由于教皇格雷戈里（Pope Gregory）与中世纪的理论家承接了希腊的音乐理论。在这里，一个文化继承抑制自然发展的例子是，复调的形式隐藏于罗马式（Romanesque）和哥特式（Gothic）的大教堂。哥特式教堂的混响（高达 6～8 秒）也放慢了语速，把它变成了不朽的言辞。将扬声器引入这样的教堂是最近发生的事情，这不是为了弥补教堂声学特性的不足，而是因为听众已经失去了耐心。

内部空间的大小和形状将始终控制其内部活动的节奏。可以通过音乐的参照来说明这一点。哥特式或文艺复兴时期的教会音乐的速度模式是缓慢的；由于较小房间或广播工作室建立，十九世纪与二十世纪的音乐速度变得更快了。这一发展在将音乐信息压缩于十二音的作曲家身上达到高潮。现代办公大楼，也包括小而干的空间，同样适合于现代商业的狂热，从而与生动而缓慢的任何用于洞穴或地穴仪式的节奏特征背道而驰。而今，正如斯特拉汶斯基（Stravinsky）与韦伯恩（Webern）的音乐预示着现代商业一样，新音乐的衰退再次表明了当代人对于慢节奏生活的向往。

**古时作为声学工程师的建筑师**

有时候，我对于现代建筑师作为声学设计师的能力会有一些苛刻。但为了准备对这一个案的讨论，并与古代的建筑师相比，这种能力对于现代建筑师是必要的。过去的建筑师了解许多声音的效应，并能够积极地处理好相关事物，而现在他们的后辈却对此知之甚少，并且消极回避这些声学问题。

早期的建筑者用耳朵以及眼睛进行建造。在希腊的特殊声学剧场中，埃皮扎夫罗斯（Epidaurus）的阿斯克勒庇俄斯（Asclepius）剧院也许是最好的例子，虽然没有证据表明古希腊人已经完全掌握了声学，但这些声学剧场却证明了一般建筑哲学对于声学的考量有助于确定剧场结构的形式及选址。在埃皮扎夫罗斯空旷的露天剧场里，1.4 万个席位中的每一个位置都可以清楚地听到音量不断降低的声音——我们的测试已经证明了这一点。希腊演员经常被描绘成戴着面具并在嘴边系上扩音器的形象，但这并不能证明古代剧场声学的失败，其原因可能仅仅是希腊戏剧观众不那么守规矩。

我到过的最美丽的建筑是伊斯法罕(Isfahan)的沙阿·阿巴斯清真寺(the Shah Abbas Mosque，建成于 1640 年)，奢侈典雅的金色与蔚蓝色的瓷砖映衬着其著名主塔的七重回声。当你站在主塔的塔顶时，能够清楚地听到这七次回声；而站在任何一侧的光塔上却什么也听不到。经历过这一著名事件后，我不禁想起，回声只不过是与视觉对称的副产品，但有意为之的设计师们完全清楚地知道他们在做什么，也许甚至使用回声原理来传达其光塔的隐喻特征。

类似的现象显然也存在于北京天坛的回音壁中(the Temple of the Ruler of the Universe)。实际的庙宇是一座圆形建筑，四周环绕着一堵圆形墙壁，里面有两座长方形的建筑物，这些建筑可能表明了地球在宇宙中的位置。如果一人站在场地的中央拍手，就会听到一连串由外墙反射的快速回声。但轻微偏离时，回声将会完全改变，因为只有一些反射声会回到原点。在中心附近的其他位置，声学条件更加复杂，即使声源位置有轻微移动，回声都将改变。在这一结构中，当人们恰好站在圆形墙壁附近，就有可能在很远的距离进行自然交谈，这一硬质墙面的内表面以最小的传输损耗对周围的声音进行反射。

不幸的是，我们无法解释如何或为什么声学原理会被引入这些古老的建筑，但由于所有的古代文化都有着强烈的听觉意识，他们很可能想以此表达神圣的奥秘，并且无论如何，他们肯定不可能预知这些设计蓝图的结果。赛宾(W. C. Sabine)，当代建筑领域最好的建筑声学专家，研究了一些相对近期建筑的"私语画廊(whispering gallery)效应"：伦敦圣保罗大教堂的穹顶(the Dome of St. Paul's Cathedral in London)，华盛顿国会大厦的雕像大厅(Statuary Hall in the Capitol at Washington)，巴黎卢浮宫卡瑞提斯大厅的花瓶(the vases in the Salle des Cariatides in the Louvre in Paris)，罗马的圣约翰·拉特兰(St. John Lateran in Rome)与吉尔根尼大教堂(the Cathedral of Girgenti)。赛宾下结论说："所有的私语画廊，或者其中六个更为著名的画廊也许都是巧合；同样肯定的是，所有的可能性都可以预测，就像大多数的巧合都经过了设计改进一样。"但当工程图纸成为建筑思想的基础时，这些表达就只是用听觉代替了视觉。这不是在阿斯克勒庇俄斯剧院，也不是在沙阿·阿巴斯清真寺或者天坛。它们不能被"设计改进(improved upon)"，因为它们的效果来自于**眼睛与耳朵**(*the eye and the ear*)的同步。

在经典的建筑著作中，没有哪一部比罗马人维特鲁威(Vitruvius)成书于公元前 27 年的《建筑十书》(*the Ten Books of De Architectura*)更浩瀚与尊贵。其中第五书充分证明了作者对声学重要性的熟悉程度，特别是对于剧场建筑，为了接着阐述一项希腊科学的普遍原理，他讨论了在剧场中使用发声容器来提高发声的方法。维特鲁威写道：

> 因此，根据这些检索数据，将以与剧场大小相对应的数学比例来制造这些青铜容器。它们按此制作，敲击这些容器时，它们可以发出一系列声音，由四度、五度至第二个八度。这些容器倒置于剧场座位之间的间隔中并与墙体隔开，其上方有一定空间。从侧面看向舞台时，它们像是不低于半脚高的楔状物。面对较低的台阶须留出两英尺长、半英尺高的空腔开口。……
>
> 通过这样的演算设计，来自舞台中央的声音进入容器空腔后，将增加声音的清晰度及其本身的谐和性。

这些技术并不是维特鲁威的特殊之处，由作者自己的言论可知："有人说，可能每年在罗马建造的大量剧场并不会考虑这些问题。那么，他的判断是错误的。"

这些声容器，我们现在称为赫尔姆霍兹共振器，不管是否起源于罗马，这种声容器似乎已于接下来的几个世纪在欧洲和亚洲广泛使用了。它们已用于沙阿·阿巴斯清真寺，同时也被用于一些古老的斯堪的纳维亚(Scandinavian)以及俄罗斯和法国教堂的墙面中。欧洲教会似乎没有完全了解这一规律，因为它们使用的声容器数量不足以产生任何明显的声学效果。不过最近在卢布尔雅那(Ljubljana)和萨格勒布(Zagreb)之间的普勒特加(Pleterje)的十五世纪修道院中发现了大量此类声容器(总共 57 个)，这表明，南斯拉夫建筑者的传统是能够准确理解这种声学效应的，在这种情况下，双共振系统导致了在 80~250Hz 的宽频上的强吸收作用，此频率范围砖结构礼拜堂的混响时间往往很长。

### 从正面到负面的声学设计

建筑，像雕塑一样，是视觉或声音空间之间的先行者。建筑内外必然存在一定的视觉与声学作用点。这些作用点是抛物线和椭圆的焦点，或平面交角；在这些地方，演说家与音乐家的声音将给人以最好的听觉体验。在这些地方，才会发现人物雕塑隐喻声音的真实位置，而不是在墙面、耳室或门廊上。

古老的建筑往往是声学以及视觉奇观。进入设计精良而优美的建筑空间，演说家与音乐家将激发出最强烈的创造热情。在那里，他们得到了一个有别于大多数自然状态的强力情景。但是当这样的建筑物不再是社区的声学中心，而只是徒劳的功能空间时，建筑就不再是正面的声学设计的艺术品了。

在安静的世界里，建筑声学作为声音创造的艺术而蓬勃发展。在喧闹的世界里，它仅仅成为内部消声与隔离噪声干扰的技术手段。因此，这个世界的高楼大厦耸立于脚尖之上，看着这些城市兴旺的熊熊大火。那是*贝尔·莫韦之子*（Bellevue—mats mauvais son）。

### 作为声学设计师的现代建筑师

那天，我与一群建筑学学生正在讨论一些共同感兴趣的问题。我在黑板上描绘了未来城市的可能景象，并询问未来城市环境的显著特征是什么。我在天空画了七架直升机，但没有学生发现这一显著特征。我（被激怒似地）说："你们*听到过*（heard）七架直升机吗？"

现代建筑师正在为聋子进行设计。

他的耳朵里塞满了培根熏肉。

直到他们能够通过听觉净化练习而拔掉那对耳塞为止，现代建筑可能期待着同样的退化过程。声音研究作为减噪、隔声与吸声的手段进入了现代的建筑学校。

*223* 听，这是一栋无人楼房的声音。它呼吸着自己的生命。地板吱吱作响，木板折断，散热器开裂，壁炉呻吟。虽然过去的建筑物会发出各具特色的声音，但它们无法与现代建筑发出的声音强度与持续性相比。现代通风、照明、电梯和供暖系统产生强烈的内部声音；风扇与排气系统向建筑物周围的街道

与人行道释放了大量惊人的噪声。

建筑师与声学工程师往往不约而同地让现代建筑变得更加嘈杂。众所周知，可通过添加莫扎克（Moozak）或白噪声［其支持者更喜欢使用"白色声音（white sound）"或"声学香水（acoustic perfume）"一词］来掩蔽机械振动、脚步声与人类的语言声。以下是从最近一本典型的将当前信息提供给建筑专业毕业生的教科书中所摘录的观点。

> 现代环境控制可以创造一个复杂的建筑人工环境，以满足住户所有的物理、生理和心理需求。人工创造的合成环境在许多方面优于天然环境。外部的大气环境无法与空调和湿度控制房间相比。目前可用的照明灯具不仅可以模拟日光，还将创造一个某些活动不可或缺的改进后的光环境（无影光环境）。

这些观点的作者是莱斯利·多利（Leslie L. Doelle），同时在 1972 年，这些观点出现在了书籍中。关于抑制噪声，多利先生这样说：

> 另一方面，如果不需要某种声音（来自于邻居电视机的噪声或交通噪声），必须提供不利于这些干扰噪声产生、传输与接收的条件。必须采取措施抑制噪声源；必须尽可能将噪声源远离接收者。必须尽可能使用隔声或减振屏障以减少其传输途径，并且必须保护接收者或使噪声或背景音乐的干扰降低至可容许的范围。所有这些措施都属于噪声控制领域……
>
> 在环境噪声控制中，掩蔽效应得到了恰当的应用。如果掩蔽噪声是稳态而不太响亮，且不包含有用信息，它将成为可接受的背景噪声，并会抑制其他不良噪声的侵入，以使这一声音在心理上感觉更加安静。通风与空调噪声、公路交通造成的稳态噪声或喷泉的声音都是良好的掩蔽噪声源。

*224*

这是莱斯利·多利记忆中的一厢情愿。

可能确实有时候，掩蔽技术有利于声景设计，但永远也无法成功地挽救当前建筑物的恶劣状况。香水无法掩盖恶臭。

同行坚持认为你这样的观点太严厉了。在音乐厅与礼堂的声学设计中，建筑师和声学工程师已经将他们的工作变成了科学。事实上，在声学设计被称为科学已近75年后，室内声学的发明者华莱士·克莱门特·赛宾(Wallace Clement Sabine)仍然保持着相当的地位。赛宾设计的波士顿交响乐大厅仍然被认为可能是北美最好的大厅，它于1900年开业。赛宾的目标是重现莱比锡大厅(the Leipzig Gewandhaus)的声学效果，即空场时混响时间为2.30秒。虽然波士顿大厅座席容量比莱比锡大厅大了约70%，但他设法以2.31秒（空场）的混响时间来接近这一声学效果。

大多数现代大厅的问题是体积太大。在这里，就像所有现代生活的其他方面一样，数量牺牲了质量。一些欧洲最佳大厅（在所谓的声学科学出现之前所建造的）与一些现代结构所建造的大厅比较清晰地揭示了这一点。

| 地点 | 建造时间 | 以平方米表示的总面积 |
| --- | --- | --- |
| 维也纳：格罗瑟音乐厅 | 1870 | 1115 |
| 莱比锡：尼尔斯大厅 | 1886 | 1020 |
| 阿姆斯特丹音乐厅 | 1887 | 1285 |
| 纽约：卡耐基音乐厅 | 1891 | 1985 |
| 波士顿：交响乐大厅 | 1900 | 1550 |
| 芝加哥：交响乐大厅 | 1905 | 1855 |
| 泰格伍德：音乐大棚 | 1938 | 3065 |
| 水牛城：克莱恩汉斯音乐厅 | 1940 | 2160 |
| 伦敦：皇家节日大厅 | 1951 | 2145 |
| 温哥华：伊丽莎白女王剧院 | 1959 | 1975 |

悉尼歌剧院(the Sydney Opera House)是现代建筑中最为壮观的建筑物之一。从满是大大小小渡轮的海港看过去，它巨大的乳白色蝴蝶翅膀确实令人难忘，即使建筑物的位置过于便利而非精心设计，因为它背后的悉尼天际线是如此庸俗，特别是它旁边那座巨大而不雅的桥梁，并未添彩。

在它于1973年开业的前夕，我受其声音顾问的邀请而浏览了这座歌剧院。我很高兴地注意到，音乐厅墙壁上嵌入了一座巨大的自然赫尔姆霍兹共

振器——功能或多或少像两千年前维特鲁威确切描述的那样——这是我所知 *225*
道的唯一一个能够以此项技术的复兴为荣的大厅。然而，在大堂里，我注意
到无数个小型的扬声器，这些扬声器不可避免地背叛了那些莫兹(Mooze)声学
装置。"公众似乎需要它。"我的声学顾问导游有气无力地说。

　　餐厅位于三层，空间较小但仍然存在巨大而复杂的拱形结构，我得知其
地板没有覆盖地毯，而厨房是开放的且坐落于中心位置。我捡起一块 8 英尺
长的木板，放置于手中并让其落至地面。其混响可与伊斯坦布尔(Istanbul)的
圣索菲亚大教堂(Saint Sofia)相当，可能超过 8 秒。

　　我的声学顾问导游用手指摁住耳朵，眨了眨眼。

　　如果您在悉尼，记得用汤勺测试这一回声。

**16  声景的节奏与速度**

宇宙的节律总是处于变化之中。有些是如此难以理解。例如，想象一下，世界的创造只不过是宇宙伟大的创造与毁灭交响乐中的一个脉冲。到目前为止，我们还不知道下一个脉冲什么时候出现；然而，在永恒无尽的框架中，这些可能只是两个微不足道的周期，以为这部宇宙交响乐的音调提供微不足道的片段。而其他的节奏太快，以至于无法感知，只能认为是"突发事件（happening）"，在巨大的累积效应中，产生最微小的可记录事件：生命洪流的瞬间或无线电信号的片断。

人类是反熵结构（anti-entropic）生物；是一种由随机至有序（random-to-orderly）的组织过程，并试图感知所有事物的变化模式。从广义上说，节奏将整体分为部分。因此，对希望理解声学环境是如何配合的设计者来说，对于节奏的重视是必不可少的。为此，需要一种尺度或范式。这种尺度并不能约束所有的事物，而是通过它更易理解节奏的规律。正如人类的身体给了我们基本尺度，建筑师与设计者以人体尺度的扩展与控制规划了人类居住区，所以身体也给了我们理解环境和宇宙声学节奏的范式。那么，我们可能会发现什么样的节奏范式呢？

**心脏、呼吸、脚步和神经系统**

首先，规律是对于训练有素的运动员，连续心律可低至每分钟 50 次，对于疾病或发烧患者可能高达 200 次或更高，而正常放松的心律则是每分钟 60～80 次。这是正常的心律节奏，搏动起伏的变化只在于速度。

心跳对音乐的速度产生了强烈的影响。在节拍器发明以前，音乐的节奏是由人的脉搏决定的，音乐忧郁或狂热的节拍的区别在于它与心跳这一节奏范式的差别。因此，与人类心跳相近的节奏对人类有明显的吸引力。在研究澳大利亚原住民音乐的节奏时，凯瑟琳·埃利斯（Catherine Ellis）发现，基本鼓点总是徘徊在正常心跳节奏的附近。贝多芬第九交响乐中的《欢乐颂》（*Ode to Joy*）也显示了同样的情况。作曲家原始设定节拍每分钟 80 次位于正常心跳节奏的范围，而不同指挥家演出的实际速度有明显变化，却也始终处于这一正常心跳的节奏范围。

令人愉快的结论是，所有的音乐，甚至所有的人类活动，在这个适中的节奏范围内，都可能是社会适应性良好的表现。不幸的是，这一节奏范围在莫兹(Mooze)经销商中也广受欢迎，在那里，它获得了前所未有的追捧。通过略微的节奏提升，军队音乐就能够激发出极大的热情。心跳只不过是一种节奏模式，它粗略地将人类所感知的节奏分成了快速和缓慢。

另一种连续的节奏是呼吸，它的节奏随运动与放松而变化。正常呼吸通常在每分钟12～20次之间变化，即每个呼吸周期为3～5秒。但在放松或睡眠期间，呼吸可能会减慢至每个周期持续6～8秒。我们在海滨感受到的部分幸福感无疑与这一事实有关，即放松的呼吸模式与间歇的节奏惊人一致，虽然这种节奏没有规律，但其平均周期通常为8秒。

维吉尔意识到了呼吸与波浪运动之间的对应关系。在他的《第六牧歌》(Sixth Eclogue)中，他讲述了阿尔戈(Argonaut)如何寻找一个走失的青年，"直到长滩本身一遍又一遍地呼喊着'海拉斯(Hylas)'的名字"。每一次呼吸时的呼喊声与每一次海浪声完美地同步。

所有诗歌与朗诵文学的韵律都与呼吸模式有关。朗读自然长句时，所期望的呼吸方式是放松的，而朗读不规则或跳跃的句子时，则采用了一种不稳定的呼吸方式。相较之下，二十世纪的叙事诗具有更轻松的线条。Pope(教皇)一词与Pound(庞德)一词之间会发生一些*混淆之事*(something)，这很可能是声景样本中省略了中间章节(syncopation)并且节奏不当(offbeat)的累积效应。庞德诗句中可觉的敏感之语始自他从美国乡村搬到伦敦之后。正如人类的谈话风格被电话铃声所省略一样，当代诗歌也有回避现代生活声音碎片的痕迹。汽车的鸣笛声打断了现代诗歌，而不是潺潺的小溪。

令我惊讶的是，文学评论家没有扩展呼吸与写作之间的关系。至少，沃尔特·本杰明(Walter Benjamin)注意到了这一现象：在普鲁斯特(Proust)的作品中，一名哮喘患者让我们经历了一种意味着害怕与窒息的语法结构。在其诗句中——有一些使其远离城市噪声的特殊设计——普鲁斯特写道："我的喘息声淹没了笔触声与洗澡声，它们成为本底噪声。"

同时，人类也将其节奏与体力劳动的物理世界相适应。许多工作，如割、泵水或拉纤的节奏将与呼吸模式相适应。其他的节奏——锤击、伐锯、铸造——均以手臂的节奏为参照；还有一些像编织或弹奏乐器的行为也是由手指的动作节奏所支配。在操作像脚踏车床或织布机这样的机械时，手与脚的

*228*

节奏是平滑的互补运动的统一。

列夫·托尔斯泰(Leo Tolstoy)描述了俄罗斯农民如何完美地同步使用镰刀而没有造成一丝能量损耗。这一描写叙述了所有身体运动、劳作工具与材料在劳动中的完美统一。

> 他听到的只是镰刀的沙沙声，看到了……草被剪切成了新月形曲线，草和花头缓慢而有节奏地落在镰刀的刀刃前，排列在他面前，排列在行列的尽头，余下的也将如此。……
>
> 文莱割草的时间越长，他越常感到仿佛是镰刀自己在修剪，那是一个充满生命与意识的身体，就像是魔术，没有犹豫，这项工作就如此规律而精确地进行了。这是最幸福的时刻。

另一个与声学环境高度相关的生物节奏是感觉器官的频率感受能力。在人体中，这种感受频率大约为每秒 16～20 次。正是在这个频率范围内，一系列离散的图像或声音将融合在一起，给人以持续不断的印象。电影采用每秒 24 帧的频率以避免闪烁。就听觉而言，频率高至每秒 20 次时，快速的节奏振动将逐渐转变为可识别的音高。因此，随着人类活动节奏的加快，脚和手的节奏被机械化了，首先是粗糙的"颗粒感(grainy)"，这是工业革命的第一批工具，最后是现代电子产品的平滑音高轮廓。感觉器官的频率分辨力使声景的神经刺激转变成持续低频信号成为可能，它对耳朵的扰动较小，往往具有安抚的特质。

在我们的经验框架内，可量度的心脏、呼吸和脚步以及神经系统的保护性活动的可听节律，必须成为设计周围环境的所有其他偶发节奏的指导准则。

### *229* 自然声景的节奏

环境包含了许多节奏形式：昼至夜，日至月，冬至夏。虽然这些形式可能无法提供可听声脉冲，但它们确实对变化中的声景有强大影响。

所有的事物都对应着一个时季。时有光明即有黑暗，时有活跃即有安歇，时有声时即有沉寂。正是如此，自然声景提供了一项线索，如果可以记录所有自然声的停止与活跃周期，我们将观察到一个无限复杂的系列振荡系统，因为每一项发声活动均由激发至沉寂，由生成至死亡而上升与下降。我已经把不列颠哥伦比亚省(British Columbia)声景中一些突出的自然特征的基本图表放在一起，以得出年度周期变化的形状。像世界上所有其他地方一样，它创造了一部生动的遵循一般循环规律却具有本土特征的音乐作品，一部其中的乐器知晓何时开始演奏又何时停止而静听其他乐器主题的伟大作品。

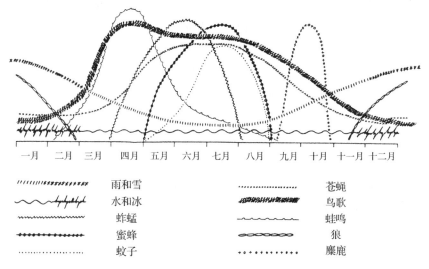

一月　二月　三月　四月　五月　六月　七月　八月　九月　十月　十一月　十二月

| | | | |
|---|---|---|---|
| 雨和雪 | | | 苍蝇 |
| 水和冰 | | | 鸟歌 |
| 蚱蜢 | | | 蛙鸣 |
| 蜜蜂 | | | 狼 |
| 蚊子 | | | 麋鹿 |

**不列颠哥伦比亚省自然声景的循环周期**
**(以声音的相对音量表示)**

　　人类在这个循环周期中也扮演着他的角色，或者至少他们在遵循农耕历法的时候是这样的。种植与收割为乡村声景提供了丰富的季节性声音。在人类的活动中，也有声音和寂静的周期——因为我们曾经是良好的听众，森林和田野为生存提供了至关重要的声学线索。

　　这种自然声景中声音之间的良性互动正从现代都市之中消失。当工业革命的工厂把工人转移到同一个长椅上以继续其生活之时，季节性的变化就消失了。工厂也消除了昼夜之间的差异，这是一个先例，当现代电技术取代了蜡烛与守夜人时，这一先例也延伸至了城市本身。如果我们在现代化城市的中心街道上进行连续录制，则会显示出每日与每个季节几乎没有变化。连续带来污染的交通噪声将掩盖任何可能存在的微小变化。

　　让我来分析一个温哥华附近乡村的录音样本。该样本是于夏至在一个小池塘边上的 24 小时录音样本。附图清楚地显示了循环周期及其声级读数，该数值显示了录音进行时一般环境声级与一些主要声音的声级水平。最响亮的连续声音是飞机的声音，录音期间的图表还显示该声音于昼间和夜间占据了目前农村声景平均每小时 32 分钟的比例。

除了飞机，还有三个主要的演奏群体：鸟类、牛蛙和鸣叫中的青蛙。最突出的——对于录音师，也是最美丽的录音——来自于黎明与黄昏之间的蛙鸣与鸟叫。当第一只鸟儿鸣叫时(凌晨 3：40)，蛙鸣变得沉寂，直到黄昏时重又响起，而最后一只鸟儿正尾随而至。我们可以不知道这对表演者的意义；我们只能注意到，当两组表演者的声音都有相似的高音范围时，如果同时发声，就会互相掩蔽，从而减少了轮流发声时所获得的清晰度。另一方面，牛蛙的声音低沉，不是与之竞争的表演者。它们日夜不停地低吟着。

在黎明合唱的交汇中，也有类似可觉的现象。继第一次鸟鸣后，合唱于复杂度和强度上逐渐上升，高峰出现在大约半小时以后，然后一整天都将保持在一个适中的声级水平上。令我们特别感兴趣的是，每个物种都以群体的方式醒来，活跃了几分钟后，于另一个物种的声音激发时，似乎又减弱了。这种效果类似于管弦乐队的不同声部独奏后再组合在一起。虽然我们的录音样本很清楚，但没能找到鸟类学家来解释这一现象。

其他组群的长时表现也类似，音量增长，然后再次减弱至静止。但在不同情况下，这些振荡发生在不同时段：大约 5 小时为蛙鸣组群，约 18 小时为鸟鸣以及牛蛙持续鸣叫了 24 小时。

*231*

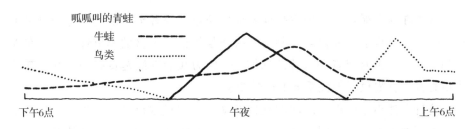

两个蛙类组群以不同的方式达到峰值。在牛蛙组群中，牛蛙的数量保持不变，而每只牛蛙的发声活动会不时地增加或减少。而在鸣蛙组群中，每只青蛙的发声活动变化不大，但其声音在午夜后达到高潮，此时活动青蛙的数量最多。

两个蛙类组群的短时模式表现出了进一步的差异。鸣蛙合唱中穿插着沉寂的间歇。一只或两只青蛙开始鸣叫时，几乎所有青蛙都立即加入其中。与之同步的是，经过一两个忙碌的活动周期后，它们将更为明显地一起停止。

另一方面，牛蛙并不会群体活动；虽然在峰值活动期间，它们的声音可能斑斓而有节奏地重叠于组团当中，但每只牛蛙的鸣叫都相当独立。

虽然没有对其他声音进行此类快速分析，但蛙类与鸟类的声音并不是唯一的记录，其他声音也有自己独特的节奏模式。为了更清楚地表明这一点，我们将夏至录音做了一个缩混样本，每小时选择 2 分钟，就可以很清楚地听到这些昼夜节律。我们在不同地点的许多其他场合也使用了同样的技术，并将其视为近年来较为重要的学习经验之一。

**乡村生活的节奏**

在人类聚居地也能够观察到昼夜与季节的节律，它们在小城镇和乡村表现最强，因为在那里生活更容易受到日常活动的调节。为了研究乡村声景的动态，我们在 1975 年对 5 个欧洲村庄进行了调研。在那里，我们记录了乡村生活是如何围绕着如教堂钟声或工厂哨声等重要社区信号展开的。例如，我们发现，这些声标不仅给乡村生活添加了注解，而且它们也在相当有序的演奏中沉淀了其他声音链。例如，清晨工厂的汽笛声后就将迎来街上的骚动，接着是工厂的骚动与街道上的寂静。每天在村子的各个地方穿行几个小时，并把听到的所有声音都列出来后，显示出许多声音都遵循一定的节奏模式：如在某天的特定时间里妇女的声音主宰了街道，男性的声音或儿童的声音则占据了其他时间。同时还显示了一个村庄的交通增长如何刺激了其他声音的相应增长，但令人惊讶的是，人们听到声音的种类减少了——这是支持本书早期陈述的重要发现。在没有详细统计图表的情况下，很难说明这些问题，因此最好是将读者的兴趣转移到研究本身，通过简单的例证得出我们的观点，即乡村声景有着高度的节律模式。

塞巴拉(Cembra)是意大利的一个山村，位于特伦托(Trento)以北，海拔仅低于蒂罗尔(Tyrol)。由于深藏山谷之中，与外部世界仅由一条蜿蜒的山路相连接，因此塞巴拉是我们所研究的样本中唯一人声的数量超过了机动车交通声的村庄。直到二十世纪，塞巴拉基本上自给自足，生产自己的食品、商品与服务。因此，它发展出了一种高度活跃与自我维持的社会生活形态，娱乐活动、教堂宴会与其他活动丰富，并具有强烈的声学符号特征。

冬天是宁静的季节，但绝非不是没有它的庆典。在圣露西亚与圣尼古拉斯纪念日(St. Lucia's and St. Nicholas's Day，12 月 5 日)，男孩们会围着村子转，手里拿着铃铛，用铁链敲打着东西。他们时常会停下来唱一首关于圣人的歌。圣诞节前夕，他们回到街上唱颂歌。在新年前夜的 11：55，一个特别的钟声响起，呼应着第二天的加农炮声，或称为*莫它里提*（*mortaretti*）。除了在所有的宗教节日上，这些小型的 15 厘米口径的武器似乎很少被使用。之前已经提到过教堂钟声与炮声的亲密关系，同时，在欧洲历史上，同样的金属被倒入一个形状的模具中，然后又倒入另一个。随着*莫它里提*（*mortaretti*）的出现，这种关系又再一次变得明确了。

冬天的相对宁静在 3 月 1 日的晚上被打破了，一个称之为*77 位苏埃拉·马索*（*77 Tratto Marzo*）的习俗庆典让成群的年轻人爬上了村子后面的山峰。在那里；他们分成多个小组，点起火把，并使用纸板扩音器呼叫那些可能在来年结婚的人的名字。如果真有可能结婚，炮声响起。如果只是个玩笑，那么号角就会被吹响。

在圣周，教堂使用棘轮而不是钟声来宣布其礼拜服务。这一习俗要追溯至一个异教时期，其中一些大型棘轮将被像手推车一样推过街道。复活节曾经在街头表现出一些激情的游戏。农民仍然会告诉游客，当人们描绘基督曾踩在一些刺栗壳上时，这些游戏是如何在 1821 年停止的。主教完全结束游行时，其中几个恶作剧男孩已经将刺栗放在游行的路径上，并发出如此响亮的诅咒声。而当我们在那里的时候，复活节只是一个由消防志愿者队伍组成的游行，所有人都身着有肩章与佩剑的制服。最后，他们回到了消防厅，吹响起了警笛。

在复活节那天，塞巴拉的钟声再次响起，*和平*（*El Campand*）风格的*莫它里提*（*mortarete*）在山谷上空响起。*和平*（*El Campand*）风格的钟声是为特殊的日子而保留的，它由一个单一的钟声及其后塞巴拉三座教堂的同时响起的钟声所组成，在远距离上形成了一种美丽的所谓跨越山谷的效果。

夏天，每个人都会用木底鞋替换冬天的马钉靴，则脚步声——在塞巴拉的鹅卵石街道上会变得截然不同——即由金属的敲击声转变成了木头的撞击声。每天早上，村里都能听到牧羊人的号角，他每天早晨领着羊群去牧场，晚上回来。夏天的晚上也是集体歌唱的时候。男人、女人和孩子们在晚饭后聚在户外，轮流地成群歌唱。一个特别的演唱活动是《坎塔之歌》[*Canta dei Mesi*（*Song of the Months*），即《月之歌》]，那时，人们会穿着传统服饰，唱起诗句不同的歌曲。

万圣节(All Saints' Day)之后随之而来的是夏季的主要盛典[圣彼得、圣保罗与圣洛克纪念日(St. Peter's and St. Paul's, San Rocco's)及圣母升天瞻礼(the Assumption of the Virgin)]。牛羊从夏季牧场被带回,钟声响起,村庄再次开始在室内狂欢。就在那时,木柴从村庄上方的小山上拖过,马车在鹅卵石上行驶得如滑倒一般——那是一段地面构造特殊的区域,以助于车辆在陡峭的山坡上刹车,学生告诉我们,这是他们最喜欢听到的声音。

我在这段简要的描述中用了过去时态,因为这些声音现于塞巴拉已不常听到,只能在与居民的讨论中推断其声音状况。如今,唱片机已搬进了塞巴拉,新的山地公交车与电视机也是如此。然而,塞巴拉仍然是一个可以听得到生活的地方,一个大腹便便的年轻人在登上自行车后响起了铃声,然后气喘吁吁,气喘吁吁而颤抖地骑着自行车旋即消失在了黑暗中。

### 无线广播的节奏

现代城市不会显示出像村庄或自然声景这种刻意的声学节奏。更准确地说,大量的节律此消彼长。城市声景的主要特征是随机运动,在远处或者深夜可能可以获得更好的效果。那是一种由毗邻的山峰或开口于凌晨传来的连续的低频轰鸣声。这是一种随机运动、布朗运动与高斯噪声。这是100万位布朗先生(Mr. Brown)与史密斯女士(Ms. Smith)在其私密的圈子里奔跑,或以更随意的路线运动,极少同步,也极少考虑彼此。

玛格丽特·米德(Margaret Mead)曾说,在生活中我们没有足够的仪式感,这可解释为现代社会生活缺乏韵律。通过多余的活动,甚至是特别事件让其变得单调与统一。让我以一项所有时间都有可能进行单独的活动来说明这个问题:无线电广播。(电视也是如此,不过由于我们关注的是声音文化,那让我们继续讨论无线电广播。)

虽然社会学家做了一定数量的内容分析,但是似乎从来没有研究过无线电广播的节奏。这样的调研对声景研究具有特殊的意义;首先,广播被分离成独立的信息渠道,因此在实时性混淆的同时,也缺乏声景上的意义。其次,广播是以人类反应与信息处理能力来调节信息流动的一种成熟的尝试;再次,广播总是在变化,就像批评家或历史学家研究文学或音乐流派的风格与趋势一样,因此可以研究这些变化。如前所述,广播在一开始是偶然产生的,而后被大规模的沉默或低调活动所隔开。这里,我只关心北美洲当代广播的状

*234*

况，它为世界上其他大部分地区的复制提供了模型。

正如语言的词汇能够被塑造成句子和段落一样，每个电台都有自己的标记风格与方法去收集其节目材料以加入至更大的集合中去。不同的事件于每日或每周定期重复，并且在每一天内，某些事件可能会以固定的时间间隔多次重复。电台的呼叫就是这种标记方法。在北美洲这些频繁地重复的事件经常伴以音乐出现；而在世界的其他地方，仍然倾向于与更庄严的时钟同步。在私人广播系统中，广告也可于一天中的固定时间不变地重复播放。这种模式可称为**绝对节奏**(*isorhythm*)。与社区的信号声一样，它们的固定播放时间能够帮助听众获得时域上的方向。遵循绝对节奏而发生内容可能有变化又或千篇一律，因此，虽然某些记录的消息可能会被准确重复，但其他节目(如新闻)可能会在固定时间使用不同的材料。在新闻广播中，我们见证了不断变化的内容，而集合单元则逐渐变化或下降，以为新的事件让路。以关键的新闻故事为例，我们可能会看到一个主题于几天或几周内的变化。

还有其他节目，其重复规律无法预知，但其持续的程度足以被称为**主旨**(*leitmotive*)。例如，我们对温哥华广播电台的研究表明，在一小时的时间里，一名 DJ(disc jockey)非常坚持地重复着某些节目源。电台的名字一小时被提及了 28 次；DJ 在同一时间内提到了自己的名字 16 次，温哥华城市的名字 13 次。在这些主要名词之后是一长串提及多达 3 次或更多的词语。这些词语依次递减的顺序是："旅行、首先、新、现代、当代、大众化、金钱、完善、最佳、奖励、奖、方便、速度、可靠性、简单、力量、娱乐、伟大与爱。"在同一小时内，播放了 12 项录音节目以及 16 则广告。这种模式的变化不大，日复一日，月复一月，广告的数量——总是居于最大的广播规则允许范围——最终成为最无所不在的经常性元素。

广播的节奏也值得仔细研究。在这里要牢记的问题是，这样的节奏重现了社会生活的节奏，还是它们试图通过加速或减慢社会生活的节奏速度改变它们。利用 4 座温哥华广播电台新闻播音员的分钟词频(word-per-minute)计量，能够确定阅读速率的可观变化。

CKLG　177.5 字每分钟
CBC　　184.0 字每分钟
CJOR　190.0 字每分钟
CHQM　212.3 字每分钟

奇怪的是，CKLG 是一座青少年电台，专注于流行音乐，而 CHQM 电台本身是为中年人而设计的"轻松（relaxed）"风格。所有这些词频都超过了人类对话的正常语速，除非对话处于非常兴奋的状态。

对同样四座电台的 16 小时连续监测显示出一些新的规律：新的节目素材平均每 1～2 分钟出现一次——也就是说，这是新主题出现之前抛弃旧主题的时间量。它甚至比正常的流行音乐曲目更为简短，而很久以前人类固定的平均音乐时长兴趣跨度不超过 3 分钟。

由上述提取的信息曲线图可知，一天中绝对节奏与主旨材料的复发形成了紧密的小循环。即新闻广播节目的间隔很少超过一个小时，天气预报节目的间隔很少超过 15 分钟，而大多数电台的广告节目间隔很少超过 5 分钟。现代广播即时（all-at-once）质量被节目声级动态电平进一步控制，称为**压缩**（*compression*）技术。一些电台将所有节目素材的声级压缩至了允许的最高电平。

无线电广播的连续声墙与其他本章提到的节奏形成了鲜明的对比。电台的节奏与城市中的其他节奏相抵触，在许多方面有助于减轻我们对其他的依赖。其实并不需要这样。无线广播就像艺术一样，是精心创造的。但艺术是一种巧妙的经验选择，使我们有了更高的模仿形式，或者至少是另类的存在方式。广播也可以用来展现我们的生活方式。如果现代生活节奏太快（fast-paced），广播可能会承担一种新的角色，如果可能，它有助于通过再次加强的自然节奏降低而不是加速人们的生活节奏，因为广播似乎已经在这样做了。

这就是布鲁斯·戴维斯（Bruce Davis）的环境广播背后的想法。戴维斯的计划是在野外安装麦克风，或多或少地直接将野外的自然声景传递给城市居民。计划的关键是不会对自然声景添加信息或进行编辑。该电台只是连续传输麦克风所在位置录制的声音。

多年来，人类一直在野外环境中进行着各项事务。一旦自然声景允许，以它的智慧，将与我们重新对话。

236

**17  声学设计师**

当声景的节奏变得混乱或飘忽不定的时候，社会就会陷入一种糟糕的境地。这是本书导论中所介绍的论文主题。但我所写的另一篇论文的主题是，声景不是社会偶然的副产品；相反，它是由其创造者精心设计建造的，这一作品可能丑陋，可能美丽。当一个社会在声音摸索的过程中，不去理解其规律与平衡的原则，不去了解其存在产生与消除的时间，那么声景则会由高保真(hi-fi)恶化至低保真(lo-fi)，最终社会不得不消费其自己产生的噪声。

重要的是需要意识到，低保真(lo-fi)状态并不是更高密度的生活或人口增加的自然结果。中东的集市和传统城镇将会给人们留下深刻而安静的印象，在那里人们以一种静谧与近乎低调的方式让大多数人在没有相互干扰的情况下做生意。当社会以耳朵替换眼睛的时候，随着对机器的热情投入，声音污染就更有可能产生，而且肯定会产生。

如果声学设计师重视耳朵，那么它就可以作为现代视觉压力的舒缓剂，最终将所有的感官再度进行融合。

**声学设计原理**

　声学设计师可能会倾向于让社会再次听到美丽而经过调制后的平衡声景，就如我们拥有了伟大的音乐作品一样。在这里可以得到改变声景的线索，加速或延缓，减弱或增强，强化喜爱的声音或抵制不利的效果。最终的努力是要了解如何重新调整声音，以听到所有可能的声音类型——这是一种称为编曲的艺术。完全禁止某些声音是不可能的，而所有减噪的努力也是徒劳的，现在必须遵循声学设计的新艺术与新科技的原则，将这些消极的做法转向积极的一面。

因此，声学设计不是一套强加于混乱或桎梏声景的公式，而是一种用于判别与改进声景的原则。除了音乐所教的课程外，这些原则包括：

1. **尊重耳朵与声音**(*a respect for the ear and voice*)——当耳朵遭受超过阈值的声音或听不到声音时，环境则受到了损害；

2. **认识声音的象征意义**(*an awareness of sound symbolism*)——这

总是比信号的功能更加重要；

3. **了解自然声景的节奏与韵律**（*a knowledge of the rhythms and tempi of the natural soundscap*）；

4. **理解平衡机制，其中偏离的声景可能会自行恢复**（*an understanding of the balancing mechanisms by which an eccentric soundscape may be turned back on itself*）。

如果转而关注中国哲学与艺术，这最后一点最容易理解。**阴**（*yin*）与**阳**（*yang*）转换的隐秘形式是事物的自然变幻，完美的振荡，其中每一个部分都意味着另一个相对的存在。老子（Lao-tzu）说：“重为轻根，静为躁君。（Gravity is the root of lightness；stillness，the ruler of movement.）”一位中国画家则这样认为：

> 万物生长与扩展的地方是**开**（*k'ai*）；事物聚集起来的地方就是**合**（*ho*）。当你扩展（*k'ai*）至无穷大时，应当想到收合（*ho*），然后将会形成结构；当你收合（*ho*）起来时，应当考虑扩展（*k'ai*），然后将会有不能言表的无为与一种无尽精神的氛围。

中国古代社会的平衡与规则在于所有的事物都能够受到高度的重视，以避免任何形式的过剩。在这一时期的音乐中，**平**（*p'ing*），或未经调制的音调具有平滑与静止的属性，它与**仄**（*tsê*）这一突发性或其自信、活跃和侵略性的运动属性相反。对这一时期的音乐片段的分析表明，这两个状态之间维持着严格的平衡，因此，一部音乐作品包含了数量相同的**平**（*p'ing*）与**仄**（*tsê*）的特征。相比之下，西方音乐是不平衡的，它总是倾向于更稳定或更活跃。西方的声景也在走向极端。有许多不平衡的状态需要注意。任何情况下，以下左列中的术语似乎都控制着右列中的术语。

声音/非声音

技术声音/人类声音

人工声音/自然声音

连续声音/离散声音

239

低频声/中频或高频声

现在必须考虑如何重新调整这些术语的权重以创造新的和谐与平衡。这些都是超出任何个人能力的重大问题。但是设计师并没有重新设计整个社会：他只是向社会展示了它所缺少的东西，而不是重新自我设计。如果他以其激情与才华做到了这一点，那么他的建议最终将被听取与理解。社会总是无法接受没能超越其本身局限的改进设想。问及史密斯先生(Mr. Smith)或琼斯先生(Mr. Jones)想住进什么样的房子时，他们会让你每次都设计一个小屋，以向设计者指出其替代品。

这就是艺术的功能：开辟新的感知模式，并描绘出另类的生活方式。艺术总是游离于社会之外，就像艺术家也绝不可能轻易地赢得大多数人的青睐一样。设计师的想法也会在非常不切实际的旅程中前行，但也可能从事一些非常实用的保护与修复工作。

## 声标的保护

一个声学设计师切实可行的任务是提醒并注意不同声标的识别，如有充分的理由则争取保护这些声标。独一无二的声标是使历史成为如贝多芬交响曲般当之无愧的确证。它的记忆无法被岁月抹去。某些声标是整体的，它们的记忆铭刻在了整个社区当中。例如著名教会的钟声、号角声或汽笛声。如果没有塞尔瓦托·芒迪(Salvatore Mundi)，萨尔茨堡(Salzburg)将会是什么样？如果没有市政厅钟楼(Stadhuset carillon)，斯德哥尔摩(Stockholm)将会是什么样？没有大本钟(Big Ben)，伦敦将会是什么样？

例如，在温哥华，我们有一门加农炮，建于 1816 年，自 1894 年起每天晚上在海港上空开炮，最初是以此告诉渔民时间，现在则作为一个完好的纪念活动保存了下来。我们也有阿特金森灯塔(the Point Atkinson lighthouse)的雾号，始建于 1912 年，最近被交通部替换为了自动拼读机。最近的声标是一组位于城市高层建筑顶部的汽笛(1972 年)，每天中午都大声地播放着国歌的开始乐章(一个街区外为 108dBA)。

不管人们对这些声标的看法如何，它们都反映着社区的特征。每个社区应该有自己的声标，即使它们可能并不总是美丽的。例如："在黄金开采的早期[澳大利亚的巴拉拉特(Ballaarat)]，在整个城市地区运作的石英电池导致了持续的噪声。它作为炼金过程的一部分被大众所接受。"

某些不寻常的声音受到了法律的保护。因此，在炎热的城市大马士革，*240*制冰设备的声音得到了特别的保护，这虽然是减噪法规所提及的禁止声音，但由于这类设备为社区提供了良好的服务，因而有着很好的象征意义。

声学设计师需要特别注意那些低调的声标，因为尽管它们有着独创性或古董般的魅力，但也很有可能毫无保留地从声景中被剔除。通常情况下，游客会把声标的价值或原生性（originality）指向其所处的社区；但对于本土居民，这可能并不是显眼的基调。让我从自己的记忆中列出一些原生性的声音。

> • 巴黎咖啡馆瓷砖地板上重金属椅子的刮擦声；
>
> • 巴黎地铁旧车厢的闪闪发光的门，由门锁落到锁定位置所发出的尖锐叩击声［现在，1976年，只能在玛丽伊莎——礼拜堂的线路（the Marie d'Issy-Port de la Chapelle line）上听到］；
>
> • 澳大利亚墨尔本（Melbourne, Australia）的电车上的皮带声，当皮带在长的水平支撑杆附近做往复运动时会发出吱吱作响的噪声；
>
> • 奥地利的官僚们用橡皮柄图章盖戳的声音：嗒嗒，嗒哒，嗒嗒嗒哒；
>
> • 科亚（Konya），最后一个土耳其的主要城镇中能够听到这一声音的城市，马拉式出租车的高亢辉煌的铃声；
>
> • 或在伦敦，某些地铁站播出（或曾经播出）的难忘的提示声，"不要站在门口！（Stand clear of the doors!）"

世界上充满着不计其数的声音回忆，像这些不可磨灭的记忆总是需要为那些听觉敏感的游客进行保护，以避免被那些无趣的跨国工厂所替代。

## 声景修复

一旦声学设计成为有用的行业，年轻的设计师将会放弃在政府和工业界的职位，投入到声景修复的实践工作当中。他们可能会开始修正某些音盲（tone-deaf）前辈们拙劣的设计工作。

例如，交通人行横道的声信号设计。世界上已经有几个这样的实例。我至少听过其中三个：奥克兰（新西兰）、韦克舍（Växjö，瑞典）和伦敦（英格

兰）。在奥克兰，交通信号灯有三种模式：一种用于各个方向的车流，一种用
于行人，一种是允许他们在交叉路口自由行走。对行人的提示是一种特殊的
241 光加上声音信号，一种可怕的嗡嗡声，但既不响亮，也没有足够的高频，以
清除交通噪声。伦敦和韦克舍的声音信号具有节奏效果。伦敦为一系列快速
的节奏点，以一个半音分开，声音约为 4 秒，以示意行人横过马路。在我听
过的信号中，这两个声音的相位总是有些失配，一个声音稍微落后于另一个
声音，不管这是不是英国天才设计或落后技术的结果。在韦克舍，单一的嘀
嗒声有两种模式：快速的表示行走，缓慢的表示停止。第一种声音听起来像
棘轮，第二种设计为奥林匹克短跑运动员的心跳节奏，我想，其意图是激发
唤起行动的意象。

我想说的是，虽然声学人行横道也许是一个有用的想法（其价值在于为盲
人提供服务），但到目前为止所听到的信号没有同时符合社会与美学（*and
aesthetic*）的设计标准。

约在 1970 年，北美洲引入了一整套令人讨厌的嗡嗡声，设计师决定在汽
车与安全带上安装这些噪声发生器以提醒乘客。在这里，同样的问题是：为
什么声学提醒装置的声音必须是令人不悦的呢？

公共声学设备，如公共广播系统（public address system）的反常音质可能
需要用突然的冲击声与惊吓的效果让你警醒，夸张的瞬时合闸设计的电声设
备在如今已经很常见了，但往往需要重新设计。吸引注意力而不让公众感到
惊吓需要微妙的创造性设计。有时铃声或蜂鸣器也用于此目的，但响铃的包
络是错误的。公共广播系统（P. A.）的提示声不应该是突发的，而应该是一个
带有渐进斜率的激励声。其声级包络形状不是 ◣ 形，而应是 ◢ 形。

新西兰铁路采用磁带循环播放公共广播系统（P. A.）公告的提示音，包括
一组 8 秒钟的钟琴（glockenspiel）。但是 8 秒的重复使用可能太长了。在荷兰
则使用电动钟琴来播放一个短的三音曲调，但这可能又因时间太短而感到枯
燥。声学设计的学生可以设计一些简短的前奏曲来改善这种状况。

这些例子中只有少数需要长时间的注意，如足够长的提示声以证明一支
英明的军队完全占领了某个地方。

**不舒服的双关语：贝尔的电话铃声**

所有公告都是想法的浓缩。一个明智的社会将使公告的数量保持在最低

限度。电话也是想法的浓缩。任何时候——也许甚至是在我完成下一个句子时——来自加利福尼亚州(California)或伦敦又或维也纳的声音可能会在被贾斯汀(Justine)的劳伦斯·杜雷尔(Lawrence Durrell)称为"一种小小的针状铃声"中出现。

谁发明了电话铃声？当然不是音乐家。也许只是电话发明者名字不舒服的双关语？也许这种大胆创新的装置应该有令人讨厌的声音，但此事还应仔细考虑。如果每天必须被电话铃声分心 10 或 20 次，那么为什么不将其设计成悦耳的声音呢？为什么每个人不能选择自己的电话信号声？某一天，当卡带与磁带循环的成本降低时，这是完全可行的。

的确，国家之间的电话铃声有很大差异。北美的电话拥有单一的铃声，它由两个相同或相近频率的机械拍子振动形成。在温哥华，电话铃声每 6 秒重复一次，大约为 1.8 秒的铃声与其后 4.2 秒静音。

虽然北美洲的电话铃声强度可以由仪器基底上的拨号盘进行微小控制，但无法严格调控通话声音与回拨铃声音的强度(即有电话拨入时，由听筒所到的声音强度)。在我们的一个研究项目中，我们记录的忙音信号声超过了 120 dBA，对话信号声超过 100 dBA，而此时耳朵通常与听筒贴得很近。这一响亮的声音，足以成为听觉健康的隐患。

为解决两次较大的铃声被一次静音隔断声的问题，英国电话考虑到了一个小小的设计，即设计构造了共五个单元——两个节拍为铃声，其后三个节拍为静音——这种不平衡计量将提升有用信号的关注程度，将比每一计量单位三、四或六次的关注度更高。新西兰的电话铃声也采用同样的方式进行构造，3.25 秒内有两次铃声，却导致了比北美电话更不耐烦的声音。(并且新西兰电话无法手动调整响铃强度。)相比之下，瑞典与德国的部分电话铃声之间隔为 10 秒。不过在 1975 年，瑞典人开始转换至了一种更快节奏的铃声。电话公司的时间就是金钱。如果电话的应答速度更快，线路将不会那么紧张。因此，为了使电话公司节省几个克朗，整个国家将变得更加紧张。

一个在公共系统中利用音乐的更有趣的范例是法国电话。当某人拨打 10[*巴黎限制省*(manuel Paris vers province)的区号]时，在对话接通之前听到的第一个声音是古斯塔夫·夏庞蒂埃(Gustave Charpentier)的歌剧《路易丝》；当你拨打 19(国际区号)时，这次将响起贝多芬第九交响曲中《欢乐颂》的第一小节。但是在 1971 年 12 月 4 日，音乐被 850Hz 的稳定纯音所取代。其中一位战略家解释了原因："这种简化将有助于远程信息技术（téléinfor-matique）的发展，远程控制（télécommande）中所有电话均在计算机系统的控制之下，此外将促进数字密钥技术（punched-key numerotation）的实施和自动传输控制器（automatic transmieters）的使用。"然而相较于贝多芬，公众更喜欢 850 Hz 吗？"公众对近期的变化没有做出任何明显反应，这些改变已经在广播、电视和报刊上提前发布了。"事实是，音乐不仅减慢了操作效率，也减慢了电话用户的节奏。"甚至在修改之前，我们就意识到，在法国其他没有音乐铃声的地方，人们打电话的速度比巴黎人要快，而巴黎人可能会被歌剧《路易斯》（Louise）或贝多芬的《欢乐颂》（Ode to Joy）之精美音乐所麻痹，并停下来聆听。"

> 声学设计师想纠正一些不平衡。想让事物运行的节奏放慢。想减少平直单音的数量，并重新引入强烈而令人振奋的声音。你可能会说声学设计师不可能阻止巴黎将电话铃声换成单音，但我认为，待到声学设计师找到了自己在社会中的位置，他就可以有效地拒绝有失美感而将我们引向平直社会的单音电话铃声。谁想捍卫贝多芬或夏庞蒂埃呢？让我们拥有成百上千上万的声音吧，为每一次通话准备一种铃声，为每个哈姆雷特，为全世界的每一个顾客……！

而与此相反，我们被告知要为国际标准化做准备。在新北美电话中，脉冲号码系统加快了拨号的速度。拨号盘上的每个数字由两个频率组成，一低一高，因此有可能形成曲调，并且能够以拨号 0005-8883 获得贝多芬第五交响曲的起始乐段（近似地）。

**汽车鸣笛**

汽车鸣笛声是另一个将声音匿名遗赠予世界的例子，而它的发明者却几乎没有上过音乐课。北美汽车两次鸣笛声的音程被设置成大三度或小三度。唯一的三音鸣笛声使用于豪华的凯迪拉克（Cadilac）与林肯大陆（Lincoln Continental）轿车中，这是一种贵族般的气息，这让我们想起过去的日子，那最胖的王子拥有最大乐团的时代。林肯大陆的鸣笛声被调整至三全音（两个大三度的叠加）。

土耳其汽车的鸣笛声被调整至大二度或小二度音程。而在一些文化中，这被认为是极其不和谐的双音，例如，在巴尔干半岛（Balkans），而在保加利亚(Bulgaria)西部某些地区的民间演唱中，两个同时演唱的音形成大二度或小二度时，歌手会将其视为一个和谐音程。

为了在世界声景中维护个性特征，应当考虑利用当地音乐文化的特征音程与动机来调整环境信号的理念。例如在爪哇岛，这种特征音程也许是能够运用至汽车鸣笛声的独一无二的"减五度(shortened fifth)"，因为我知道在其他文化中没有发现该音程，虽然它是甘美兰乐队的基本音程，但据说其来自于海岛鸟类的鸣叫特征。

### 声景乌托邦

244

有时会进行实际的修复工作，有时会有大量富于想象力的乌托邦式的梦想。这些梦想是否能够直接实现并不重要，它们将崇高提升至了精神的境界，将高尚提升至了思想的高度。

其中一个乌托邦梦想是查尔斯·伊文思(Charles Ives)的《宇宙交响曲》(*Universe Symphony*)。这是一项成百上千位参与者参加创作的作品，它们遍布山谷、山坡与山顶。它是如此庞大，如此包容，以至于任何个体都无法掌握或控制它。任何希望参与如此创作的人都可以加入。虽然这只是一个想法，但它激发了我们极大的想象力。把我们自己想象成宇宙交响乐的参与者，就是要对我们自身的表现给予更重要的关注，而不是仅仅认为我们自己处于无序的境地。我们需要更好地进行音乐分析与音乐批评；需要分清独奏者、指挥者与主角；倾听每个参与者的才能与缺点。正是在这里，声学设计师可以为我们提供部分演出评价，因为事实上许多年轻的作曲家已经在为环境进行作曲了。

音乐是声景乌托邦的关键。相比之下，乌托邦文学中的声音研究是令人失望的。总的来说，未来学的建议也是不温不火。我们所学到的是，托马斯·摩尔爵士(Sir Thomas More)更期待与批准 Moozak，或者说，《回首》(*Looking Backward*)的爱德华·贝拉米(Edward Bellamy)，期待着收音机。未来最持久与最广泛的声景设想是弗朗西斯·培根(Francis Bacon)的《新亚特兰蒂斯》(*New Atlantis*)，在那里他描述了专门用于声音研究的特殊房间。

我们也拥有声音房子，在那里我们实践与展示了所有的声音及其衍生物。我们有你没有的和声，四分之一声与低滑音。水中乐器演奏的音

乐你也同样未知，它比你所知的任何音乐更甜蜜；加上钟声与铃声，精
致而甜美。我们重现的微小声音伟大而深邃；同样伟大的声音也可以微
弱与尖锐；水中乐器的颤动，声音抖动，这是它们的原生性与完整性。
我们重构与模仿所有的人声与字母发音，以及野兽与鸟类的声音和音调。
我们将为聆听者提高听力提供一定的帮助。声音经过多次反射后制造了
水中乐器的奇怪的人工回声，某些回声比原始声音更加响亮、更加尖锐
且更加深邃；是的，某些声染色模糊了接收到的不同字母或人声。我们
还拥有将声音在树干与管道、畸线与远处传播的方法。

245　　　回溯至 1600 年，弗朗西斯·培根在他的脑海中所听到的大部分声音都是
在未来 350 年才出现的[录音与编辑、调制与转换的声音，扩声（sound
amplification），广播、电话、耳机与助听器]。这一切都在胚胎中，等待着深
思熟虑的未来主义者的预言。

　　但是如今，这些仪器让我们厌烦至死。现在，轮到我们来预测什么是存
在于我们的耳朵和头脑面前的未来事物。准备设计未来世界的你们将超前聆
听如此巨大的想象力与智慧所组成的飞跃，超前聆听五十年、一百年、一千
年之后的声音。那么现在，你听到了什么？

# 18　声音花园

　　花园是大自然调养生息的地方，是一种人性化的景观处理方法。树木、果木、花卉、草地都是由艺术和科学从荒野中雕塑而来。有时会彻底对花园进行修葺与剪裁，就像在庄严的凡尔赛（Versailles）与维也纳（Vienna）的那些古典园林中一样，以限制他人的接触，并有助于保持某些特征景观的蓬勃发展。

　　真正的花园是所有感觉的盛宴。以下是对一个中世纪巴格达（Baghdad）花园的描绘。

　　　　拱形门缠绕着不同颜色的葡萄藤；红色的像红宝石；黑色的像乌木。荫蔽处长满了一串串果实，鸟儿在树枝上鸣唱着各种音调：夜莺倾泻出其悠扬的音乐；斑鸠咕咕地低鸣；黑鸟的歌声如泣如诉；环鸽则独自于葡萄酒中兴奋地歌唱。树上的果子已经成熟待食……泉水映着波光；小河随着鸟鸣低唱，风儿在林间掠过；这是温和的季节，西风也微微而过。

　　公园则是一种有着各种社区娱乐活动的公共花园。剧院、音乐、体育运动、野餐等所有或任何这些项目都可能集合在一个设计良好的公园里。而如今，公园的设计并不好，这就是问题的所在。现代城市公园往往会遗留一些固定道路，委婉地称为园区道路（parkway），这是一种视觉主导隔离的路径，但其气味与噪声并未消失。而在较老的城市里，高速公路的增加污染了曾经珍贵的清净之地。我们为三座维也纳公园[伯格腾花园（Burggarten），斯坦德 公园（Stadtpark）与丽城花园（Belvedere Garten）]所绘制的伊泽贝尔地图（isobel map）可以清晰地显示出这一点。这三座公园如今都处于繁华街道的周边。环境声级从来没有低于 48 dBA，平均值更接近于 55 dBA，该数值已经略高于 4 米处正常会话所需的语言干扰级（Speech Interference Level）几个分贝。

　　今天，有充分的理由让我们坚持有必要把公园的重点放回至声学设计上，或我们可以更诗意地称之为声音花园（soniferous garden）。其设计指导原则只有一条：让大自然为自己说话。水、风、鸟、木、石都是自然素材，而树林与灌木必须有机并和谐地塑造出它们的特色。

花园也可能是放置人工制造物的地方，如长凳、凉棚或秋千，但它们必须与自然环境相协调，以让我们感觉它们似乎是自然环境中长出来的一样。因此，就像我在安卡拉美丽的甘克利克公园（Genclik Park）及其他地方听到的一样，如果要将合成的声音引入声音花园，则应该是与花园原始音调发生共鸣的振动系统，而不是有线电声音乐系统。其他的电声戏法，无论多么聪明，在这里也同样无用武之地。一位美国雕塑家曾经为我演示过一座高压电缆桥的噪声干扰，他将麦克风附于缆桥上并与功放及扬声器系统连接。每当苍蝇落在其中一根缆绳上时，榴弹炮似的声音就隆隆地穿过了森林。一只乌鸦或地鼠已经娱乐了整个犹他州（Utah）。

让大自然用自己真实的声音说话。这是伟大而简单的声学设计师的主题。以下的论述是针对这一问题的过去与未来解决方案的反思。

## 水的口才

从文艺复兴与巴洛克时期的意大利花园开始，水才被赋予了特殊的优雅与美丽，它的凉爽与夏季户外炎热的眩光形成了美妙的对比。教皇庇乌斯四世的娱乐场（the Casino of Pope Pius Ⅳ）、兰特别墅（the Villa Lante）、瓦尔圣兹比奥别墅（the Villa of Val San Zibio）——无尽的喷泉与小溪，水池的反光与奇妙的喷射水柱通过花园的细雾而闪闪发光，每一处都有自己的水之浪漫。在普利尼亚那别墅（the Villa Pliniana），一座翻涌的山瀑布由瓦尔蒂卡洛雷（Val di Calore）直接向中央公寓倾泻而下。老房子充满了新的气息，拱形房间光滑的四壁回响着欢快的声音。但是，在罗马附近的埃斯特别墅花园（the gardens of the Villa d'Este），水景却超越了它所能达到的壮丽。

从以无法估量的成本与劳力在山坡上建造的埃尼奥（Anio），成千的小溪奔流而下，梯田起伏，沟渠纵横，台阶跌宕，水流泻入长满青苔的海螺状屋基表面，在喷雾闪光，发出了海神号角或神秘怪兽颌骨之声，或无法自已地漫溢于长满常春藤的乱蓬蓬的堤岸。整个第二级台阶的石质边缘有无数水柱流出，像一只开屏的孔雀。每一条水流伴随着波光粼粼的小溪飞溅而下，护墙上的每个壁龛都有一位随水起舞的仙女；庄严的绿林深处回响着无数溪流的喧嚣。

在埃斯特别墅，水贯穿着整座花园，成为这里最重要的设计原则。这些庭院不仅能有机地使用水景，而且也不可思议地创意性地使用了许多水雕塑。约翰·伊夫林(John Evelyn)于 1645 年访问埃斯特别墅时，这些水雕塑的功能仍然完好无损。

另一座花园是一只高贵的鸟舍，人工饲养的鸟类正在歌唱，直到猫头鹰出现，它们才突然改变音调。这附近是龙之喷泉，随着巨大的声响喷出了庞大的水流。在另一处园林中被称为奈特拉(Natura)的人工石洞里有一座液压机，下面是潜水雕像与鱼池，其中之一是海马战车上的海神(Neputne)，在另一个是特里托神，这就是一座简洁的花园。

水鸟装置的发明似乎可以追溯到亚历山大(Alexandria)的克特西比乌斯(Ctesibius，公元前 250 年)。水压使气流冲向鸟群并激发鸟儿鸣叫歌唱，亚历山大英雄花园(Hero of Alexandria)的水鸟装置也使用了同样的原理。事实上，英雄的*灵魂*(*Pneumatics*)是鸟歌的一个非常复杂的版本，鸟儿述说着英雄的灵魂。在这里，水进入一个封闭的容器中，即一个排出空气后的青铜管，并放置在交错排列的水平面上。将这些管子隐藏在树枝之间，开口的一端附着在人造鸟的喙上。维特鲁威(Vitruvius)也提到过这样的装置，"引入和移动了少许图景；而其他事物就让眼睛与耳朵感受到了快乐。"约翰·伊夫林(John Evelyn)的日记证实了意大利的巴洛克式花园也存在大量类似的装置。在弗拉斯卡蒂(Frascati)的阿尔多布兰迪尼别墅(villa of Cardinal Aldobrandini)，伊夫林观察到：

水力装置，即所有可歌唱的鸟类与其他几个美丽而惊人的发明，以水力移动与鸣叫着。在其中一个房间的中心，一个上升的铜球凭借地下风洞的作用在距离地面约三英尺处持续地舞蹈着；与许多其他装置会将粗心大意的观众弄湿一样，水花会向你飞溅而来。在这些水的剧院狂欢中，有一处被水流聚集于高空的阿特拉斯(Atlas)；另一处则制造出了如猛兽可怕的咆哮与嚎叫；不过最为重要的是，暴风雨场景的营造是最自然的，有这样的雨、风和雷声，人们自然会想象身处于极端的暴风雨中。

毫无疑问，这种所谓的**水剧院**(*théâtre d'eau*)往往过于极端。然而很明显，有一些想法是值得肯定的，声学设计师可以用水创造出伟大的冒险体验。在不同的表面和材料上演奏时，水的声音是不同的，这一事实可能是一个极富创意的主题。试想一个用各种材料特别制作而成的花坛——树木、竹子、金属、扇形石头、贝壳——排列在其底部的声音盒子中，在这样一个普通的自然事件中，声音就似一场暴雨。伊夫林所描述的著名的位于吕埃尔的黎塞留别墅(Cardinal Richelieu's Villa at Rueil)花园喷泉中给出了另一个建议，即溪流可以不同材质与共鸣形状获得不同的声音效果。

> 这个步行道接下来的景观丰富多彩，陡峭的人工分级瀑布在大理石的台阶与盆地中卷起了惊人的声响与轰鸣；每一级盆地的水流都如玻璃般通透，特别是大壳上的主导水流悄悄地沿着通道穿过一条宽阔的砾石路流向一个人工岩洞。……然后，我们看到了一个巨大的非常罕见的壳状洞穴，萨特斯(Satyrs)形状充满了对野外的憧憬：中央立着一张大理石桌，喷泉的潜流在其上形成眼镜、杯子、十字架、风扇、冠冕等形状，然后飞泻而下，就像两个奢侈的火枪手用步枪桶里的水流向我们射击。在此之前，洞穴是一个长池，其中的潜流从底部喷出。

这里的隐喻是，也许水上音乐会的技术还没有完全被开发，但这可能会令人兴奋的是成为雕塑家与声学设计师之间的合作目标。

世界各地还有许多其他水景装置可用于营造美学效果：例如水车，它最吸引人的是，不对称的旋转使其速度时快时慢。在巴厘岛(Bali)有一个巧妙的灌溉系统，铰链上安装了灌满水的大块竹筒，然后翻转将水洒进稻田。竹筒翻转时，会产生中空的拍击声，同时能够听到水不断的冒泡声，这一次听到的微妙而不规则的拍击声来自于 50 个以上的竹筒装置。改变竹管长度就可以形成连续的木琴旋律。

我们必须彻底颠覆现代设计师陈腐的思想。试想由交错的屋顶洒下的水瀑落入了各式各样的管道与容器中，于喷口飞溅出的各种水花淹没了窗口与坡屋面，发出了各种俏皮的管乐声、汩汩声、回旋声或哨声！

### 风的精神

　　水声的多变性可以让声学设计师描绘出无限的变化，而与其平行的是风竖琴。这里人类再一次创造了一件乐器，而它的演奏者是大自然；弦上发出的怪异甚至可怕的声音与之前提及的关于风之虚幻的内容正好相符。看看这一段霍夫曼（E. T. A. Hoffmann）关于暴风雨中大型风竖琴的描述。

　　　　天气是紧张的竖琴，如你所知，是一座扩展的大喷泉；暴风雨就像一名有造诣的音乐家，在努力地演奏着这架巨大的口风琴。这座巨大管风琴的和弦是飓风肆虐彻响与可怕的嚎叫。强大的音调跳动得越来越快，也许有人一直在聆听着一种有着非同寻常而盛大风格的复仇女神的芭蕾，就像在舞台的幕布中永远也听不到一样。那么好的——半小时后一切都结束了。月亮从云层后升起；夜风在受惊的森林里喃喃自语，在黑暗的灌木丛中擦干泪水。天气这架竖琴不时地叮当作响，像一种阴沉而遥远的钟声。

德国人对风竖琴的热情在浪漫主义时期达到了顶峰。它们在吉恩·保罗（Jean Paul，1763—1825）以及霍夫曼的小说中被频繁地提及；歌德（Goethe）在《浮士德》（*Faust*，1832）的第二部分安排了一些这样的乐器以编排天使合唱团。这种浮士德精神气质与风竖琴的结合诠释了荣格原型与空气动力瞬时气息的融合。

　　修珂（Athanasius Kircher）在其 1650 年的作品《宇宙音乐》（*Musurgia Universalis*）中声称风竖琴是由德国人发明的，其中他称之为"自动乐器（musical autophone）"，不过进一步的研究表明，在此之前至少一个世纪的意大利就已经出现了风竖琴。它的发明者可能是中国人，它被纳入某些风筝的设计中，被称为**风筝**（*Feng Cheng*）。

　　　　这是一个完全由竹子制成的弓。弦则是一根非常薄的约半英寸宽的滑动的竹片，其末端的小块留厚，以楔入弓两端的凹槽里；这一整个竹质装置长约二或三英尺。将它绑在纸风筝的框架上，这样弦就会在风筝的顶部感受风的作用。

*251*　　另一种安装在风筝上的类风竖琴在爪哇岛（Java）非常知名。与由一系列调制成谐波结构的弦所制成的欧洲类型不同，爪哇与中国的风竖琴音调单一，但它们仍然拥有同样超凡脱俗的品质。对爪哇风竖琴的描述证明了这一点。

> 我们听到的**塞班甘**（*sabangan*）的基音是位于中央 C 以下的 F 音，其全音符（semibreve）持续时间很长（约 6 秒），然后降低为约原音高的一半。保持几秒钟后渐渐减弱，然后在第二个小节的最后四分之一拍变成了惊人的哭腔，之后将再次听到 F 音，并持续下去。

　　风竖琴的规律在埃塞俄比亚、南非以及南美洲的印第安人中广为人知。风竖琴也存在于《一千零一夜》（*The Thousand and One Nights*）的歌唱之树中，当微风拂过树梢，美丽的音符响起，又在其上消失。风竖琴往往能发出一种奇特的哀号般的声音，柏辽兹（Berlioz）将其比喻为"与自杀诱惑有关的尖锐激励声"；但事实上，任何数量的声音都可以由这种乐器产生，雕塑家与声学设计师应该将各自的技术结合起来，以可能丰富未来声音花园的效果。

　　玻璃、贝壳、竹子与木质风铃让风产生了另外一些类型的声音，虽然在这种情况下，发声机制改变了，产生了一种跳动的特征，不确定的咔嗒声或颤音。

　　明智地在花园里放置标识，不仅会引起公众对其声音吸引物的注意力，而且也刺激那特别安静的公园，以及现代社会其他所有地方的神经，以寻求这种精神的复兴。

　　如约翰·格雷森（John Grayson）所设想的那样，如声音花园的角落宽敞至足以有序地容纳多种声音吸引物，那么它就也有可能成为一个公共乐器装置（instrumentarium）。它包括由自然材料建造的一些简单的乐器，它们永久性地安装在公园里，这样社区的民众就可以一起进行演奏。我认为这是当今世界上最可取的事业，所有的活动都能够有效地重新引入社区中。让巴厘岛的甘美兰乐团成为我们的范式吧。在巴厘岛没有职业音乐家，乐团的工作人员都是社区体格健壮的民众，他们在晚上下班后就敲打起来，一直演奏至深夜。

　　在格雷森乐团的范式中，对于其乐器装置，发明者要求环境噪声级不超过 45 分贝；所有乐器的总体声级不超过 80 分贝，即不超过人类说话的声级，因此在生态上是平衡的。

公园里不应有失衡的声音生态。声学设计师的任务是寻找自然声的增强方式，并以相同的方式加强目前公园的美感。其中的一个特殊问题是，在活跃的城市生活中，应当将公园归还于安静的小树林。这并不容易。繁忙街道正对的巨大土墩可能是唯一的答案，它不仅应该有足够的高度以在视线上遮蔽交通，还可以反射交通噪声以使其远离公园并且这样的厚度能够减轻地面震动。下沉花园、洞穴与其他类型的隔声挡板在这里也将有很好的应用价值。

以上段落所提出的建议并不适用于每一个公园。最重要的是声学公园应该保持简洁，正是由于这个原因，主要装饰可能只是寂静之殿(the Temple of Silence)，一种仅仅用于冥想的建筑。除了期望所有的游客保持静默之外，寂静之殿并没有什么特别之处。来到这个地方，疲惫之躯可能会寻求些什么，但在这个世界的另一边将是终极音乐的简洁性，在寂静之殿中心的沉寂可能是能够听到的球体音乐之伟大的天体之声。

*252*

# 19　沉默

> 恐惧之耳上的寂静之声……
>
> ——埃德加·爱伦·坡《啊，阿拉法》

**安静的树丛和时间**

在过去，存在安静的避难所，任何经历声音疲劳的人都可以在这里获得灵魂的安抚与重建。这种避难所可能是在树林里，或海上，又或冬天白雪皑皑的山坡上。一个人抬头仰望星空，或者看着鸟儿无声地翱翔，就会平静下来。

　　靠着粗壮的橡木手杖，痛苦抛在了背后，我们爬上了通往卡里斯(Karyés)的鹅卵石路，穿过了满是半落叶板栗树、银杏树与宽大桂冠树的茂密森林。或者仅仅是在我们看来，空气中弥漫着薰香。我们感觉已经进入了一个由海、山与板栗森林组成的大教堂，天花不是圆形穹顶，而是向天空敞开。我向朋友转身；我想打破压抑已久的沉默。"为什么不谈点什么呢？"我建议。"我们，"朋友轻轻地抚摸我的肩膀，回答说，"与沉默相伴，我们是天使的舌头。"然后，他似乎突然开始生气了。"你希望我们说什么？这是如此美丽，我们的心已经开始沿着通向天堂的道路萌发了飞翔的翅膀？一切话语，话语，话语。保持安静！"

正如人们需要睡眠时间以恢复并更新其生活能量一样，因此需要安静的时间来恢复与镇定精神。曾几何时，寂静是不成文的人权法典中的珍贵篇章。人类在生命中保存了安静以恢复精神上的新陈代谢。即使在城市的心脏也有黑暗，教堂与图书馆的拱顶，或者客厅与卧室仍然是隐秘的所在。在城市的悸动之外，乡村拥有自然声的安然。还有很多次，在成为节日之前，圣日则更加安静。在北美洲，周日变成狂欢日之前，是最安静的一天。这些安静的丛林与时间的重要性远远超越了设置它们的特定目的。而现在当我们已经失去了这一切时，才能清楚地理解这一点。

**沉默的仪式**

在墨尔本植物园(the Botanic Gardens in Melbourne)附近的公园有一处标志写道:

**纪念爱德华·**
**乔治·霍尼 1855—1922**

一位墨尔本记者
尽管
住在伦敦,首先建议
隆重的纪念仪式

**默哀**
所有英联邦国家的
纪念那些在战争中
死去的人。

**IN MEMORY OF**
**EDWARD GEORGE HONEY 1855—1922**

A Melbourne journalist，who，
while
living in London，first suggested
the solemn ceremony of

SILENCE
now observed in all British countries
in remembrance of those who died
in the War.

事实是，随着世界大战记忆的逐渐消退，每年 11 月 11 日上午 11 点的默哀仪式变得更加没落。这是声学设计师的责任，不仅是为了让树林重返安静，而且还是为重新引入安静时间而努力。事实上，联合国教科文组织的国际音乐理事会（the International Music Council of UNESCO）主席耶胡迪·梅纽因（Yehudi Menuhin）在 1975 年的大会上提出，未来的世界音乐日（World Music Day）应该以一分钟的沉默来庆祝。我们在这里讨论的事情比设定限制噪声的时间要重要得多；我们正在讨论的是对寂静的刻意庆祝，当整个社会一同执行时，这将是一个惊人的壮观。以下是一个范例：荷兰乌得勒支（Utrecht，Hetherlands）每年 5 月 4 日战争纪念的流程。

6:00 p.m.　整个城市下半旗，直至黑夜。关闭公共娱乐、广告或商店的橱窗照明。

7:15 p.m.　*参加默哀游行*（*Silent Procession*）的人在圣彼得教堂墓地（St. Peter's churchyard）排成三列。死者亲属及其他参与者的指定地点将会在标识上注明。不得随身携带标语、旗帜或花圈。

*255*

7:30—
8:00 p.m.　游行队伍将缓慢地在教堂的钟声中行进。游行过程中，人们须仍然*保持沉默*（*to be still*，真正地保持沉默）。游行路线：圣彼得教堂墓地至大教堂广场，途经沃提斯街（Voetius Street）、大教堂街（Cathedral Street）、老教堂广场（the Old Church Square）、合唱街（Choir Street）、服侍街（Servet Street）与大教堂钟楼（the Cathedral Tower）。

8:00 p.m.　*钟声结束后开始两分钟的默哀*（*The bells end and two minutes of total silence begin*）。时间由大教堂时钟与大教堂广场照明的八组编钟的第一组进行精确控制。

8:02 p.m.　两分钟的默哀结束后。皇家乌得勒支铜管乐队（The Royal Utrecht PTT Brass Band）将演奏威廉默斯（Willhelmus）的两个乐章，由在场的参加者合唱。在此期间，将以全体乌得勒支公民的名义向阵亡将士纪念碑敬献花圈。所有参加游行者都将瞻仰纪念碑，并可以献花。敬请合作遵守，以保持献花仪式安静地进行。

8:15— 史托菲尔·凡·维根(Stoffel van Viegen)教堂管风琴独奏音乐
8:45p. m. 会，以威廉默斯的两个合唱乐章结束。
任何人均可以参加上述纪念活动。

参加了这个仪式的巴里·托阿克斯回忆道：

这是一个社区中独特的声学仪式。没有能与其情感深度相匹配的北
美经验。当你接近广场时，最大的大教堂钟声雷鸣般地在你身上翻滚，
在大家聚集的时候激发了窒息的沉默。战争悲剧的整个重量似乎都表现
在了高塔所发出的沉重的低频声中。

缓慢地，一个接着一个，钟声结束，织体随着队伍的出现而变成了
钟塔下纪念碑前整齐的队列。

喧闹的城市变得寂静。现在似乎如之前一段时间钟声的压迫般沉默。
那次猛烈的轰炸似乎净化了这个城市一贯的衰渎之气，留下了一种奇怪
而紧张的平静。

一些音乐家非常平静地以低音奏响了国歌的几个开场和弦。所有的
参与者都于自己的喉中产生了共鸣。地面本身似乎在抬升，慢慢地抬升，
转而在你周围的每个方向发出共振般的鸣咽。这一时刻，那些温文尔雅、
目中无人的人们面对此情景似乎重新燃起了团结的热情。

然而，军人却缺席了这一场合。慢慢地，个人的哀悼以鲜花带到了
纪念碑，年轻的小伙子和女孩已将这个城市民众所敬献的花圈放置到了
纪念碑前。近年来，哀悼者的人数有所减少，但对这些少数人来说，在
这个深刻而美丽的仪式中重温了一些经历，而当我们进入大教堂管风琴
的混响之声时，纪念仪式庄严之氛围就结束了。

### 西方人和消极的沉默

人类总喜欢制造声音以提醒自己并不孤独。从这个角度来看，完全的沉
默是被人类天性所排斥的。人们害怕没有声音是因为他们害怕没有生命。因

为终极的寂静是死亡，它在追思仪式中获得了最高的尊严。

既然现代人害怕死亡就像他面前一无所有一样，那么避免沉默就能够滋养他所幻想的永恒生命。在西方社会中，沉默是消极的，是真空的。对于西方人，沉默等于交流的中断。如果一个人无话可说时，对方就会说话。因此，现代生活的絮絮叨叨成了各种声音的喧嚣。

对于西方人，绝对无声的沉思已经变得如此消极和可怕。因此，当伽利略（Galileo）的望远镜首次提出空间是无穷大时，哲学家帕斯卡（Pascal）就深深地感到这种永恒沉默的恐惧。"无限空间的永恒沉默让我害怕（Le silenceetemel de ces espaces infinis m'effraie）。"

当一个人在消声室里停留一段时间——完全隔声的房间——他会感到有些同样的恐惧。他的说话声似乎从嘴唇下降到了地板。耳朵紧张地聆听以证明世界上还有生命。然而，当约翰·凯奇（John Cage）进入这样一个房间时，他听到了两个声音，一个高，一个低。"当我向负责的工程师描述这一现象时，他告诉我，高的声音是我的神经系统在运行，低的则是我的血液在流动。"凯奇的结论是："不存在绝对的沉默。事物在运行时总会发出声音。"

当人类把自己视为宇宙的中心时，沉默是相对的，而非绝对的。凯奇检测到了这一相对论，并选择了*沉默*（*Silence*）作为他的书的标题，他强调，就现代人而言，任何对这一术语的使用都必须是恰当而富于讽刺意味的。埃德加·爱伦·坡在《啊，阿拉法》（*Al Aaraaf*）中提到过同样的事情，他写道："寂静，我们称之为'沉默'——这就是该词的全部意思。"

257　　沉默的消极特性使它成为西方最为强烈的特征。艺术，虚无对存在构成了永恒的威胁。因为音乐代表着生命的终极陶醉，所以它被小心翼翼地放在沉默的容器里。当沉默始于声音之前，紧张的期待使它更加充满活力。当它中断随于声音之后，它将与混响声结合在一起，与记忆共同持续。因此，无论多么朦胧，沉默是可以聆听的。

由于沉默正在消失，因此它更加引起了今日作曲家的关注，他们用沉默来进行创作。安东·韦伯恩（Anton Webem）将作曲移到了沉默的边缘。他音乐作品中的狂喜被他以崇高与令人惊叹的休止符的使用增强了，因此韦伯恩的音乐是由橡皮擦组成的。讽刺的是，他生命的最后一声就是那声射杀了他的士兵的枪声。

在作品《登迷亚》（*Dummiyah*）中，加拿大作曲家约翰·温兹温格（John

Weinzweig)让指挥家演出了一大段静音，以纪念希特勒的受害者。"沉默
(Silence)，"他说，"是纳粹大屠杀最后的声音。"

> 我默然无声，连好话也不出口，
> 我的愁苦就更加深。
> 我的心在我里面发热。
>
> [诗篇 39：2—3]

同时，韦伯恩发现了音乐中沉默的价值，他的同胞弗洛伊德（Freud）发现
了精神分析的价值。"分析家不害怕沉默。正如索绪尔（Saussure）所说，在弗
洛伊德之前，病人无联系的独白与精神病医生的绝对沉默从来都没有什么方
法论上的原则。"

音乐与精神分析的关系绝非偶然。弗洛伊德就像音乐老师一样定期约见
他的病人，并听取他们大段的倾诉。在精神分析学中，就像许多现代诗歌
一样，没有说出来的孕育着潜在的意义。哲学也在沉默中终止。维特根斯
坦（Wittgenstein）写道："人不说话，就必须保持沉默。"

但这些事物并没有削弱我的论点，西方人的沉默或多或少表示一种尴尬
的局面，一种超出可能性或可行性的消极状态。在西方词典中，同样语义的
复杂性也证实了这一点。以下是《罗格特新袖珍辞典》（Roget's New Pocket
Thesaurus）中的"Silence"下的完整条目（纽约，1969 年）。通过阅读，你会明
白，沉默所描述的不是一种恰当或积极的状态，而不仅仅是指声音的沉默。

SILENCE-N. *silence*, quiet, quietude, hush, still; sullenness,
sulk, saturninity, taciturnity, laconism, reticence, reserve.

*muteness*, mutism, deaf-mutism, laloplegia, anarthria, aphasia,
aphonia, dysphasia.

*speech impediment*, stammering, stuttering, baryphony, dys-
phonia, paralalia.

*dummy*, sphinx, sulk, sulker, calm; mute, deaf-mute, laloplegic,
aphasiac, aphonic, dysphasiac.

V. *silence*, quiet, quieten, still, hush; gag, muzzle, squelch,

*258*

tongue-tie; muffle, stifle, strike dumb.

*be silent*, quiet down, quiet, hush, dummy up, hold one's tongue, sulk, say nothing, keep silent, shut up (slang).

ADJ. *silent*, noiseless, soundless, quiet, hushed, still. speechless, wordless, voiceless, mute, dumb, inarticulate, tongue-tied, mousy, mum, sphinxian.

*sullen*, sulky, glum, saturnine.

*taciturn*, uncommunicative, close-mouthed, tight-lipped, unvocal, nonvocal, laconic; reticent, reserved, shy, bashful.

*unspoken*, tacit, wordless, implied, implicit, understood, unsaid, unut tered, unexpressed, unvoiced, unbreathed, unmentioned, untold. unpronounced, mute, silent, unsounded, surd, voiceless.

*inaudible*, indistinct, unclear, faint, unheard.

*inexpressible*, unutterable, indescribable, ineffable, unspeakable, nameless, unnamable; fabulous.

See also MODESTY, PEACE. Antonyms—see LOUDNESS, SHOUT.

## 积极沉默的恢复

我们可以猜想，沉默作为一种生活状态与一种可行的概念于十三世纪末随着梅斯特·艾克哈特（Meister Eckhart）、罗斯布鲁伊克（Ruysbroeck）、安吉拉·德·弗里格奥（Angela de Foligno）与《未名的云》（*The Cloud of Unknowing*）一书的匿名作者的死亡而消失了。这是最后一个伟大的基督教神秘主义和沉思的时代，沉默作为一种习惯与技能开始消失在了那个时候。

如今，由于声音污染的不断增加，我们甚至开始失去对该词意义的理解。词语的存在是有道理的，也就是说，它们的意义框架躺在了字典中，但是很少有人知道如何向它们注入生命。沉思的复苏将教会我们如何把沉默视为一种积极与恰当的状态，成为我们的行动所勾画出的伟大而美丽的背景，而不是认为沉默无法理解，甚至根本不可能存在。有许多哲学表达了这一思想，而且众所周知，人类历史中的伟大时期都以沉默为基本条件。这就是老子(Lao-tzu)所传递的信息:"知者不言,言者不知……是谓玄同。(Give up haste and activity. Close your mouth. Only then will you comprehend the spirit of Tao. )"

没有任何哲学或宗教比道教更能抓住静止的积极意义。让所有的减噪法案成为不必要的存在是一种哲学。这也是鲁米(Jalal-ud-din Rumi)所传递的信息,他建议他的门徒"像罗盘上的点一样保持沉默,因为国王已经把你的名字从演讲集中抹去了"。鲁米试图发现,"没有字母或声音的述说"。甚至今天,人们可能会发现贝多因(Bedouin)静静地坐在一个圆圈里什么也不说,他也许抓住了过去与未来之间的某处——因为沉默与永恒联合在了神秘中。我还记得一些波斯村庄平静而缓慢,在那里仍然有时间坐下或蹲下来思考,又或者只是坐着和蹲着;时间走得很慢,一旁是拄着木棍的小孩或盲祖父;时间等待着食物或太阳的划过。

我们需要恢复平静,以减少声音的可能入侵与它原始的辉煌。印度的神秘主义者科帕尔·辛格(Kirpal Singh)雄辩地表达了这一点:

> *声音的本质*(the essence of sound)是感受运动与沉默,它由*存在*至*不存在*。没有声音的时候,即没有听觉,但这并不意味着听觉丧失了准备。的确,没有声音的时候,听觉是最警觉的,有声音的时候,听觉自然就是最不发达的。

没有声音的时候,听觉是最警觉的。里尔克(Rilke)在他的作品《杜伊诺辞》(*Duino Elegies*)中提及"消息由沉默中来"时表达了同样的观点。对拥有透听力(clairaudience)的人来说,沉默的确是新鲜事。

如果我们有希望改进世界的声学设计,那么它将在沉默作为一种生活中的积极状态而恢复之后有可能实现。噪声仍然留在脑海中:这是第一位的任务——然后其他事物就会及时跟进。

# 尾声　超音乐

在人类以前，在创造耳朵之前，只有上帝能够听到声音。音乐是完美的。东西方的奥义都在暗示这一点。在《桑吉塔-马卡拉达》第一章第 4—6 节（*Sangīta-makaranda* I，4—6）中，我们了解到声音有两种形式：**安那哈塔**（*anāhata*），即"非撞击声（unstruck）"；**安哈塔**（*āhata*），"撞击声（struck）"。第一种是上天的振动，无法被人感知，却是所有声音的基础。"它形成了永恒的数值模式，这是世界存在的基础。"

这是西方的球体音乐观点，即音乐是理性的秩序，这一观点可追溯至古希腊，特别是毕达哥拉斯学派（the school of Pythagoras）。在讨论弦的谐波比值与行星及恒星之间的数学对应关系时，能够注意到，这两种类型的运动都是完美地结合了音乐与数学的普遍定律的表达。据称，毕达哥拉斯已经能够听到天体音乐，虽然他的弟子并不能。但直觉依然存在。鲍依修斯（Boethius，480—524 年）也相信球体音乐体系的存在。

天空悄悄移动的转换机制究竟是什么呢？虽然这些声音没有到达我们的耳朵（众多原因使然），这种伟大的机制迅速运动之时不可能完全没有声音，特别是因为这些恒星通过相互作用结合在一起，再也想不出有什么比这更平等或统一的了。有些天体诞生得早，而另一些则晚，所有一切仅以脉冲为动力，从其不同的不平衡中可推断出其既定顺序。由于这个原因，在这场天体革命中，不能缺少既定的调制顺序。

如果知道旋转物体的质量与速度，理论上可以计算其基本音高。约翰尼斯·开普勒（Johnanes Kepler）也相信音乐与天文学的结合是一个完美的系统，并计算出了以下每个行星的音高。

在开普勒的记谱法中，音高看起来是这样的：

在现代，看起来是这样的：

　　球体音乐代表永恒的完美。如果我们听不到，那是因为我们不完美。莎士比亚（Shakespeare）在《威尼斯的商人》第五幕第 1 场（*The Merchant of Venice*，V，i）中雄辩地提及了这一点。

> 看，天堂的地板是如此美妙
> 镶嵌着闪亮的黄金：
> 看不到最小的球体
> 而其运动就像天使的歌唱。……
> 这样的和谐是不朽的灵魂；
> 而这虽是泥泞腐烂四溅
> 关闭之上，我们却什么也听不见了。

　　但我们的不完美不仅仅是道德问题，也是物理问题。对于人类，完美而纯净与数学上定义的声音仅仅存在于理论概念上。法国数学家傅立叶（Fourier）了解并阐明这一点时，他正在发展他的谐波分析理论。失真导致了声音的产生，因为发声物体首先要克服自己的运动惯性，而这一微小的不完美转变为了声音。同样的情况对于耳朵也是真实的。耳朵开始振动时，首先 *262* 也要克服自己的惯性，因而也引入了更多的失真。

　　所有我们听到的声音都是不完美的。声音无法免于失真，它在我们生之前就已开始。如果它在我们死亡之后继续，我们也不知其中断，则我们可以将其理解为完美。如若一声音在我们出生前就开始了，在我们一生中持续不变并延伸至超越我们的死亡，我们将其视为沉默。

　　这就是为何正如本书开篇所暗示的那样，所有对声音的研究都必须以沉默结束——并不是消极真空中的沉默，而是完美与满足的积极沉默。因此，正如人类努力追求完美一样，所有的声音都渴望着沉默的状态，一如处于球体音乐的永恒生命之状态。

　　沉默能够听得到吗？是的，如果我们能向宇宙扩展我们的意识至永恒，就可以听到沉默。通过冥想实践，逐渐地，肌肉与心灵放松，整个身体开始成为耳朵。当印度瑜伽士从感官中获得解脱状态时，他听到了**安那哈塔**（*anāhata*），即"非撞击声（unstruck）"。然后实现完美。宇宙的秘密象形文字显露了出来。数字变得可听，并留下音调与光亮赐予了接收者。

# 附 录

# 附录 I  声音样本的标注系统

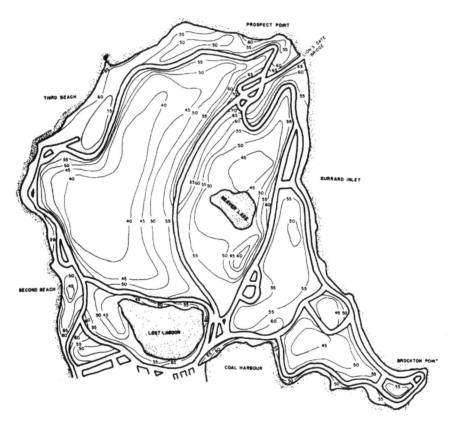

　　这张不列颠哥伦比亚省温哥华市赤柱公园（Stanley Park in Vancouver, British Columbia）的伊泽贝尔地图显示了不同地点的平均声级。该声级于 1973 年 5 月、6 月及 7 月每周三上午 10 点至下午 4 点在步行道上进行测量，每间隔 100 码测量一次。每日天气相似——晴朗、明亮，气温位于 60～70 华氏度之间。每个测点读数 3 次，每次读数间隔 10 秒，以其平均值构造伊泽贝尔地图。

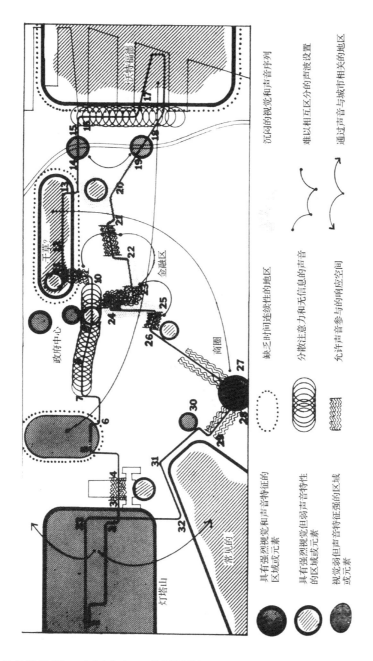

声音事件地图，由迈克尔·索斯沃斯（Michael Southworth）在波士顿老城区绘制，尝试将声学环境相似及相反的区域联系起来。

*266*

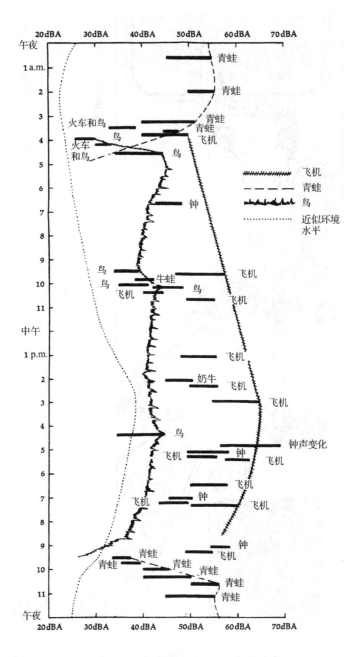

该图显示了不列颠哥伦比亚省乡村 24 小时内发生的声音事件日志。

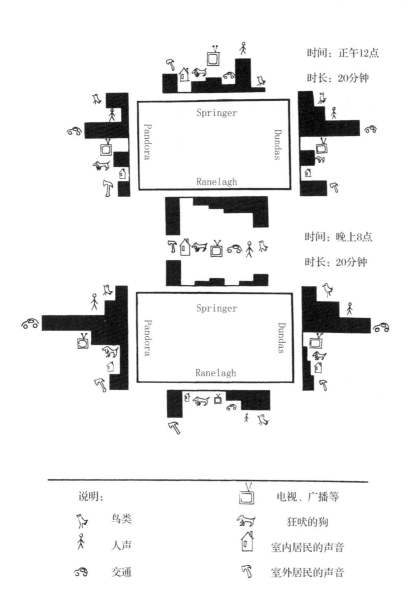

时间：正午12点

时长：20分钟

时间：晚上8点

时长：20分钟

| 说明： | | 电视、广播等 |
|---|---|---|
| | 鸟类 | 狂吠的狗 |
| | 人声 | 室内居民的声音 |
| | 交通 | 室外居民的声音 |

声音地图的另一种可能形式，绘制于一个城市街区中两个不同时间段的"聆听漫步(listening walk)"。不同类型的声音以不同的图例标注，以确定其声级高、中、低等强度，并制表显示其一般活跃度与强度。使用此方法可以很简单地比较历史或地理上的声音事件。

# 附录 II    国际声音偏爱度调查

喜欢或不喜欢声音被试人数的百分比，按类别统计。

| | 奥克兰<br>新西兰<br>被试 113 人 | | 温哥华<br>加拿大<br>被试 99 人 | | 安东尼奥港<br>牙买加<br>被试 72 人 | | 苏黎世<br>瑞士<br>被试 217 人 | |
|---|---|---|---|---|---|---|---|---|
| | 愉悦的 | 不愉悦的 | 愉悦的 | 不愉悦的 | 愉悦的 | 不愉悦的 | 愉悦的 | 不愉悦的 |
| 水声 | | | | | | | | |
| 雨 | 31 | 1 | 23 | 0 | 7 | 3 | 25 | 1 |
| 小溪、河流、瀑布 | 18 | 0 | 37 | 0 | 7 | 0 | 43 | 0 |
| 海洋 | 58 | 1 | 42 | 0 | 19 | 8 | 4 | 0 |
| 其他 | 7 | 0 | 10 | 0 | 0 | 0 | 21 | 2 |
| 风声 | | | | | | | | |
| 微风 | 50 | 0 | 47 | 0 | 30 | 0 | 28 | 0 |
| 暴风 | 0 | 4 | 0 | 0 | 0 | 8 | 1 | 1 |
| 其他 | 0 | 0 | 0 | 0 | 0 | 0 | 0 | 0 |
| 自然声 | | | | | | | | |
| 黎明 | 2 | 0 | 0 | 0 | 0 | 0 | 0 | 0 |
| 夜晚 | 2 | 2 | 0 | 0 | 0 | 7 | 0 | 0 |
| 雷暴 | 3 | 2 | 2 | 0 | 1 | 6 | 1 | 13 |
| 爆裂的火 | 6 | 0 | 8 | 0 | 0 | 0 | 7 | 0 |
| 树木 | 1 | 1 | 5 | 0 | 0 | 3 | 29 | 1 |
| 其他自然声 | 1 | 0 | 0 | 0 | 0 | 6 | 7 | 1 |

续表

| | 奥克兰<br>新西兰<br>被试 113 人 | | 温哥华<br>加拿大<br>被试 99 人 | | 安东尼奥港<br>牙买加<br>被试 72 人 | | 苏黎世<br>瑞士<br>被试 217 人 | |
|---|---|---|---|---|---|---|---|---|
| | 愉悦的 | 不愉悦的 | 愉悦的 | 不愉悦的 | 愉悦的 | 不愉悦的 | 愉悦的 | 不愉悦的 |
| 动物 | 20 | 7 | 22 | 16 | 33 | 100 | 20 | 15 |
| 鸟类 | 49 | 3 | 53 | 0 | 68 | 13 | 75 | 7 |
| 昆虫 | 10 | 13 | 2 | 5 | 10 | 18 | 15 | 5 |
| 人类的声音 | | | | | | | | |
| 说话声 | 27 | 43 | 35 | 35 | 11 | 60 | 13 | 16 |
| 婴儿 | 2 | 12 | 2 | 8 | 8 | 11 | 0 | 4 |
| 笑声 | 27 | 3 | 20 | 2 | 31 | 6 | 6 | 0 |
| 哭泣 | 10 | 16 | 0 | 23 | 0 | 40 | 0 | 7 |
| 身体<br>（呼吸、打<br>嗝、打鼾等） | 8 | 9 | 13 | 21 | 7 | 15 | 2 | 6 |
| 口哨 | 1 | 0 | 2 | 0 | 17 | 0 | 0 | 2 |
| 做爱 | 6 | 0 | 8 | 0 | 0 | 0 | 0 | 0 |
| 脚步声 | 3 | 4 | 3 | 0 | 0 | 3 | 3 | 4 |
| 其他 | 1 | 3 | 3 | 3 | 1 | 14 | 1 | 11 |
| 音乐 | | | | | | | | |
| 特殊乐器 | 29 | 0 | 35 | 0 | 58 | 0 | 29 | 4 |
| 歌唱 | 23 | 0 | 12 | 0 | 49 | 0 | 7 | 4 |
| 类型音乐<br>（爵士<br>古典） | 13 | 4 | 4 | 17 | 15 | 0 | 9 | 1 |
| 其他相关 | 28 | 10 | 17 | 3 | 35 | 7 | 40 | 1 |
| 音响设备 | | | | | | | | |

269

续表

| | 奥克兰<br>新西兰<br>被试 113 人 | | 温哥华<br>加拿大<br>被试 99 人 | | 安东尼奥港<br>牙买加<br>被试 72 人 | | 苏黎世<br>瑞士<br>被试 217 人 | |
|---|---|---|---|---|---|---|---|---|
| | 愉悦的 | 不愉悦的 | 愉悦的 | 不愉悦的 | 愉悦的 | 不愉悦的 | 愉悦的 | 不愉悦的 |
| 功放 | 0 | 0 | 0 | 6 | 0 | 1 | 0 | 1 |
| 故障设备 | 0 | 0 | 0 | 8 | 0 | 0 | 0 | 1 |
| 收音机、<br>商业电视 | 0 | 9 | 0 | 7 | 0 | 0 | 0 | 0 |
| 其他 | 0 | 0 | 0 | 2 | 4 | 0 | 4 | 1 |
| 居民 | | | | | | | | |
| 关门声 | 0 | 10 | 4 | 0 | 0 | 8 | 0 | 12 |
| 钟表 | 2 | 12 | 1 | 6 | 0 | 0 | 4 | 8 |
| 电话 | 2 | 6 | 0 | 5 | 0 | 1 | 1 | 13 |
| 其他 | 9 | 4 | 10 | 19 | 1 | 18 | 5 | 14 |
| 交通 | | | | | | | | |
| 交通噪声 | 0 | 43 | 0 | 32 | 0 | 0 | 4 | 6 |
| 特型卡车 | 8 | 30 | 6 | 58 | 13 | 26 | 4 | 94 |
| 飞机 | 1 | 4 | 0 | 5 | 7 | 0 | 2 | 36 |
| 火车 | 0 | 1 | 3 | 1 | 1 | 0 | 4 | 6 |
| 事故 | 0 | 6 | 0 | 1 | 0 | 4 | 0 | 1 |
| 机器和机械 | | | | | | | | |
| 一般机器 | 0 | 23 | 1 | 19 | 0 | 0 | 2 | 46 |
| 建造 | 0 | 11 | 0 | 10 | 0 | 0 | 0 | 15 |
| 手提钻 | 0 | 15 | 0 | 13 | 0 | 0 | 0 | 14 |
| 牙钻 | 0 | 12 | 0 | 13 | 0 | 0 | 0 | 5 |
| 电割草机 | 0 | 18 | 1 | 0 | 0 | 0 | 0 | 3 |
| 警报器 | 0 | 15 | 0 | 25 | 0 | 0 | 0 | 26 |
| 其他 | 1 | 12 | 0 | 27 | 0 | 0 | 0 | 18 |

| | 奥克兰<br>新西兰<br>被试 113 人 | | 温哥华<br>加拿大<br>被试 99 人 | | 安东尼奥港<br>牙买加<br>被试 72 人 | | 苏黎世<br>瑞士<br>被试 217 人 | |
|---|---|---|---|---|---|---|---|---|
| | 愉悦的 | 不愉悦的 | 愉悦的 | 不愉悦的 | 愉悦的 | 不愉悦的 | 愉悦的 | 不愉悦的 |
| 其他声音 | | | | | | | | |
| 钟声 | 2 | 0 | 8 | 0 | 1 | 0 | 54 | 2 |
| 响亮冲击声<br>（枪声等） | 0 | 8 | 0 | 7 | 1 | 4 | 1 | 13 |
| 锤击 | 0 | 4 | 0 | 7 | 0 | 0 | 0 | 1 |
| 粉笔在黑板<br>上的刮擦声 | 0 | 38 | 0 | 32 | 0 | 1 | 0 | 13 |
| 杂类 | 4 | 8 | 11 | 1 | 1 | 4 | 2 | 2 |
| 沉默 | 8 | 0 | 15 | 0 | 0 | 0 | 1 | 1 |

# 声景学术语词汇表

以下简短的列表只包括我所改编的以本书论证为目的而赋予特殊意义的新词或声学术语。该清单不包括一般声学术语，这些术语的定义可在参照标准中找到。

**ACOUSTIC DESIGN 声学设计**：一个新的交叉学科，需要科学家、社会科学家与艺术家（特别是音乐家）等专业人士的合作。声学设计试图发现以其美学素质而改善声学环境或**声景**的可能性。为了做到这一点，有必要将声景设想为一部巨大的不断围绕着我们的音乐作品，并且讨论其可能改进的编曲形式，以带来丰富多元的效应，而不是破坏人类的健康或福祉。声学设计的原则可能因此包括了消除或限制某些声音（减噪），在其污染环境之前测试新的声音，而同时也需要保护某些声音（**声标，SOUNDMARKS**），最重要的是要有想象力配置声音，以给未来创造出迷人而颇为刺激的声学环境。声学设计也可包括模型环境的构成，在这方面，它与当代音乐创作是相近的。类比词汇：ACOUSTIC ECOLOGY（声学生态学）。

**ACOUSTIC ECOLOGY 声学生态学**：生态学研究的是生物及其所处环境之间的关系。声学生态学是研究声学环境或**声景**对生活在其中的生物的物理反应或行为特征的影响。其特殊目的是提请注意可能产生的不健康或有害影响的不平衡现象。类比词汇：ACOUSTIC DESIGN（声学设计）。

**ACOUSTIC SPACE 声学空间**：声音在景观意义上的外部轮廓。任何声音的声学空间都是在它下降至环境声级水平之下以前的可听区域。

**AURAL SPACE 听觉空间**：任何导致声音各维度相互影响的前景空间。

为了便于阅读，通常以二维尺度进行绘制。因而可能用时间—频率图、频率—振幅图或时间—振幅图进行表达。听觉空间因此仅仅是一种既定的符号体系，不应该与描绘景观意义上的声音外在轮廓的**声学空间**混淆。

**CLAIRAUDIENCE 透听力**：从字面上理解即是指清晰的听觉能力。我用

这个词来表达并没有什么神秘的；只是特别对于环境声的特殊听觉能力。通过耳朵清净练习可以达到这种清晰的听觉能力。

**EAR CLEANING 听觉净化**：一种训练耳朵声音分辨力，特别是对于环境声的系统课程。在我的《听觉净化》（*Ear Cleaning*）一书中给出了一套这样的练习。

**EARWITNESS 耳证**：能够证明他或她所听到事物的证据。

**HI-FI**：高保真度的缩写，即良好的信噪比。这个术语普遍用于电声学。声景的 hi-fi 环境是指一种能够清楚听到声音，没有喧闹或掩蔽的状态。类比词汇：LO-FI。

**KEYNOTE 基调声**：在音乐中，基调音决定了某一特定音乐作品的调或调性。它提供了基音，在其周围音高组成受到调制，但与其他音高形成特殊的关系。在声景研究中，基调声是指某一特定社会中不断或频繁地被听到并足以形成其他声音感知的背景声。如滨海社区的海浪声或现代城市的内燃机的声音。通常不会有意识地感知基调声，但它们是感知其他声音信号的充要条件。因此，它们被比喻为视觉感知中图—底组分中的底部背景。类比词汇：SOUND SIGNAL[信号声（译者注：又译为"声音信号"。）]。

**LO-FI**：低保真度的缩写，即不合适的信噪比。用于声景研究，lo-fi 环境指的是一种信号过度拥挤，导致掩蔽或缺乏清晰度的状态。类比词汇：HI-FI。

**MOOZAK 莫扎克（MOOZE 等）**：对各种声音分裂类音乐的痴迷，尤指在公共场所。不要与产品品牌 Muzak 相混淆。

**MORPHOLOGY 形态学**：形式与结构的研究。形态学来源于生物学，后来（至 1869 年）被用于文献学中，指的是词形变化和构词法。应用至声景研究则指的是时间或空间结构中相似形态或功能的声音组群的变化。声音形态学的研究案例可能是研究雾号的历史演变，通信技术的地理学比较（扩声器、丛林鼓等）。

**NOISE 噪声**：该词的词源可以追溯到古法语单词 noyse 与十一世纪普罗旺语（Provencal，noysa，nosa 或 nausa 等词）。噪声有各种各样的意义和隐喻，其中最重要的是：

1. **不需要的声音**（*Unwanted sound*）。《牛津英语词典》（*The Oxford English Dictionary*）所包含的对噪声（noise）一词作为不需要的声音的引文可

*273*

追溯到 1225 年。

2. **非音乐性的声音**(*Unmusical sound*)。十九世纪物理学家赫尔曼·赫尔姆霍兹(Hermann Helmholtz)借用 noise(噪声)一词来描述非周期的声音振动(如树叶的沙沙声),以与音乐这一由周期性振动组成的声音相区分。在这个意义上,noise(噪声)一词惯用于表示"白噪声(white noise)"或"高斯噪声(Gaussian noise)"。

3. **任何过于响亮的声音**(*Any loud sound*)。在如今的一般用法中,noise(噪声)一词往往指特别响亮的声音。从这个意义上说,减噪法律将禁止某些过于响亮的声音或将其限制于允许的分贝范围内。

4. **任何信号系统的干扰**(*Disturbance in any signaling system*)。在电子和工程学中,noise(噪声)一词指任何不代表有用信号部分的干扰,如电话中的静态电磁干扰或电视屏幕上的雪花点。

常用的最令人满意的噪声定义仍然是"不需要的声音"。这一定义使噪声成为主观术语。一个人的音乐可能是另一个人的噪声。但通常认为,某一社会中对声音构成不必要干扰的赞同意见比其拒绝意见为多。应该注意的是,每种语言都保留了表示词汇噪声成分的独特意义。因而法语中可指喷气杂音(bruit),也会指鸟鸣杂音或波浪杂音。类比词汇:SCARED NOISE(神圣噪声)。

**SCARED NOISE 神圣噪声**:社会不会禁止的任何巨大声音(噪声)。最初的神圣噪声指的是诸如雷电、火山爆发、暴风雨等自然现象的声音,因为这些现象被认为是神之战斗或对于人类的神之不悦所发生的行为。通过类比,神圣噪声的表达式可以扩展到社会噪声,至少在某些时期,已经逃过了减噪立法者的注意,例如教堂的钟声、工业噪声、扩声后的流行音乐等。

**SCHIZOPHONIA 声音分裂**(希腊语:schizo=分裂,phone=语音,声音):我在《新的声景》(*The New Soundscape*)中第一次使用了这个术语,指的是原始声音与其电声扩音样本的分离。原始声音与其产生机制紧密联系。所谓的电声复制的声音是可在其他时空环境中重现的副本。我乐于用"紧张(nervous)"一词来渲染二十世纪发展所带来的反常效应。

**SONIFEROUS GARDEN 声音花园**:一个以模拟方法展现环境声学乐趣的地方。它可能是一种自然声景,或以**声学设计**的原则进行设计。声音花园也可作为用于冥想的寂静之殿的主要吸引物之一。

274

SONOGRAPHY 声谱：声景记谱法的艺术。包括惯用的方法，如声谱图（sonogram）或记录声级（sound level），但除此之外，也包括标记**声音事件**的地理分布。也可使用空中声谱图的各项技术，如伊泽贝尔轮廓地图（the isobel contour map）。

SONOLOGICAL COMPETENCE 声逻辑能力：对声音形成理解的隐性知识。这个词从奥托·拉斯克（Otto Laske）借用而来。声逻辑能力将印象与认知结合起来，使其可能形成并表达对声音感知结果。正如声逻辑能力从个体至个体而变化一样，它也可能因文化而异，或者至少在不同的文化中将会有不同的发展。声逻辑能力可通过**听觉净化**训练辅助提高。参见奥托·拉斯克的文章《音乐声学（声音科学）：一个可疑学科的再考虑》（Musical Acoustics（Sonology）：A Questionable Science Reconsidered，*Numus-West*，Seattle，No. 6，1974）及《走向音乐认知的理论》（Toward a Theory of Musical Cognition，*Interface*，Amsterdam，Vol. 4，No. 2，Winter，1975，*inter alia*）。

SOUND EVENT 声音事件：*事件*（*event*）的字典定义是："在特定时间间隔内发生于某处的事情。"这说明，事件不可从时间与空间的连续体中抽离，这也给了它明确的定义。与**声音对象**类似，声音事件也是由人耳所定义的声景的最小自组织的粒子。但它不同于声音对象，后者是用于研究的抽象声学对象，而声音事件是一个具有象征意义、语义或结构的研究对象，因此是参照系中一个不可抽象的点（nonabstractable point），它与一个比其本身更大的整体相联系。

SOUNDMARK 声标（译者注：又译为"坐标声"。）：该词由**地标**（*landmark*）一词衍生而来，指社区中独特的或拥有的特质能够引起社区民众特别考虑与注意的声音。

SOUND OBJECT 声音对象：皮埃尔·舍费尔（Pierre Schaeffer），该术语（I'objet sonore）的发明者，描述为一种"为人们所感知的声音对象，而不是一种用于合成的数学或电子声学对象"。因此，声音对象是由人耳定义的**声景**的最小自组织粒子，并可由其包络特征进行分析。虽然声音对象本身可能就是参照系（即钟、鼓等），但它主要被考虑为一种现象学上的声音构成，并作为声音事件独立于它的参照系。类比词汇：SOUND EVENT 声音事件。

SOUNDSCAPE 声景：即声音环境。在技术上，指作为一种研究领域的

*275* 任何声音环境。这个词可以指实际的环境，或抽象的结构，特别是将其作为环境考虑时，如音乐作品与磁带蒙太奇。

    **SOUND SIGNAL 信号声**（译者注：又译为"**声音信号**"。）：直接引起特别注意的任何声音。在声景研究中，声音信号与**基调声**形成对比，与视觉感知上的图形与背景（本底）的对比关系基本相同。

    **WORLD SOUNDSCAPE PROJECT 世界声景项目**：一个总部设在加拿大不列颠哥伦比亚省西蒙·弗雷泽大学通信工程系声学研究工作室，致力于**世界声景**比较研究的项目。该项目于 1971 年建立，自那时起，已进行了多项国家与国际性的研究，涉及听觉感知、声音象征意义、噪声污染等，所有这些都试图将声音研究科学与艺术结合起来，为声学设计学科的发展做准备。世界声景项目的出版物包括：《噪声之书》(*The Book of Noise*)、《环境音乐：加拿大社区噪声法规调查》(*The Music of the Environment A Survey of Community Noise By-Laws in Canada*，1972)、《温哥华声景》(*The Vancouver Soundscape*)、《声学生态学词典》(*A Dictionary of Acoustic Ecology*)、《五个乡村声景与欧洲声音日记》(*Five Village Soundscapes and A European Sound Diary*)。

# 原书注释

## INTRODUCTION

p. 5

*Music is sounds* Quoted from R. Murray Schafer, *The New Soundscape*, London and Vienna, 1971, p. 1.

p. 7

*Therefore the music* Hermann Hesse, *The Glass Bead Game*, New York, 1969, p. 30.

p. 8

*When a writer Erich* Maria Remarque, *All Quiet on the Western Front*, Boston, 1929, see Chapter 4.

p. 9

*The days are hot* Ibid. , p. 126.

*William Faulkner* William Faulkner, *As I Lay Dying*, New York, 1960, p. 202.

p. 11

*rural Africans* J. C. Carothers, "Culture, Psychiatry and the Written Word," *Psychiatry*, November, 1959, pp. 308-310.

*Terror* Marshall McLuhan, *The Gutenberg Galaxy*, Toronto, 1962, p. 32.

## CHAPTER ONE: *The Natural Soundscape*

p. 15

*Some say that* Robert Graves, *The Greek Myths* (according to Hera's statement in the *Iliad*, XIV), New York, 1955, p. 30.

*the waters little* The Questions of King Milinda, trans. T. W. Rhys Davids, Vol. XXXV of *The Sacred Books of the East*, Oxford, 1890, p. 175.

p. 16

*And poor old Homer* The Cantos of Ezra Pound, London, 1954, p. 10.

*For fifty days* Hesiod, *Works and Days*, lines 663-665, trans. R. Lattimore, Ann Arbor, Michigan, 1968.

p. 17

*waves roared* The Saga of the Volsungs, ed. R. G. Finch, London, 1965, p. 15.

*Splashing oars* First Lay of Helgi, lines 104-110, trans, by the author.

*Waves coming* Laragia tribe, Australia, *Technicians of the Sacred*, ed. J. Rothenberg, New York, 1969, p. 314.

*Lithe turning* The Cantos of Ezra Pound, op. cit., pp. 13-14.

p. 18

*The wanderer* Thomas Hardy, *The Mayor of Casterbridge*, London, 1920, p. 341.

*whirling and sucking* Henry David Thoreau, *A Week on the Concord and Merrimack Rivers*, in Walden and Other Writings, New York, 1937, p. 413.

*producing a hollow* J. Fenimore Cooper, *The Pathfinder*, New York, 1863, p. 115.

p. 19

*For the noise* Emil Ludwig, *The Nile*, trans. M. H. Lindsay, New York, 1937, pp. 250-251.

*the soft splash* Somerset Maugham, *The Gentleman in the Parlour*, London, 1940, p. 159.

*Water slapped* Thomas Mann, "Death in Venice," *Stories of Three Decades*, New York, 1936, p. 421.

*The rain drops* Emily Carr, *Hundreds and Thousands*, Toronto/

Vancouver, 1966, p. 305.

*the thunder boomed* Alan Paton, *Cry, the Beloved Country*, New York, 1950, p. 244.

p. 20

*The Illustrated Glossary* T. Armstrong, B. Roberts and C. Swithinbank, *The Illustrated Glossary of Snow and Ice*, Cambridge, 1966.

*In wintertime* George Green, *History of Burnaby and Vicinity*, Vancouver, 1947, p. 3.

p. 21

*we glided along* F. Philip Grove, *Over Prairie Trails*, Toronto, 1922, p. 91.

*Nor is anything* Hugh MacLennan, *The Watch That Ends the Night*, Toronto, 1961, p. 5.

*The violent Russian* Igor Stravinsky, *Memories and Commentaries*, London, 1960, p. 30.

*and inside each* Hesiod, *Theogony*, lines 829-835, trans. R. Lattimore, Ann Arbor, Michigan, 1968.

p. 22

*Le vaste trouble* Victor Hugo, *Les Travailleurs de la Mer*, Paris, 1869, pp. 191-192.

*The wind could* W. O. Mitchell, *Who Has Seen the Wind?*, Toronto, 1947, pp. 191, 235.

*To dwellers* Thomas Hardy, *Under the Greenwood Tree*, London, 1903, p. 3.

p. 23

*The silence* Emily Carr, *The Book of Small*, Toronto, 1942, p. 119.

p. 24

*for, though the quiet* J. Fenimore Cooper, *op. cit.*, pp. 104-105.

*It is rather difficult* Pseudo-Plutarch, *Treatise on Rivers and Mountains*. Quoted from F. D. Adams, *The Birth and Development of the Geological Sciences*, New York, 1954, p. 31.

p. 25

the earth tremors *The Saga of the Volsungs*, *op. cit.*, pp. 30-31.

his hair stood *The Lay of Thrym*, from *The Elder Edda*, trans. Patricia Terry, New York, 1969, p. 88.

the infinite great Hesiod, Theogony, op. cit., lines 678-694.

Then the Earth Dion Cassius, quoted from Thomas Burnet, *The Sacred Theory of the Earth*, Book III, Chapter VII (1691), Carbondale, Illinois, 1965, p. 275.

p. 26

At the crater Thorkell Sigurbjörnsson, personal communication.

Within three or four David Simmons, personal communication.

I did not reach Heinrich Heine, "Die Harzreise," *Sämtliche Werke*, Vol. 2, Munich, 1969, pp. 19-20.

p. 27

Howl ye Isaiah 13: 6 and 13.

p. 28

By the din Jalal-ud-din Rumi, *Divan i Shams i Tabriz*.

They put their fingers Qur'an, 2: 19.

Several times *The Eruption of Krakatoa*, Report of the Krakatoa Committee of the Royal Society, London, 1888, pp. 79-80.


CHAPTER TWO: *The Sounds of Life*

p. 29

is so intense A. J. Marshall, "The Function of Vocal Mimicry in Birds," *Emu*, *Melbourne*, Vol. 50, 1950, p. 9.

p. 30

Hawfinch From E. M. Nicholson and Ludwig Koch, *Songs of Wild Birds*, London, 1946.

p. 31

The quincunxes Victor Hugo, *Les Misérables*, 1862. Quoted from

*Landscape Painting of the Nineteenth Century*, Marco Valsecchi, New York, 1971, p. 106.

p. 32

*absolutely nothing* Ferdinand Kümberger, *Der Amerika-müde*, 1855. Quoted from David Lowenthal, " The American Scene," *The Geographical Review*, Vol. LVIII, No. 1, 1968, p. 71.

*Everything* Nicolai Gogol, *Evenings on a Farm near Dikanka*, 1831-32.  *280* Quoted from Marco Valsecchi, *op. cit.*, p. 279.

*How enchanting* Boris Pasternak, *Doctor Zhivago*, New York, 1958, p. 11.

*What could be* Maxim Gorky, *Childhood*. Quoted from Marco Valsecchi, *op. cit.*, p. 279.

p. 33

*The noise* Somerset Maugham, *The Gentleman in the Parlour*, London, 1940, p. 138.

*The owl's* F. Philip Grove, *Over Prairie Trails*, Toronto, 1922, p. 35.

p. 34

*His ears* Leo Tolstoy, *Anna Karenina*, trans. C. Garnett, New York, 1965, p. 837.

*The flight* Leo Tolstoy, *War and Peace*, trans. C. Garnett, London, 1971, p. 944.

*a cry* Virgil, Georgics, Book IV, lines 62-64 and 70-72, trans. C. Day Lewis, New York, 1964.

p. 35

*It remember* Julian Huxley and Ludwig Koch, *Animal Language*, New York, 1964, p. 24.

*The bleating* Compare Virgil's *Eclogue II* with Pope's paraphrase, *The Second Pastoral*.

p. 36

*May the fallows* Theocritus, *Idyll XVI*, edited and translated by A. S. F. Gow, Vol. 1, Cambridge, 1950, p. 129.

*It is not our purpose* A good general survey of this subject, and a book from which we have drawn numerous facts, is *Animal Language* by Julian Huxley and Ludwig Koch, New York, 1964.

p. 37

*refused to believe* Julian Huxley and Ludwig Koch, *op. cit.*, p. 41.

p. 40

*One must have heard* Marius Schneider, "Primitive Music," *The New Oxford History of Music*, Vol. 1, London, 1957, p. 9.

*Now, it is* Otto Jespersen, Language: *Its Nature, Development and Origin*, London, 1964, pp. 420, 437.

## CHAPTER THREE: *The Rural Soundscape*

p. 43

*He was disturbed* Thomas Hardy, *Far from the Madding Crowd*, London, 1920, p. 291.

p. 44

*When I hear* Johann Wolfgang von Goethe, *Die Leiden des Jungen Werthers* (*The Sorrows of Young Werther*), in Werke, Vol. 19, Weimar, 1899, p. 8.

*Hyblaean bees* Virgil, *The Pastoral Poems*, *Eclogue I*, trans. E. V. Rieu, Harmonds-worth, Middlesex, 1949.

*Sweet Theocritus*, edited and translated by A. S. F. Gow, Vol. I, *Idyll I*, Cambridge, 1950.

p. 45

*The music struck* Virgil, *The Pastoral Poems*, *op. cit.*, *Eclogue VI*.

*Practice country Ibid.*, *Eclogue I*.

*Now and then* Alain-Fournier, *The Wanderer* (*Le Grand Meaulnes*), trans. L. Bair, New York, 1971, p. 29.

*The shepherd* Thomas Hardy, "Fellow Townsmen," *Wessex Tales*, London, 1920, p. 111.

*Sigmund blew The Saga of the Volsungs*, ed. R. G. Finch, London,

1965，p. 20.

p. 46

*The hounds'*Leo Tolstoy, *War and Peace*，trans. C. Garnett, London,
1971, p. 536.

*It was still quite dark* Hildegard Westerkamp，personal communication.

p. 47

*In Germany*Private communication from the Deutsches Bun-
desministerium fiir das Post-und Fernmeldewesen.

*In Austria*Dr. Ernst Popp，personal communication.

*Through the narrow*Karl Thieme, "Zur Geschichte des Posthorns," *in*
*Posthorn-schule und Posthorn-Taschenliederbuch*，Friedrich
Gumbert, Leipzig, 1908, pp. 6-7.

p. 48

*One farmer*Virgil, *Georgics*，Book I, lines 291-296，trans. Smith Palmer
Bo vie, Chicago, 1956.

p. 49

*The grass*Leo Tolstoy, *Anna Karenina*，trans. C. Garnett, New York,
1965，p. 270.

*The peasant Ibid.*，p. 291.

*Such was the life*Virgil, Georgics, Book II, lines 538-540，trans. C. Day
Lewis, New York, 1964.

*At the shouts The Epic of the Kings* (Sháh-náma)，trans. Reuben Levy,
Chicago, 1967，p. 57.

p. 50

*One should send*Onasander，*The General*，XXIX，trans. William A.
Oldfather *et al*, London, 1923，p. 471.

*By the rendering*Tacitus, Germania, trans. H. Mattingly and S. A.
Handford, Harmondsworth, Middlesex, 1970，p. 103.

*It was at three*H. G. Wells，*The Outline of History*，New York, 1920，
p. 591.

p. 51

*In general Samuel* Rosen et al, "Presbycusis Study of a Relatively Noise-Free Population in the Sudan," American Otological Society, *Transactions*, Vol. 50, 1962, pp. 140-141.

## CHAPTER FOUR: *From Town to City*

p. 54

*One sound rose* Johan Huizinga, *The Waning of the Middle Ages*, New York, 1954, pp. 10-11.

*The great convenience* Dr. Charles Burney, *An Eighteenth-Century Musical Tour in Central Europe and the Netherlands*, Vol. II, London, 1959, p. 6.

*On the other side* Robert Louis Stevenson, *An Inland Voyage*, New York, 1911, p. 211.

p. 55

*The church clock* Thomas Hardy, *Far from the Madding Crowd*, London, 1922, p. 238.

*Other clocks* Thomas Hardy, *The Mayor of Casterhridge*, London, 1920, pp. 32-33.

p. 56

*Post office* By-law No. 98-63 (1963).

*Amongst the Western Oswald* Spengler, *Der Untergang des Abendlandes*, Vol. 1, Munich, 1923, p. 8.

p. 57

*Where the lake* Ippolito Nievo, *Confessions of an Octogenarian*, 1867. Quoted from *Landscape Painting of the Nineteenth Century*, Marco Valsecchi, New York, 1971, p. 184.

*a remote resemblance* Thomas Hardy, *The Trumpet-Major*, London, 1920, p. 2.

*Awakening* Maxim Gorky, *The Artamonous*, Moscow, 1952, p. 404.

*the sounds* W. O. Mitchell, *Who Has Seen the Wind?*, Toronto, 1947, p. 230.

p. 58

    *We started* James Morier, *The Adventures of Hajji Baba of Ispahan*, New York, 1954, p. 19.

p. 59

    *The first streets* Eric Nicol, *Vancouver*, Toronto, 1970, p. 54.

p. 60

    *The curfew* Thomas Hardy, *The Mayor of Casterhridge*, *op. cit.*, p. 32.

    *I had James* Morier, *op. cit.*, p. 123.

p. 61

    *Later that night* Alain-Fournier, *The Wanderer* (*Le Grand Meaulnes*), trans. L. Bair, New York, 1971, pp. 124-125.

    *One was a Dandy* Leigh Hunt, *Essays and Sketches*, London, 1912, pp. 73-74.

    *There was the faint* Virginia Woolf, *Orlando*, London, 1960, p. 203.

p. 62

    *I go to bed* Tobias Smollett, *The Expedition of Humphry Clinker*, New York, 1966, pp. 136-137.

    *The creaking* Charles Mair, 1868. Quoted from *Life at Red River*, Keith Wilson, Toronto, 1970, p. 12.

    *I denounce* Arthur Schopenhauer, "On Noise," *The Pessimist's Handbook*, trans. T. Bailey Saunders, Lincoln, Nebraska, 1964, pp. 217-218.

p. 63

    *the moist circuit* Leigh Hunt, *op. cit.*, p. 258.

    *Pyotr Artamonov and gather on the bank*, *Op. cit.*, pp. 22-23.

p. 64

    *Labor* Lewis Mumford, *Technics and Civilization*, New York, 1934, p. 201.

    *Turn your eyes* Renato Fucini, *Naples Through a Naked Eye*, 1878. Quoted from Marco Valsecchi, *op. cit.*, p. 182.

    *Usually* Johann Friedrich Reichardt, *Vertraute Briefe aus Paris*

*283*

Geschrieben in den Jahren 1802 und 1803 , Erster Theil, Hamburg, 1804, p. 252.

p. 65

13 *different* Sir Frederick Bridge, "The Musical Cries of London in Shakespeare's Time," *Proceedings of the Royal Musical Association*, Vol. XLVI, London, 1919, pp. 13-20.

*Between the acts* Johann Friedrich Reichardt, *op. cit.*, pp. 248-249.

p. 66

*Your correspondents* Michael T. Bass, *Street Music in the Metropolis*, London, 1864, p. 41.

*one-fourth part* Charles Babbage, Passages from *the Life of a Philosopher*, London, 1864, p. 345.


CHAPTER FIVE: *The Industrial Revolution*

p. 73

*A hasty lunch* Thomas Hardy, *Tess of the d'Urbervilles*, Vol. 1, London, 1920, p. 416.

*The little* Stendhal, *Le Rouge et le Noir*, Paris, 1927, pp. 3-4.

p. 74

*A vague* Edmond and Jules de Goncourt, *Renee Mauperin*, 1864. Quoted from *Landscape Painting of the Nineteenth Century*, Marco Valsecchi, New York, 1971, p. 107.

*We are encompassed* Thomas Mann, "A Man and His Dog," *Stories of Three Decades*, New York, 1936, pp. 440-441.

*As they worked* D. H. Lawrence, *The Rainbow*, New York, 1943, p. 6.

p. 75

*I happened* Report of the Sadler Factory Investigating Committee, London, 1832, p. 99.

*Is one part* Ibid., p. 159.

*Stephen bent* Charles Dickens, *Hard Times for These Times*, London, 1955, p. 69.

*And now it had occurred*Emile Zola，*Germinal*，Harmondsworth，Middlesex，1954，p. 311.

*Fosbroke*Cf. John Fosbroke，"Practical Observations on the Pathology and Treatment of Deafness," *Lancet*，VI，1831，pp. 645-648；and T. Ban，"Enquiry into the Effects of Loud Sounds upon Boilermakers," *Proceedings of the Glasgow Philosophical Society*，17，1886，p. 223.

p. 80

*musically*Jess J. Josephs，*The Physics of Musical Sounds*，Princeton，N. J. ，1967，p. 20.

*Night and day*Charles Dickens，*Dombey and Son*，London，1950，p. 219.

p. 81

*Louder Ibid.* ，p. 281.

*Then the shrill*D. H. Lawrence，op. cit. ，p. 6.

*The Canadian*Jean Reed，personal communication.

p. 83

*the trend*David Apps，General Motors；personal communication.

p. 84

*present a definite Snowmobile Noise，Its Sources，Hazards and Control*，APS-477，National Research Council，Ottawa，1970.

p. 85

*Air travel*E. J. Richards，"Noise and the Design of Airports," *Conference on World Airports—The Way Ahead*，London，1969，p. 63.

p. 86

*a growth Ibid.* ，p. 69.

*On the basis*William A. Shurcliff，*SST and Sonic Boom Handbook*，New York，1970，p. 24.

CHAPTER SIX：*The Electric Revolution*
p. 91

*We should not* "Ohne Kraftwagen, ohne Flugzeug und ohne Lautsprecher hätten wir Deutschland nicht erobert," Adolf Hitler, *Manual of the German Radio*, 1938-39.

*When I go* Emily Carr, *Hundreds and Thousands*, Toronto/Vancouver, 1966, pp. 230-231.

p. 92

*At once* Hermann Hesse, *Steppenwolf*, New York, 1963, p. 239.

*It takes hold Ibid.*, p. 240.

p. 94

*in the fact that* Sergei M. Eisenstein, *The Film Sense*, trans. Jay Leyda, London, 1943, p. 14.

*285*  p. 97

MUZAK Classified Section, *Vancouver Telephone Directory*, British Columbia Telephone Company, 1972, p. 424.

*program specialists Environs*, Vol. 2, No. 3, published by the Muzak Corporation.

*Each 15-minute Ibid.*

p. 98

*Music Library* Memo from the firm of Bolt Berenak and Newman to Dr. Robert Fink, Head, Music Department, Western Michigan University.

p. 99

*The modal group* Alain Danielou, *The Raga-s of Northern Indian Music*, London, 1968, pp. 22-23.

CHAPTER SEVEN: *Music, the Soundscape and Changing Perceptions*

p. 104

*easy and insatiable* The phrase is Raymond Williams's.

*urban activity* See *The Oxford Companion to Music*, London, 1950, p. 900.

p. 105

*At their due times* Gottfried von Strassburg, *Tristan*, trans. A. T. Hatto, Har-mondsworth, Middlesex, 1960, pp. 262-263.

p. 108

*with the increase* Lewis Mumford, *Technics and Civilization*, New York, 1934, pp. 202-203.

p. 109

*Complaints* Quoted from Kurt Blaukopf, *Hexenkuche der Musik*, Teufen, Switzerland, 1959, p. 45.

p. 110

*signifies* Oswald Spengler, *Der Untergang des Abendlandes*, Munich, 1923, Vol. I, p. 375.

*I take it that music* Ezra Pound, *Antheil and the Treatise on Harmony*, New York, 1968, p. 53.

*In antiquity* Luigi Russolo, *The Art of Noises*, New York, pp. 3-8.

p. 116

*It is recorded* Michel P. Philippot, "Observations on Sound Volume and Music Listening," *New Patterns of Musical Behaviour*, Vienna, 1974, p. 55.

p. 118

*The sound* Kurt Blaukopf, "Problems of Architectural Acoustics in Musical Sociology," *Gravesaner Blätter*, Vol. V, Nos. 19/20, 1960, p. 180.


CHAPTER EIGHT: *Notation*

p. 127

*To render* Hermann Helmholtz, *On the Sensations of Tone*, New York, 1954, p. 20.

p. 128

*As our age* Marshall McLuhan, *The Gutenberg Galaxy*, Toronto, 1962, p. 72.

p. 129

*286*

*object for human* Pierre Schaeffer, "Music and Computers," *Music and Technology*, Paris, 1970, p. 84.

p. 130

*A composed Ibid.*, p. 84.

*The sound object* Pierre Schaeffer, *Trois Microsillons d'Examples Sonores*, Paris, 1967, paras. 73. 1 and 2.

p. 132

*The Sonic Environment Environment and Behaviour*, Vol. 1, No. 1, June, 1969, pp. 49-70.

CHAPTER NINE: *Classification*

p. 133

*Disintegrating* Barry Truax, "Soundscape Studies: An Introduction to the World SoundScape Project," *Numus West*, Vol. 5, 1974, p. 37.

p. 134

*solfege des objets Traite des Objets Musicaux*, Paris, 1966, pp. 584-587.

CHAPTER TEN: *Perception*

p. 151

*Arnheim and Gombrich* The works I am referring to are Arnheim's *Art and Visual Perception* (Los Angeles, 1967) and Gombrich's *Art and Illusion* (New York, 1960).

p. 152

*striking parallels* Cf. George A. Miller, *Language and Communication*, New York, 1951, pp. 70-71.

p. 153

*sound-association tests For instance*, H. A. Wilmer, "An Auditory Sound Association Technique," *Science*, 114, 1951, pp. 621-622; or D. R. Stone's, "A Recorded Auditory Apperception Test as a New Protective Technique," *The Journal of Psychiatry*, 29, 1950, pp. 349-353.

*sonological competence* Dr. Otto Laske, personal communication. See also reference in Glossary of Soundscape Terms, p. 271.

p. 154

*Time after time* Alan Edward Beeby, *Sound Effects on Tape*, London, 1966, pp. 48-49.

p. 156

*one of the subjects* Georg von Bekesy, *Experiments in Hearing*, New York, 1960, p. 6.

*Faced with* Alan Edward Beeby, *op. cit.*, p. 12.

p. 157

*I know of* Edmund Carpenter, *Eskimo*, Toronto, 1959, p. 27.

*Auditory Ibid.*, p. 26.

p. 158

*But other paths* Iannis Xenakis, *Formalized Music*, Indiana, 1971, pp. 8-9.

p. 160

*Soundmaking* Peter F. Ostwald, *Soundmaking*, Springfield, 1963, pp. 119-124.

CHAPTER ELEVEN: *Morphology*

p. 161

*Media* Harold A. Innis, *Empire and Communications*, Oxford, 1950, p. 7.

p. 162

*Then came the rigid* Virgil, *Georgics*, Book I, lines 143-144, trans. C. Day Lewis, *The Eclogues and Georgics of Virgil*, New York, 1964. The original runs:

*tun ferri rigor atque argutae lammina serrae*

*(nam primi cuneis scindebant fissile lignum).*

*stridor serrae* Cicero, *Tusculan Disputations*, V, 40: 116; and Lucretius, *On the Nature of Things*, II: 10.

p. 163

*And the first* The Cantos of Ezra Pound , London, 1954, p. 87.

*Then came in sight* Notker the Stammerer, *Life of Charlemagne*, trans. Lewis Thorpe, Harmondsworth, Middlesex, 1969, pp. 163-164.

p. 164

*Mohammed warned* Qur'an, Surah XXIV, vs. 31.

p. 165

*The moon* The example comes from J. F. Carrington's *Talking Drums of Africa* , New York, 1969, p. 33.

*sixty miles* According to E. A. Powell, *in The Map That Is Half Unrolled* , London, 1926, p. 128.

p. 166

*In Mozart's day* Professor Kurt Blaukopf, personal communication.

*The siren* Sir Henry Martin Smith, H. M. Chief Inspector of Fire Services; personal communication.

p. 167

*two-tone horn* Home Office, Fire Service Department, Specification No. JCDD/Z4, April, 1964.

*Clang* ! B. C Saturday Sunset , September 21, 1907, p. 13.

*A long wolf howl* "The Flame Fighters" *by Garnett Weston in British Columbia Magazine*, June, 1911, p. 562.

*yelping siren* Kenneth Laas, Federal Sign and Signal Corporation, Blue Island, Illinois; personal communication.

*288* CHAPTER TWELVE: *Symbolism*

p. 169

*A word or an image* Carl G. Jung, *Man and His Symbols*, New York, 1964, pp. 20-21.

*Psychological Types* Carl G. Jung, *Psychological Types*, New York, 1924, p. 152.

p. 170

*that state* W. H. Auden, *The Enchafed Flood*, New York, 1967, pp. 6, 13.

*Water is* Carl G. Jung, *The Archetypes and the Collective Unconscious*, Princeton, N. J. , 1968, pp. 18-19.

p. 171

*he played the violin* Thomas Mann, *Stories of Three Decades*, New York, 1936, p. 87.

*Man's descent* Carl G. Jung, *77ie Archetypes and the Collective Unconscious*, *op. cit.* , p. 17.

p. 172

*Nature is* Novalis, *Schriften*, eds. P. Kluckhohn and R. Samuel, Stuttgart, Vol. 3, p. 452. I am grateful to Dr. Samuel for locating this quotation for me.

p. 174

*The bell is hung* George M. Grant, *Ocean to Ocean, Sandford Fleming's Expedition Through Canada in* 1872, Toronto, 1873, p. 272.

*The bell denotes* Durandus, Bishop of Mende, 1286. Quoted from *Tintinnabula*, Ernest Morris, London, 1959, pp. 43-44.

p. 175

*The whole air* Emily Can*, *Hundreds and Thousands*, Toronto/ Vancouver, 1966, pp. 248-249.

p. 177

*Holy Rosary Cathedral* See *The Vancouver Soundscape*, Vancouver, 1974, and Five *Village Soundscapes*, Vancouver, 1976.

*seven church bells* The account is to be found in Strindberg's *The Red Room*, New York/London, 1967, pp. 2-3.

*center of the bell* I have borrowed this paragraph and numerous other ideas about the symbolism of the horn from an unpublished study of the subject by Bruce Davis.

p. 178

*Greek word siren* Cf. Gabriel Germain, "The Sirens and the Temptation of Knowledge," in *Homer*, eds. G. Steiner and R. Fagles, New Jersey, 1962, p. 94.

p. 180

*And*, *sitting in* Albert Camus, *The Outsider*, trans. Stuart Gilbert, Harmonds-worth, Middlesex, 1972, pp. 98, 104-105.

## CHAPTER THIRTEEN: *Noise*

p. 184

*some researchers* Alexander Cohen et al, "Sociocusis—Hearing Loss from Non-Occupational Noise Exposure," *Sound and Vibration*, 4: 11, November, 1970.

*289*　See also Clifford R. Bragdon, *Noise Pollution: The Unquiet Crisis*, Philadelphia, 1971, pp. 74-76.

*power lawnmowers* William A. Shearer, "Acoustical Threshold Shift from Power Lawnmower Noise," *Sound and Vibration*, 2: 10, October, 1968.

*rock concerts See Time* magazine, August 9, 1968, p. 51.

*Russian researchers* "Seminaire Interregional sur l'Habitat dans ses Rapports avec la Sante Public," World Health Organization PA/ 185. 65. See summary in WHO *Chronicle*, October, 1966.

p. 185

*Dr. Samuel Rosen* Samuel Rosen et al, "Presbycusis Study of a Relatively Noise-Free Population in the Sudan," American Otological Society, *Transactions*, Vol. 50, 1962.

*traffic noise A Community Noise Survey*, Greater Vancouver Regional District, 1971, p. 12.

p. 189

*In those days The Epic of Gilgamesh*, trans. N. K. Saunders, Harmondsworth, Middlesex, 1971, p. 105.

p. 190

*By the thirteenth century* A. L. Poole, ed., *Medieval England*, Vol. 1,

Oxford，1958，pp. 252-254.

p. 196

*Venezuela* Venezuela， *Gaceta Municipal*， Capitulo 1， articulo quinto (1972).

*Tunis* Ville de Tunis， *Arrete du 17 Octobre*，*1951*，art. 5.

p. 197

*Voyage en Icarie* Etienne Cabet，*Voyage en Icarie*，Paris，1842，p. 65.

p. 198

*In Luxembourg* Ville de Luxembourg， *Reglement General de Police*， Chapitre II，art. 32.

*In Bonn* Bonn，*Strassenordnung*，para. 5 (1970).

*In Freiburg* Freiburg，*Polizeiverordnung*，para. 2 (1968).

*Between the hours* Ville de Tunis， *Arrete sur le Bruit*， article premier (1955).

*one incident* Albert Camus， *The Outsider*， trans. Stuart Gilbert， Harmondsworth，Middlesex，1972，pp. 104-105.

*schnitzels* Dr. Hublinger，Essen；personal communication.

*mah-jong parties* C. McGugan，Assistant to the Colonial Secretary， Hong Kong；personal communication.

*hotels in India* S. K. Chatterjee，R. N. Sen and P. N. Saha， "Determination of the Level of Noise Originating from Room Air-Conditioners," tte *Heating and Ventilating Engineer and Journal of Air-Conditioning*，Vol. 38，No. 59，February，1965，pp. 429-433.

p. 199

*Mombasa（Kenya）* D. S. Obhrai，Town Clerk，Mombasa；personal communication.

*Auckland（New Zealand）* R. Agnew，Chief City Health Inspector， Auckland；personal communication.

*Rabat（Morocco）* Mohamed Sbith，Prefecture de Rabat-Sale；personal communication.

*Izmir（Turkey）* Izmir，*By-law Concerning Bus Terminals*，art. 25.

290

*auctioneer's bells*The repeal is contained in City of Melbourne, By-law 418 (1961).

*No bell or crier*Manila, Ordinance No. 1600, Sect. 846 (1961).

*Manila Ibid.*

*Vendors Ibid.*, Sect. 846-a.

*Another ordinance*Manila, Ordinance No. 4708, Sect. 848-a (1963).

*Monday to Saturday*Municipalidad de San Salvador, *Ley del Ramo Municipal*, art. 8 (1951).

*The same sound* Arthur Paulus, Ville de Luxembourg, Administration des travaux; personal communication.

p. 200

*Manila restricts*Manila, Ordinance No. 1600, Sect. 847 (1961).

*In Chiclayo (Peru)* Chiclayo, *Reglamento sobre Supresion de Ruidos Molestos en las Cuidades*, art. 11 (1957).

*In Genoa*Genoa, *Regolamenta di Polizia Comunale*, art. 64 (1969).

*and Hartford*Hartford, City Ordinance, 21-2k (1967).

*Damascus (Syria)*Damascus, By-law No. 401, Sect. 3, para. 8 (1950).

*In Canada* Cf. *A Survey of Community Noise By-laws in Canada* (1972). World Soundscape Project, Burnaby, B. C.

*Adelaide (Australia)*Adelaide, By-law No. IX, Sect. 3-1 (1937).

*Buffalo (New York)* Buffalo, Noise Control Ordinance, art. XVII, paras. 1703-11.

*Sioux City (Iowa)* Sioux City, Ordinance No. 21954, Sec. 9-11 (1972).

*It shall be Oklahoma City*, The Charter and General Code, Chapter 3, 9. 3. 09 (1960).

*Salisbury (Rhodesia)* Wm. Alves, Mayor of Salisbury; personal communication.

*A person using*LA. McCutcheon, Town Clerk; personal communication.

p. 201

*Noises associated*Mary Douglas, "The Lele of Kasai," in Daryll Forde, ed. , *African Worlds*: *Studies in the Cosmological Ideas and Social Values of African Peoples*, London, 1963, p. 12.

CHAPTER FOURTEEN: *Listening*

p. 207

*Hare Krishna sect* Cf. Regina vs. *Clay Harrold*, Vancouver Court of Appeal, March 19, 1971.

p. 212                                                                                                          *291*

*David Lowenthal* David Lowenthal, "The American Scene," *The Geographical Review*, Vol. LVIII, No. 1, 1968, p. 72.

*Mark Twain* Mark Twain, *Life on the Mississippi*, New York and London, 1929, pp. 79-80.

*William James* William James, "On a Certain Blindness in Human Beings," in *Talks to Teachers on Psychology*, New York, 1958, pp. 149-169.

CHAPTER FIFTEEN: *The Acoustic Community*

p. 215

*Between these ramparts* Notker the Stammerer, *Life of Charlemagne*, trans. Lewis Thorpe, Harmondsworth, Middlesex, 1969, p. 136.

p. 216

*closed windows* Quoted from Kurt Blaukopf, *Hexenkuche der Musik*, Teufen, Switzerland, 1959, p. 45.

p. 217

*no echo answers* Quoted from David Lowenthal, "The American Scene," *The Geographical Review*, Vol. LVIII, No. 1, 1968, p. 71.

*The dense forest* George Green, *History of Burnaby and Vicinity*, Vancouver, 1947, p. 22.

p. 219

*One voice* Lucretius, *De Rerum Natura*, trans W. H. D, Rouse, London, 1924, pp. 289-291.

*tenths of a second* W. C. Sabine, *Collected Papers on Acoustics*, New York, 1964, p. 170.

p. 221

*It is probable* Ibid. , p. 255.

*Hence in accordance* Vitruvius, *De Architectura*, Book V, trans. F. Granger, London, 1970, pp. 277-279.

*Someone will say* Ibid. , p. 281.

p. 223

*On the other hand* Leslie L. Doelle, *Environmental Acoustics*, New York, 1972, pp. 3, 6, 19-20.

CHAPTER SIXTEEN: *Rhythm and Tempo in the Soundscape*

p. 226

*The heartbeat range* See the graph in Abraham Moles, *Information Theory and Esthetic Perception*, London, 1966, p. 139.

p. 228

*in Proust* See Walter Benjamin, *Illuminations*, New York, 1969, p. 214.

*He heard* Leo Tolstoy, *Anna Karenina*, trans. C. Garnett, New York, 1965, pp. 265, 267.

*292* p. 232

*It is difficult* Five Village Soundscapes, Vancouver, 1976.

CHAPTER SEVENTEEN: *The Acoustic Designer*

p. 238

*Gravity* Lao-tzu, *Tdo Teh King*, *The Texts of Taoism*, trans. James Legge, New York, 1962, p. 69.

*Where things grow* Shen Tsung-ch'ien. Quoted from Jacques Maritain, *Creative Intuition in Art and Poetry*, Washington, 1953, p. 396.

*p'ing and tse* See John Hazedel Levis, *Foundations of Chinese Musical Art*, New York, 1964.

p. 239

*Ballaarat*, *Australia* F. J. Rogers, Town Clerk, Ballaarat; personal communication.

p. 240

*ice-making* Damascus, By-law No. 401, Sect. 3, para. 7 (1950).

p. 242

*This simplification* P. Fortin, Ministere des Postes et Telecommunications, France; personal communication.

p. 244

*We have also* Francis Bacon, *The New Atlantis*, London, 1906, pp. 294-295.

CHAPTER EIGHTEEN: *The Soniferous Garden*

p. 246

*The gate From* "The Story of Nur-ed Din and Enis-El-Jelis," *The Thousand and One Nights*, New York, 1909, p. 222.

p. 247

*From the Anio* Edith Wharton, *Italian Villas and Their Gardens*, New York, 1904, p. 144.

p. 248

*In another garden The Diary of John Evelyn*, Vol. 1, ed. William Bray, London, 1901, p. 179.

*Pneumatics The Pneumatics of Hero of Alexandria*, ed. Marie Boas Hall, London, 1971, pp. 31-32.

*Vitruvius Vitruvius*, *De Architectura*, trans. F. Granger, London, 1970, Book X, p. 313.

*hydraulic organs The Diary of John Evelyn*, *op. cit.*, p. 177.

p. 249

*At the further Ibid.*, p. 52.

p. 250

*I had had the weather* E. T. A. Hoffmann, *The Life and Opinions of Kater Murr*, trans. L. J. Kent and E. C. Knight, Chicago,

1969, p. 25.

*This is a bow* A. C. Moule, "Musical and Other Sound-Producing Instruments of the Chinese," *Journal of the North-China Branch of the Royal Asiatic Society*, Vol. XXXIX, 1908, pp. 105-106.

*293* p. 251

*We heard* J. S. Brandtsbuys, "Music Among the Madurees," *Djava*, Vol. 8, 1928, p. 69.


CHAPTER NINETEEN: *Silence*

p. 253

*Leaning on our* Nikos Kazantzakis, *Report to Greco*, New York, 1965, pp. 198-199.

p. 254

*War Remembrance* Trans. Barry Truax, *Utrechts Stadsbad*, May 2, 1973, p. 3.

p. 256

*Le silence* Blaise Pascal, *Pensees*, ed. Ch. M. des Granges, Paris, 1964, p. 131.

*When I described* John Cage, *Silence*, Middletown, Connecticut, 1961, p. 8.

*There is no such* Ibid., p. 191.

p. 257

*The analyst* Theodor Reik, *Listening with the Third Ear*, New York, 1948, pp. 122-123.

*Whereof one* Ludwig Wittgenstein, *Tralctatus*, London, 1922, remark 7.

p. 258

*Give up haste* Lao-tzu, *Tdo Teh King*, *The Texts of Taoism*, Part II, Chapter 56, verse 2.

p. 259

*Keep silence* Jalal-ud-din Rumi, *Divan i Shams i Tabriz*.

*The essence* Kirpal Singh, *Naam or Word*, Delhi, 1970, p. 59.

EPILOGUE: *The Music Beyond*

p. 260

*It forms* Alain Danielou, *The Raga-s of Northern Indian Music*, London, 1968, p. 21.

*How indeed* Boethius, *De InstituHone Musica*. Quoted from *Source Readings in Music History*, Oliver Strunk, New York, 1950, p. 84.

# 关于字体的注释

　　本书文本由帕拉蒂诺计算机字体系统进行设置，字体由德国著名版面设计师赫尔曼·扎夫(Hermann Zapf)设计。该字体以文艺复兴时期意大利书法大师吉奥伯提斯塔·帕拉蒂诺(Giovanbattista Palatino)的名字命名，是第一款引入美国的扎夫字体。首次设计始于1948年，字体的完整设计发布于1950—1952年。就像所有扎夫设计的字体形式一样，帕拉蒂诺字体具有美丽的平衡性与清晰的可读性。

　　本书由厄尔·蒂德韦尔设计。

# 关于 Inner Traditions Bear & Company

Inner Traditions 集团成立于 1975 年，是土著文化、普通哲学、视觉艺术、东西方的精神传统、性行为、整体健康与疗愈、自我发展以及民族音乐唱片及冥想背景音乐等领域的领先出版商。

2000 年 7 月，于 1980 年成立并由新墨西哥州圣菲迁至佛蒙特州罗切斯特的 Bear & Company 公司加入了 Inner Traditions 集团。两者整合后，集团成员包括：Inner Traditions，Bear & Company，Healing Arts Press，Destiny Books，Park Street Press，Bindu Books，Bear Cub Books，Destiny Recordings，Destiny Audio Editions，Inner Traditions en Español 与 Inner Traditions India 等。

欲了解更多信息或浏览我们的 1000 多个出版物，请访问 www. InnerTraditions. com。

# 其他相关书籍

**HARMONY OF THE SPHERES**

*The Pythagorean Tradition in Music*

Joscelyn Godwin

ISBN 0-89281-265-6

$29.95 hardcover

**天体和声**

*音乐中的毕达哥拉斯传统*

科尔盖特大学（Colgate University）的音乐家、学者与音乐教授约瑟琳·高德温（Joscelyn. Godwin）追溯着这样一种观点，即自远古以来，整个宇宙在某种程度上就是一个和谐的或音乐的统一体。从柏拉图的 *Timaeus* 创世神话开始，他展示了这一概念是如何继续激励了远古至今的哲学家、天文学家与神秘主义者。

本选集借鉴了古典、基督教、犹太教与伊斯兰教的源流，提供了丰富的文本集，其中许多是第一次翻译成英语。所有段落均附有简介与注释以对阐述术语、澄清概念，以及对扩展参考文献的深入阅读提出建议。本书对于那些对音乐灵性层面有着浓厚兴趣的读者是一部必不可少的资源读本。

**COSMIC MUSIC**

*Musical Keys to the Interpretation of Reality*

Essays by Marius Schneider，Rudolf Haase，Hans Erhard Lauer

Edited by Joscelyn Godwin

ISBN 0-89281-070-X

＄16.95 paperback

**宇宙音乐**

*音乐关键的现实诠释*

在继续研究宇宙是由声音或音乐创造的传统时，高德温在这里汇集了当代德国思想家的思想，他们在现代变体中体现了这一传统。他们的选择借鉴了古代印度的来源与神话，开普勒的柏拉图音乐性宇宙的愿景，以及音乐音调系统的演变。当每一位音乐爱好者感受音乐中的力量与真理时，这本书拓宽了我们对音乐是什么及可以成为什么的理解。

**CRYSTAL AND DRAGON**

*The Cosmic Dance of Symmetry and Chaos in Nature，Art，and Consciousness*

David Wade

ISBN 0-89281-404-7

＄24.95 paperback

**水晶与龙**

*自然界、艺术和意识中的对称与混沌的宇宙之舞*

"这本引人入胜的书建立了科学、数学、艺术、哲学与宗教之间的最新联系。一切都是以一种新颖、详细、易于理解与令人鼓舞的方式进行诠释。所有的一切，是一个具有许多领域知识的从事文艺复兴时期的研究者的工作。这是一场鼓舞人心的眼与心的盛宴。"《社会革新杂志》(*Social Inventions Journal*)

"*This engrossing book makes up-to-date connections among science，mathematics，art，philosophy，and religion. Everything is explained in a way that is fresh，detailed，comprehensible，and awe-inspiring. All in all，this is the work of a renaissance man who has encompassed many spheres of knowledge. It is an inspirational feast for the eye and the mind.*"(*Social Inventions Journal*)

**THE WORLD IS SOUND: NADA BRAHMA**

*Music and the Landscape of Consciousness*

Joachim-Ernst Berendt

ISBN 0-89281-318-0

＄16.95 paperback

**可听到的世界：那达布拉吟诵**

*音乐与意识景观*

欧洲最重要的爵士乐制作人将以亚非欧与拉美的音乐传统带你踏上一个令人振奋的旅程，探索声音如何塑造了世界各地的文化与精神生活。伯拉德(Berendt)的著作充满了他的经历以及他在音乐方面长期而杰出的职业生涯中所熟知的人。

"在一次宏伟的阅览中，伯拉德带领读者由球体的和谐至分子与原子的振动纵览了宏观与微观两个层面。"　　　　　　　　　　——弗里托弗·卡普拉

*"In a majestic sweep, Berendt takes the reader through the macro-and microcosm, from the harmony of the spheres to the vibrations of molecules and atoms."*

**Fritjof Capra**